教育部博士点基金(20030290010)
江苏省自然科学基金(BK2008121)
江苏省研究生科研创新计划(CX09B_123Z)
江苏师范大学资助

U0323993

京杭大运河苏北段表层沉积物中典型有机污染物污染特征与释放规律研究

郑　曦　孙晓菲　韩宝平　著

中国矿业大学出版社

内 容 提 要

作为南水北调工程东线的调水通道,京杭大运河(苏北段)的水质对东线整体调水水质的影响是十分巨大的。在教育部博士点基金、江苏省自然科学基金、江苏省普通高校研究生科研创新计划和中央高校基本科研业务费专项资助项目的联合资助下,本研究团队在系统分析了国内外沉积物中有机污染物研究现状的基础上,通过现场环境调查,采集表层沉积物样品测试和室内模拟实验开展了对京杭大运河苏北段及其三个重要的过水湖泊(洪泽湖、骆马湖和微山湖)表层沉积物中多环芳烃(PAHs)和多氯联苯(PCBs)污染特征及释放规律的研究。

图书在版编目(CIP)数据

京杭大运河苏北段表层沉积物中典型有机污染物污染特征与释放规律研究 / 郑曦,孙晓菲,韩宝平著. — 徐州 : 中国矿业大学出版社,2016.12
　　ISBN 978 - 7 - 5646 - 3373 - 8

　　Ⅰ. ①京… Ⅱ. ①郑… ②孙… ③韩… Ⅲ. ①大运河—有机污染物—研究—苏北地区 Ⅳ. ①X522

　　中国版本图书馆 CIP 数据核字(2016)第 322720 号

书　　名	京杭大运河苏北段表层沉积物中典型有机污染物污染特征与释放规律研究
著　　者	郑　曦　孙晓菲　韩宝平
责任编辑	杨　洋
出版发行	中国矿业大学出版社有限责任公司
	(江苏省徐州市解放南路　邮编 221008)
营销热线	(0516)83885307　83884995
出版服务	(0516)83885767　83884920
网　　址	http://www.cumtp.com　E-mail:cumtpvip@cumtp.com
印　　刷	江苏徐州中矿大印刷科技有限公司
开　　本	787×1092　1/16　印张 12　字数 305 千字
版次印次	2016 年 12 月第 1 版　2016 年 12 月第 1 次印刷
定　　价	45.00 元

(图书出现印装质量问题,本社负责调换)

目　录

第一章 绪 论

第一节 研究区域概况

一、南水北调东线工程及京杭大运河苏北段概况

为解决我国北方水资源严重短缺问题,促进南北方经济、社会与人口、资源、环境的协调发展,南水北调工程经过几十年的论证,于 2002 年正式开工,共分为东、中、西三条调水线路,工程总体规划分三个阶段实施,总投资将达 4 860 亿元人民币。

南水北调工程迄今为止是世界上规模最大的水利工程之一,也是我国优化配置水资源解决北方地区缺水问题的一项战略性基础工程。中国人均水资源占有量约 2 200 m³,只有世界人均水平的 1/4,淡水资源短缺问题严重。更为严重的是,淡水资源的分布具有不均衡性,即南方水资源丰沛而北方水资源短缺,东部水量充沛而西部较为干旱的特性。在我国的西、北部缺水地区中,黄淮地区是水资源和经济发展矛盾最为突出的地区之一,该区域的人均水资源量仅约占全国平均水平的 1/5,其中海河流域人均水资源量不到全国人均水平的1/7。但是该流域的人口密度大,大中城市多,经济在全国却占有重要地位。加之大量超采地下水,造成地面下沉、海水倒灌等后果,加剧了生态环境恶化的速度。该地区的水资源短缺已经严重阻碍了当地的经济社会发展和生态环境保护工作。为缓解黄淮流域日益严重的水资源短缺问题,改善生态环境,促进经济发展,经过几十年的系统性研究,在比较多种规划方案的基础上,制定了南水北调工程的东线、中线、西线三大调水线路。利用这三条调水线路,将长江、淮河、黄河、海河相互连接,构成我国中部地区水资源"四横三纵、南北调配、东西互济"的总体格局。

其中南水北调(东线)工程(图 1-1)于 2002 年 12 月 27 日正式开工,从长江下游江苏省扬州附近抽引长江水,利用京杭大运河及与其平行的河道逐级提水北上,并连接起调蓄作用的洪泽湖、骆马湖、南四湖(上级湖和下级湖)、东平湖。出东平湖后分两路输水:一路向北,经隧洞穿黄河,流经山东、河北至天津,输水主干线长 1 156 公里;一路向东,经济南输水到烟台、威海,输水线路长 701 公里。

京杭大运河,是世界上里程最长、工程最大、最古老的运河之一。公元前 486 年,吴王夫差为了北伐齐国争霸中原,在江苏扬州附近开凿了一条引长江水入淮河的运河,史称邗沟。秦、汉、魏、晋和南北朝在这基础上继续施工,使其不断向北向南发展、延长,尤经隋朝和元朝二次大规模的扩展和整治,最终在元三十年(1293)大运河全线通航,漕船可由杭州直达大都(今北京),成为今京杭运河的前身。

京杭大运河(图 1-2)北起北京(涿郡),南到杭州(余杭),流经北京、天津两市及河北、山东、江苏、浙江四省,贯通海河、黄河、淮河、长江、钱塘江五大水系,全长约 1 794 公里,是纵贯南北的水上交通要道。京杭大运河由北至南通常分为五段,分别是北京到天津的通惠河、

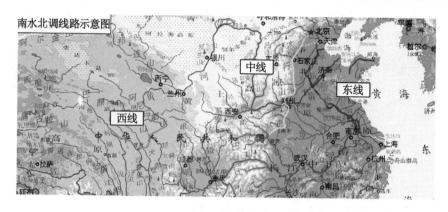

图 1-1 南水北调工程概况图

北运河；天津到黄河的南运河、卫河、位临运河；黄河以南至台儿庄的鲁南运河；徐州至扬州六圩的苏北运河和长江以南的江南运河。

图 1-2 京杭大运河示意图

其中京杭大运河的苏北段(图 1-3)北起徐州蔺家坝,南至扬州六圩,全长 404.5 公里,纵跨徐州、宿迁、淮阴、扬州等 11 个县市,沟通了微山湖、骆马湖、洪泽湖、高邮湖等水系,是京杭运

图 1-3 京杭大运河苏北段示意图

河上运输最繁忙的河段,已基本建成二级航道,成为京杭运河上等级最高的航道,常年可行驶2 000吨级的船舶。目前有苏、鲁、沪、浙、湘、豫等十多个省市的船舶航行其中,年货运量可达3亿多吨。徐州段最大通过量已达5 500万吨船舶吨位,其中货物通过量达3 500万吨。

同时,微山湖、骆马湖和洪泽湖作为南水北调东线工程中重要的蓄水湖泊,其水质的好坏将对南水北调东线水体的质量产生重要的影响。

洪泽湖位于北纬33°6′～33°40′,东经118°10′～118°52′之间,水域面积1 597 km(水位12.5 m),平均水深1.9 m,最大水深4.5 m,库容$30.4×10^8$ m³,湿地广布,连续成片,属于黄淮平原内陆淡水湿地类型,是我国五大淡水湖之一,也是我国最大的兼具防洪、灌溉、调水、水产等多种功能的平原型湖泊。近年来,洪泽湖水环境受到了不同程度的污染,对南水北调东线工程的实施和运行有着重要影响[179]。骆马湖位于江苏省北部,跨徐州与宿迁两市,是淮河流域第三大湖泊、江苏省第四大湖泊,在国家南水北调东线具有重要的调蓄作用,水域面积达375 km²(水位23 m),其中宿迁市和徐州市境内分别为232 km²和143 km²,最大水容量为14.5亿m³(水位24 m),是南水北调东线工程重要蓄水库。南四湖由南阳、昭阳、独山和微山4个无明显分界的湖泊组成,是山东省最大的多功能、水库型淡水湖。自1960年二级坝建成后,南四湖通常被分为两部分,二级坝以北包括南阳、昭阳、独山为上级湖,以南主要是微山湖为下级湖。

二、京杭大运河苏北段水质状况

京杭大运河苏北段,在江苏省流经数个县市,沿途接纳大量城市生产生活污水,水质污染情况非常严重,特别是20世纪90年代中后期,随着沿线工农业的发展,水质恶化的形势非常严峻。90年代末沿线各主要城市段水质基本处于Ⅳ类-劣Ⅴ类状况,尽管部分城市段水质偶有好转,但大多数难达到南水北调东线工程要求的Ⅲ类水的水质标准。从历年地表水环境状况来看,苏北各城市段中以徐州段污染最为严重,一直处于劣Ⅴ类水质,宿迁段和淮安段较差,以Ⅳ类和Ⅴ类水质居多。京杭大运河水(苏北段)环境污染现状与运河沿线地区的社会经济因素密切相关。京杭大运河(苏北段)沿线及支流两岸工厂林立,各种印染厂、造纸厂、制革业、小电镀、酿造业、小化工等工厂众多,且各企业盲目发展,粗放式经营,个别地方掠夺式开发而产生的大量未经处理的工业废水直接排入京杭大运河(苏北段),是运河水质污染的重要原因。同时,京杭大运河(苏北段)穿过各城市的市区,大量生活生产垃圾和生活污水直接排入河道。随着90年代航道的疏通和拓宽,航运开始成为京杭大运河(苏北段)水污染的一大因素。

在漫长的调水路线中,如何保持调水水质的良好状况引起了全社会的广泛关注。调水水质的好坏将直接影响水资源的使用价值和调水沿线地区经济社会的发展,决定南水北调工程的实际效益,同时也对南水北调输水沿线地区的水环境产生重大的影响。为了保证南水北调东线工程的调水水质,根据国家《淮河流域"十五"水污染防治计划》和《江苏省淮河流域水污染防治工作目标责任书》的要求,在南水北调东线京杭大运河江苏段境内共布设了14个水质监测断面,每月监测一次,按《地表水环境质量标准》(GB 3838—2002)Ⅲ类标准进行评价。

2009年,京杭大运河江苏段的14个控制断面中,Ⅱ类水质占21.4%,Ⅲ类水质占64.3%,Ⅳ类水质占14.3%(图1-4)。按Ⅲ类标准考核,有12个断面达标,达标率为85.7%。主要污染指标为氨氮、高锰酸盐指数、五日生化需氧量和石油类。南水北调源头水质为优,控制断面江都西闸水质为Ⅱ类,优于Ⅲ类目标要求。

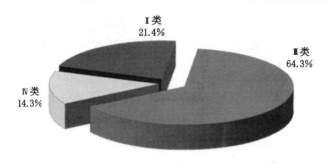

图 1-4　2009 年南水北调东线江苏段水质情况

目前对运河的研究主要集中在常规氨氮、重金属含量等水质评价和污染现状调查、水环境容量计算等方面[1-5]，徐丙立等认为京杭大运河扬州市区段水质基本符合Ⅳ类水标准[6]。刘党生等的研究表明京杭大运河扬州段主要为有机污染，里下河水质优于市区[7]。汪浩等用 Fuzzy 综合评价模型对京杭大运河扬州段的水质综合评价表明，在 9 项评价指标中溶解氧、高锰酸盐指数、五日生化需氧量和氨氮 4 项权重较大，说明水体中污染物主要为有机污染物[8]。华常春等运用方差分析，对京杭大运河扬州市区段水质现状进行分析，从内梅罗综合污染指数可知，在 1998～2001 年间京杭大运河扬州市区段呈重污染状态，其余年份以呈污染状态为主[1]。冯梅等用主成分分析的方法，找出影响京杭大运河淮安段水质的主成分[9]。蒋荣荣运用单项和内梅罗指数评价方法系统地对淮安里运河底质中重金属污染状况进行了分析研究，并提出了污染防治措施[10]。杨士建等通过对中运河宿迁段 2001～2002 年进行水质监测，结合历年监测资料，分析了中运河宿迁段氮污染特征[11]。李功振等对京杭大运河(徐州)底泥的研究表明砷的污染已经达到中度污染并且砷的形态大部分是以钙型和包裹态形式存在[12]。胡永定等对南水北调东线徐州段 7 个控制断面 2004 年水质监测结果进行评价分析，结果表明，水质达标率仅为 42.9%，水体污染以耗氧性污染物和氨氮为特征的有机污染为主[13]。而对河道持久性有机物的研究则较少，项玮等利用 GC-ECD 研究了京杭大运河(徐州铜山段)沉积物表层样品中机氯农药残留状况，结果表明从蔺家坝到解台闸沿程沉积物中有机氯农药的含量呈下降的趋势，有机氯农药的残留物可能主要来自于农田土壤的残留，并且近期无新的污染源输入[14]。刘校帅等对京杭大运河(徐州段)底泥中的多氯联苯进行了定性及定量检测[15]。持久性有机污染物的存在，严重影响了南水北调东线水体的质量，而 PAHs 与 PCBs 作为优先控制的环境污染物，其在京杭大运河中的分布特征未见报道。

同样，我国对洪泽湖、骆马湖和微山湖的研究也多集中在传统的水质指标的监测与生态建设评价上。余辉等的研究结果表明，洪泽湖底质中的有机质和总氮有很好的相关性[16]。冯金顺等研究了洪泽湖重金属元素、有机碳、总氮和总磷的垂向分布特征，并对有机碳与氮、磷相互关系进行了讨论[17]。尹起范等通过对洪泽湖沉降物中磷形态分布的分析及其对水体影响的探讨，寻找磷在不同界面相互转化的规律，评价了洪泽湖的污染现状和发展趋势，并提出了治理措施[18]。陈雷等基于洪泽湖近 30 年(1975～2004 年)来的相关研究，对洪泽湖底泥中的总氮、总磷、重金属等进行了评价，重金属大部分元素达到土壤评价二级标准，重金属污染属于重污染，与镉浓度含量超标有关[19]。吴延东等对洪泽湖 6 个监测断面的主要污染因子，如 pH 值、溶解(DO)、高锰酸盐指数(PI)、生化需氧量(BOD)、氨氮(NH_4-N)、石油类、挥发酚、汞、总磷(TP)、总氮(TN)共 10 项进行分析研究,根据主成分分析结果,利用聚类分析对断面水质污染做出综合评价,并结合水质月报针对该湖泊水质提出可行性治理方案[20]。宋新桓等采集了骆马湖中有草区和无草区的上覆水和沉积物,分析其总磷(TP)含量[21]。崔德才等指出入湖河道携入大量营养物质入湖和水生植物的破坏是导致骆马湖富营养化的主要原因,并提出了骆马湖生态修复的 6 项重要措施[22]。杨士建议通过建立自然保护区、建设入湖口人工湿地、建设骆马湖生态湖滨,通过生态渔业和生态旅游实现骆马湖的可持续开发[23]。南四湖污染状况相当严重,对南四湖沉积物中污染物质的研究已有关于重金属、硫化物以及 DDT、六六六的报道[24-25],但对严重威胁人类健康的致癌、致突变物质多环芳烃和多氯联苯的污染研究至今仍处于起步阶段。史双昕等对南四湖 4 个湖区 5 个站位的表层沉积物样品的研究表明南四湖表层沉积物中 PAHs 几乎全部由人类活动产生,源为煤炭燃烧、木材燃烧、石油类高温裂解及油类污染[28]。朱晨等对南四湖上级湖表层沉积物中的 15 种美国环保署(US EPA)优控多环芳烃(PAHs)进行了定量分析,测定结果表明,沉积物中 15 种 PAHs 总含量范围为 $163.0 \sim 2\,983.8$ ng/g(干重),处于低风险水平,尚未对生物造成显著的负面影响[29]。李红莉等研究了南四湖表层沉积物中多氯联苯的空间及垂直分布特征[26,27]。

对京杭大运河苏北段的研究多集中在 COD、BOD$_5$、总磷、总氮以及 TOC 等有机污染和重金属的污染等方面,而随着工业的发展,大量有毒的有机化合物排放到水环境中,人们对环境中有机污染的关注已由早期的 COD$_{Cr}$、BOD$_5$、TOC 等综合性指标转移到对环境中存在的内分泌干扰物以及持久性有机污染物等方面。持久性有毒有机污染物(POPs)不易进行物理、化学和生物分解,一旦进入水环境,对水体的影响是长久的,对人类的健康和生态环境造成严重的危害。京杭大运河是纵贯南北的水上交通要道,开凿到现在已有 2500 多年的历史,在年代久远的航运过程中,运河中累积的持久性有毒有机污染物必将对南水北调东线工程的水质产生影响。尽管《南水北调工程总体规划》规划了"清水廊道工程"、"用水保障工程"和"水质保障工程"三大工程,这些工程对调水的外部环境污染问题给予了极大的关注,采取了一系列的措施减轻或禁止污染物的外源进入,京杭大运河苏北段的水质在逐年好转,但没有足够重视京杭大运河的内源污染及持久性有机污染物问题。

第二节 典型 POPs——多环芳烃类与多氯联苯类的性质及研究现状

一、持久性有机污染物(POPs)简介

持久性有机污染物(POPs)是一类能够通过各种环境介质(大气、水、生物等)长距离迁徙并长期存在于环境,进而对人类健康和生态环境造成严重危害的天然或人工合成的有机污染物。POPs 的化学结构中多包含碳和氢,它们具有特殊的共性:① 持久性:POPs 不易进行物理、化学和生物分解。因此,一旦其进入环境,将长期存在于环境中[30,31]。② 生物累积性:POPs 易溶解于脂肪(亲脂性)。它们在具生命的生物体体内蓄积,其程度远高于在周围环境中的浓度[32]。③ 长距离迁移能力:POPs 能在环境中进行长距离迁移,污染远离其进入环境的污染源的地方。POPs 主要通过气流进行长距离传输,但是也能通过水流或者迁移物种进行长距离传输。④ 可能产生不利影响:POPs 对人类健康和生态系统造成潜在

的危害[33-35]。科学家们注意到因为生态系统中日渐失去繁殖能力的许多鱼类和野生动物物种数量严重减少,而生存下来的物种经常出现肿瘤、出生缺失、行为紊乱(比如无法哺育后代)和各种疾病[36-39]。POPs 的污染已成为全球环境生态公害,是目前全世界关注的重大环境问题之一。

我国是工农业大国,存在着多种 POPs 的生产、使用和废弃库存,如对环境质量和人类健康有威胁的有机氯杀虫剂——六六六和硫丹,虽然国际社会已禁止使用,但在包括我国在内的部分发展中国家仍在生产和使用[40]。由于我国环境方面的研究起步较晚且多集中在对传统环境指标的监测上等历史原因,大多数的 POPs 尚未纳入我国环境保护法规的控制之列,也未纳入我国的环境监测体系之中,因而有关环境中 POPs 的监测资料很少,而即便从目前有限的 POPs 环境资料来进行分析,可知 POPs 在我国大气、水体、沉积物和土壤等[41-49]环境介质中以及农作物、家禽、野生动物[50-53]至人体组织、乳汁和血液中[54-59]均有被检出的报道。

我国幅员辽阔,水系纵横交错,水体环境复杂,造成水环境中有机污染物种类繁多、数量较大,1998 年对全国河流进行的评价表明我国河流长度有 70.6% 被污染,除 COD、BOD5、总磷、总氮以及 TOC 等有机污染和重金属的污染等常规的水质指标超标外,有机污染是一个不可忽视的因素[60]。

韩方岸等在长江江苏段监测发现该段水域中最常被检出的 VOCs 为三氯甲烷、苯、甲苯、1,4-二氯苯和 1,2-二氯苯 5 种物质,SVOCs 为硝基苯、2,4-二氯苯酚、五氯酚、邻苯二甲酸二(2-乙基己基)酯和乐果 5 种物质[61]。郭志顺等对三峡库区重庆段水体的检测结果表明,枯水期有 128 种有机物,丰水期有 144 种有机物[62]。姜福欣等在黄河口检出 192 种有机物[63]。董军等的研究表明,USEPA 优先控制的四种 CPs 类化合物在珠江口地区水体中检出率达到 98.75%[64]。崔健等对松花江沿岸某城市浅层地下水污染状况进行了调查研究,共检测出 37 种有机污染物中的 18 种,占检测有机物总数的 48.65%。从检出污染物种类看,共检出 5 大类有机污染物,其中卤代烃 8 种、氯代苯类 4 种、单环烃 4 种、有机氯农药 1 种、多环芳烃 1 种[65]。周灵辉等对长江南京段主要入江河流水体中有机物进行了定性分析,共检出 11 类 24 种有机物,其中 7 种属中国优先控制污染物,分属 5 类有机物,5 种属 EPA 优先控制污染物,分属 3 类有机物[66]。长江河口区域鉴定出有机污染物 9 类 234 种,其中多环芳烃类、酯类和单环芳香族类的污染程度相对较高,分别超标 1.78、0.16~0.37 和 0.002~0.44 倍[67]。姜福欣等黄河河口区域的水样进行了检测分析,共鉴定出有机污染物 8 类 192 种,其中多环芳烃类、酯类和单环芳香族类的污染程度相对较高,分别超标 2.857,0.288 和 0.001~1.543 倍[68]。长江河口区表层沉积物中中共检出半挥发性有机物 35 种,包括多环芳烃类 11 种,取代苯类 7 种,酚类 5 种,酯类 3 种,醚类 2 种和其他类 7 种[69]。从以上研究可以发现,检出的有机物污染物的种类以烷烃类、单环芳烃类、取代苯类、多环芳烃类和酯类为主,包括大量有毒有害的"致癌、致畸、致突变"物质。

在近年来我国进行的一些水体方面的环境污染调查中,多环芳烃(Polycyclic aromatic hydrocarbons,PAHs)及多氯联苯(Polychlorinated biphenyls,PCBs)多被检出且呈现持续增高的趋势[70,71],US EPA 在 20 世纪 80 年代初即把 16 种 PAHs 和 PCBs 确定为优先控制污染物[72],我国也把 PAHs 与 PCBs 列入环境优先监测的黑名单中[73]。鉴于此,本书将着力于京杭大运河(苏北段)中典型的 POPs-PAHs 与 PCBs 的研究。

二、多环芳烃类的性质及研究现状

(一)多环芳烃(PAHs)的性质

多环芳烃(PAHs,Polycyclic aromatic hydrocarbons)是指分子中包括 2 个或 2 个以上苯环结构,以线状、角状或簇状排列的碳氢化合物[74],现已列入联合国环境规划署(UNEP)制定的持久性有毒化学污染物名单,其中 16 种组分已被美国环保局(USEPA)列入优先控制污染物名单[75-77]。

它们分别是:

1. Nap Naphthalene 萘
2. Ace Acenaphthylene 苊烯
3. Acy Acenaphthene 苊
4. Flu Fluorene 芴
5. Phe Phenanthrene 菲
6. Ant Anthracene 蒽
7. Fla Fluoranthene 荧蒽
8. Pyr Pyrene 芘
9. BaA Benzo(a)anthracene 苯并(a)蒽
10. Chr Chrysene 屈
11. BbF Benzo(b)fluoranthene 苯并(b)荧蒽
12. BkF Benzo(k)fluoranthene 苯并(k)荧蒽
13. BaP Benzo(a)pyrene 苯并(a)芘
14. DahA Dibenzo(a,h)anthracene 二苯并(a,n)蒽
15. BghiP Benzo(g,hi)perylene 苯并(ghi)北(二萘嵌苯)
16. IPY Indeno(1,2,3-cd)pyrene 茚苯(1,2,3-cd)芘

表 1-1 　　　　　　　　　USEPA16 种优先控制 PAHs 的物理化学性质

化合物	$\lg K_{ow}$	沸点 /℃	熔点 /℃	蒸汽压 /(mmHg·℃)	亨利常数 /(atm·m³/mol·℃)	分子量	生物富集因子	(土壤)沉积物有机碳吸附系数
Nap	3.3	209	80	4.45×10^{-1}	8×10^{-4}	128	0.2	1.3
Acy	3.6	252	108	2.10×10^{-4}	2×10^{-6}	152	0.3	7.2
Ace	3.6	290	124	1.50×10^{-4}	5×10^{-6}	154	0.3	2.5
Flu	4.2	276	119	3.8×10^{-4}	5×10^{-5}	166	1.0	10
Phe	4.5	326	136	1.5×10^{-6}	6×10^{-7}	178	1.5	19
Ant	4.5	326	136	1.5×10^{-6}	6×10^{-7}	178	1.5	19
Fla	5.0	369	166	2.6×10^{-8}	7×10^{-8}	202	3.4	55
Pyr	5.0	369	166	2.6×10^{-6}	7×10^{-8}	202	3.4	55
BaA	5.7	400	177	1.30×10^{-9}	3×10^{-9}	228	12	284
Chr	5.7	400	177	1.30×10^{-9}	3×10^{-9}	228	12	284
BbF	6.1	461	209	2.8×10^{-12}	4×10^{-10}	252	27	820

化合物	lgK_{ow}	沸点/℃	熔点/℃	蒸汽压/(mmHg・℃)	亨利常数/(atm・m³/mol・℃)	分子量	生物富集因子	(土壤)沉积物有机碳吸附系数
BkF	5.3	430	194	7.0×10^{-11}	4×10^{-10}	252	39	667
BaP	6.1	461	209	2.8×10^{-12}	4×10^{-10}	252	27	820
DahA	6.8	487	218	1.8×10^{-13}	2×10^{-10}	278	92	4 250
BghiP	6.6	467	218	1.6×10^{-12}	1×10^{-9}	276	61	2 450
IPY	6.6	498	233	6.3×10^{-14}	5×10^{-11}	276	59	2 370

多环芳烃是煤、石油、木材、烟草、有机高分子化合物等有机物不完全燃烧时产生的挥发性碳氢化合物[78-80]，是重要的环境和食品污染物，具有稳定的苯环结构，一般在温度高于400℃时生成，最适宜的生成温度为600～900℃。多环芳烃熔点及沸点均较高[81]，大多数为非极性化合物，其在有机溶剂中的溶解度较大，而在水中的溶解度很小，为 0.000 14～2.1 mg/L(25℃)。

多环芳烃的污染源有自然源和人为源两种[82-84]。自然源主要是由火山爆发、森林火灾和生物合成等自然因素所形成的污染，其中高等植物和微生物合成、火山活动是 PAHs 天然源的主要贡献者。人为源包括各种矿物燃料(如煤、石油、天然气等)、木材、纸以及其他含碳氢化合物的不完全燃烧或在还原状态下热解而形成的有毒物质污染[42]。与自然源相比，人为源是 PAHs 的主要污染源[85]。

不同燃烧源产生不同的特征化合物，Acy 和 Phe 是木材/薪柴燃烧排放的优势物[86,87]，BghiP 和 DahA 为交通汽油燃烧排放的特征化合物[88,89]，Phe、Ant、Fla、Pyr、Chr、BkF 和 BbF 为燃煤排放的主要 PAHs[89,90]，其中 BkF、BbF 和 Chr 是中国家用燃煤排放的最主要的中高环 PAHs[91,92]，IPY 和 BaA 分别为交通柴油燃烧与天然气燃烧排放的特征化合[89]，BaP 和 Ace 被认为是炼焦排放的特征化合物[89,93]，Fla 和 Pyr 是秸秆燃烧排放的最主要 PAHs 物种[86]。

通过各种途径进入环境的多环芳烃，因具备稳定的环状结构而不易被生物所利用，难以通过生物降解途径进行消除，却可以通过食物链的传递发生生物累积而不断地被富集和放大，对环境生物产生严重的威胁。其在环境中的含量虽然不是很高，但分布极为广泛，其中水体、土壤、沉积物等是其主要归宿[94,95]。目前已发现的多环芳烃类化合物中，含有很多致癌和致突变的组分，超过 400 种的多环芳烃具有致癌作用。多环芳烃在环境中的行为受到环境的物理、化学条件及生物代谢过程等因素的影响，目前对 PAHs 的研究主要集中在以下几个方面：① 环境中 PAHs 分析监测方法的研究；② PAHs 的分布特征及源解析方法的研究；③ PAHs 对环境生物的毒理学及修复研究；④ PAHs 在环境介质中的迁移转换规律和归宿研究，包括降解、光解和吸附解吸、迁移转化等过程的研究[96-103]。

(二)沉积物中 PAHs 的研究现状

1. 沉积物 PAHs 污染程度及分布研究现状

由于多环芳烃的特性(疏水性及低水溶性)，水体环境中绝大部分的多环芳烃都被吸附在颗粒物或通过生物富集而转移至生物有机体内，并最终进入沉积物中[104-106]。沉积物介质中 PAHs 的研究获得普遍关注，国外有大量报道[107-110]。Ranu Tripathi 等研究表明印度

Gomti 河流沉积物多环芳烃的含量在 0.068～3.153 $\mu g/g$ 之间, PAHs 属混合来源[107]。Dahle 等对挪威和俄罗斯之间的海底沉积物中的多环芳烃的浓度和空间分布进行研究并对污染来源进行了分析[108]。Boonyatumanond 等的研究表明泰国河流、河口和周边海洋中表层沉积物中 $\sum$16PAHs 的含量为 6～8 399 ng/g(干重), 并对其进行了源解析[109]。Noriatsu Ozaki 等的研究表明日本 Hiroshima 海湾沉积物中 PAHs 的组成与空气颗粒物中基本相同, 并对其来源进行解析[110]。

从 20 世纪 90 年代开始, 国内学者对水体沉积物中 PAHs 的研究也逐渐增多起来。目前国内学者对水体沉积物中 PAHs 的报道主要集中在分布特征、源解析及污染水平等研究上[110-120]。

彭欢等的研究表明, 淮南至蚌埠段淮河流域水源地及支流沉积物 PAHs 含量分别为547.31 ng/g 和 3 902.8 ng/g, PAHs 主要来源于矿物燃料的不完全燃烧, 还有少量石油类产品的输入[111]。杜娟等的研究表明珠江广州河段表层沉积物中 PAHs 总量介于 4 787.5～8 665 ng/g, 平均值为 7 078 ng/g, 珠江广州段表层沉积物中 PAHs 主要来源于化石燃料的不完全燃烧[112]。董煜等研究结果表明, 苏州河上海市区段的表层沉积物均受到了很大程度的污染, 其中处于市区中段的昌化路桥、西康路桥和长寿路桥断面的 PAHs 含量较高, 处于黄浦江入口附近的四川路桥、河南路桥和福建路桥断面的含量较低[113]。舒卫先、李世杰在太湖流域选择典型湖泊天目湖和太湖梅梁湾分别采集 7 个表层沉积物(0～2 cm)样品, 利用 GC/MS 分析了样品中 16 种优控多环芳烃(PAHs)[114]。王学彤等研究表明, 台州市路桥区 37 个河流沉积物样品中 16 种优控 PAHs 的浓度范围为 59.3～3 180 $\mu g/kg$, 平均值为722 $\mu g/kg$; 路桥沉积物中 PAHs 来源于混合源, 其中燃烧源占优势[115]。江锦花研究表明, 台州湾海域表层沉积物中 PAHs 的浓度范围为 85.4～167.6 ng/g, 平均值为 138.62 ng/g, 总多环芳烃的最大值是椒江码头[116]。康延菊等的研究表明中国近海表层沉积物中 PAHs 的总浓度范围为 79～3 667 ng/g[117]。胡宁静等研究表明, 黄河口南部和中部沉积物中的PAHs 主要来源于燃烧源, 西北缘沉积物的 PAHs 则呈现出石油源和燃烧源混合的特征[118]。wang 等研究了珠江三角洲河道中 PAHs 的浓度和归宿[119]。晁敏等的研究结果表明, 长江口南支表层沉积物中 PAHs 总量在 819～31 212 ng/g; PAHs 组成以芘、菲、苯并[b]荧蒽、苯并[a]蒽、苯并[a]芘为主, 各站芘的含量均最高[120]。国内外部分水体表层沉积物中 PAHs 的含量见表 1-2。

表 1-2 　　　　　　　　国内外水体沉积物中 PAHs 的含量 　　　　　　　　ng/L

地点	PAHs 的含量 /(ng/g)	PAHs 的含量均值 /(ng/g)	参考文献
Bohai Bay, China	276.26～1 606.89	743.03	Hu, et al. , 2013[121]
Zhelin Bay	29.38～815.46	421.48	Gu, et al. , 2016[122]
Liaodong Bay, China	191.99～624.44	—	Zhang, et al. , 2016[123]
Norwegian shelf, northern Norway	324～4 610	2 496	Stepan, et al. , 2013[124]
Bushehr Peninsula, the Persian Gulf	285.9～1288		Vahid, Aghadashi, et al. , 2016[125]
Hebei Spirit oil spill, Korea	0.210～53		Seongjin Hong, et al. , 2016[126]

地点	PAHs 的含量 /(ng/g)	PAHs 的含量均值 /(ng/g)	参考文献
San Francisco Bay, US	120～9 560.0	7 475.0	Nilsen, et al., 2015[127]
Lenga Estuary, Chile	290.0～6118.0	2 025.0	Pozo, et al., 2011[128]
Kaohsiung Harbor of Taiwan, China	34.0～16,700	1 490	Chen, et al., 2013[129]
Imam Khomeini Port, Iran	2 885～5 482		Sajad, et al., 2013[130]

2. 底泥中 PAHs 的吸附、释放与迁移

水体沉积物中 PAHs 的浓度与沉积物本身的理化性质有着密切关系,如沉积物中有机碳的含量、沉积物的颗粒粒径分布、有机质的类型等[131-132]。由于与有机碳颗粒之间具有较强的亲和力,人们普遍认为 PAHs 与沉积物中的有机碳含量具有相关性。Yanju Kang 等研究表明,黑碳与有机碳有密切的相关,但与所研究的底泥 PAHs 的含量无显著的相关[133]。李竺的研究表明不同类型的沉积物对菲的吸附能力与沉积物中有机碳的含量有着高相关性,其相关系数达 0.965[134]。周尊隆等的研究表明在菲从水相向各个黑炭组分的迁移过程中,由水膜扩散、吸附剂颗粒表面扩散和吸附剂内部微孔扩散等多个过程控制的,单一的动力学方程不足以描述整体的吸附过程[135]。Liang Y 等的研究表明,沉积物中粒径小于 5 μm 的颗粒上吸附了 $70\%～90\%$ 的 PAHs[136]。冯精兰与牛军峰的研究表明,总有机碳是影响 PAHs 在不同粒径沉积物中分布的主要因素,不同粒径沉积物中 PAHs 与总有机碳呈显著正相关($p<0.01$)。此外,有机质类型、结构也是影响 PAHs 在不同粒径沉积物中分布的重要因素[137]。吴启航等研究表明,有机质类型是影响多环芳烃(PAHs)和有机氯农药(OCPs)在不同粒径组分中的分布特征和富集能力的主要因素[138]。Liang 等研究了池塘底泥中 PAHs 的分布模式,考察了水体理化参数如温度、pH、盐度、溶解氧、氧化还原电位和总有机质的季节性变化对不同采样点底泥中总 PAHs 含量的影响,结果表明底泥中的总有机质与 PAHs 显著相关[139]。

有关有机物在沉积物上的吸附与解吸附研究较多,研究结果表明有机物在沉积物中的吸附作用与有机物自身性质、沉积物中有机质的结构与性质、吸附温度、水体 pH 值、吸附时间[140-150]等因素相关。石辉等探讨了温度对萘在土壤上吸附行为的影响机理及吸附热力学特征,表明土壤对萘的吸附是一吸热反应,整个吸附体系中熵增是吸附作用进行的主要驱动力[140]。周岩梅等的研究表明,腐殖酸结构组成的巨大差异可能会造成它们对多环芳烃类有机物吸附性质有所不同[141]。渠康等的研究结果表明,萘和叔丁基酚在黄河兰州段水体颗粒物上的吸附在 8 h 内可以充分达到平衡,吸附数据与 Freundlich 等温线能够较好地拟合[142]。吴文伶等的研究结果表明,提高盐度促进菲的吸附,促进程度与沉积物所含有机质(SOM)有关[143]。潘波的研究结果表明,在吸附系数测定过程中土壤溶出的 DOC 会导致水相中菲的浓度显著增加[144]。pH 值对沉积物吸附有机物的影响主要是通过改变沉积物有机质结构实现的,降低 pH 值有助于 HOCs 在有机质上的吸附[145-147]。OLaor 等发现低 pH 值有助于菲吸附在矿物-HA 复合体上[148]。Raber 等也证明随 pH 值降低,PAHs 在溶解性有机质上的分配增加[149]。陈华林等的研究表明,8 种沉积物对菲和 PCP 的吸附表现出了相似的变化趋势,即在吸附初期,液相浓度迅速下降,在约 10 d 时开始趋于稳定,可逆吸附

相浓度在前 10 d 迅速上升,随后开始下降,不可逆吸附相在整个吸附过程中一直保持上升,沉积物对菲的不可逆吸附占总吸附量的比例比 PCP 大[150]。而李竺的研究却表明 pH、离子强度和温度等外界因素对沉积物吸附菲能力的影响不显著[151]。

目前,人们极为关注水体污染的现状,污染源控制措施也随之得到强化,水体受到来自污染源直接排放所造成的污染大大减轻,历年累积于沉积物中的污染物,当其与水体中污染物的浓度达到一定的差值时,吸附在沉积物中的污染物会重新释放出来,造成的水体的间接污染。若水体受到扰动或水力条件的剧烈变化,污染物的间接释放强度还会大大加强。因此,研究沉积物中污染物的释放规律,就具有直接的、重要的现实意义。

二十世纪七八十年代国际上掀起了研究沉积物中污染物释放规律的热潮[151-157],我国自二十世纪九十年代以来也开始进行相关的研究。但由于有机污染物在环境中的行为比较复杂,测定也比较困难,尤其是持久性有机污染物在环境中的行为和测定更是如此,因此目前对沉积物中污染物释放的研究多集中在无机污染物(如重金属和氮、磷等营养物质)上,而对有机污染物,尤其是持久性有机污染物的释放研究很少[158-159]。

多环芳烃的溶解度很低、疏水性较强,进入水体后容易被颗粒物吸附,并随着颗粒物的沉降在沉积物中积累起来,使沉积物成为水体环境中 PAHs 的蓄积库。蓄积在沉积物中的 PAHs 在一些过程中(例如沉积物再悬浮、底泥的疏浚、大型船舶的通行)会重新释放进入水体,造成二次污染[160]。沉积物再悬浮由水流、波浪等自然因素,拖网、疏浚等人为因素以及生物扰动等引起[161-163],广泛地发生于水体环境系统中,是造成沉积物中污染物释放的主要原因之一。研究表明,沉积物再悬浮过程导致水体污染物浓度急剧增加[164-165],J. L. Domagalski 等的研究表明 PAHs 在沉积物再悬浮过程中浓度增加了 4 倍[165]。沉积物再悬浮引起底泥的悬浮,使得水体中的悬浮颗粒物大量增加,这将极大地影响污染物在水体中的释放,成为影响污染物释放及其归宿的重要因素。

欧冬妮通过研究长江口滨岸水—颗粒物—沉积物体系间 PAHs 的时空分布规律,发现温度和水体再悬浮作用是影响 PAH 化合物分布特征的主要因素,受河口区复杂水动力条件以及滨岸污染物排放等人类活动的影响,水体盐度、沉积物颗粒对 PAHS 的控制并不显著[166]。李剑超等通过衡温静态培养等手段,在不同的水力条件,瞬间悬浮、连续悬浮和静止状态下,确定了底泥冲刷悬浮影响水质的主要途径,即在底泥间隙水污染物浓度接近平衡时,其与上层大水体的混合作用是影响水质的主要作用,其次是下部底泥的静态释放,而悬浮颗粒的污染物扩散释放作用则较小,为底泥冲刷悬浮影响下的水质模型的建立提供了理论依据[167]。冯精兰等模拟了水动力条件下长江武汉段沉积物再悬浮过程中 PAHs 的释放,结果表明,随着再悬浮过程的持续,总悬浮颗粒物中 PAHs 浓度增加,0.5 N/m^2 下(37%)PAHs 浓度增幅较 0.2 N/m^2(30%)大,菲及四环 PAHs 的增幅较其他 11 种 PAHs 大;上覆水体 PAHs 浓度不断增高,0.5 N/m^2(50%)下 $\sum$PAHs 浓度增幅大于 0.2 N/m^2(43%),二环三 PAHs(50%~88%)增幅大于四环 PAHs 的增幅(20%~44%)[168]。

(三)PAHs 源解析的研究现状

源解析是研究污染源对周围环境污染的影响和作用的一系列方法。源解析方法通常分为两大类:受体模型和扩散模型[169]。早期使用的扩散模型是一种预测式模型,它通过输入各个污染源的排放数据和相关信息来预测某时某地的污染情况。然而,随着人们对于污染物的源解析提出了更高更精确的要求,扩散模型在很多方面已不能令人满意,在此情况下,受体模型得到了较快的发展。受体模型的原理是通过对采样点的环境样品(受体)的化学和显微等方面的分析,从而确定各污染源贡献率的一系列技术,其最终目的是识别对环境样品有贡献的污染源,并且定量计算各污染源的贡献率。常用的源解析受体模型如下。

1. 定性方法:成分和比值分析法

Nap/Fla、Phe/Ant、Fla/Pyr、Chr/BaA、Pyr/BaP、BaP/Bep、LMW/HMW 和甲基-Phe/Phe 比值常被用来判断 PAHs 的来源[170-180]。其中得到最为广泛应用的是 Fla/Pyr(或 Fla/(Fla+Pyr)),Phe/Ant(或 Ant/(Ant+Phe))和甲基-Phe/Phe 三种。当荧蒽/芘(Fla/Pyr)比值大于 1 或菲/蒽(Phen/Ant)比值小于 10 时,认为 PAHs 主要来自化石燃料的不完全燃烧;荧蒽/芘比值小于 1 或菲/蒽比值大于 10,则来源自石油源[181-182]。

我国在多环芳烃的源解析方面也进行了阶段性研究[183-190]。薛荔栋等对黄海近岸表层沉积物的研究结果表明研究海域表层沉积物中 PAHs 的主要来源为燃煤源、燃油源(主要为柴油燃烧)和焦炉源[183]。冯承莲等对长江武汉段的污染来源分析表明,多环芳烃主要由化石燃料、木材等的燃烧所引起,污染来源为燃烧源[184]。Li 等的研究认为黄河中下游河段中多环芳烃的主要来源是煤燃烧,其次是汽油燃烧[185]。王平等的研究表明,黄河兰州段水环境中 PAHs 的来源是燃烧源和石油源混合的结果,为混合输入型。用生物学阈值对表层沉积物质量进行评价,黄河兰州段表层沉积物的 PAHs 污染不算严重,偶尔会产生负面生态效应[186]。Deng 等通过持续一年对广东省西江河水和悬浮物中 PAHs 的含量进行监测分析,认为该区域 PAHs 的主要来源是煤炭、石油等的燃烧,石油产品直接的泄漏并不明显[187]。Jiang 等对天津海河底泥中 PAHs 分布特征进行了研究,证明该处的 PAHs 来自于燃油产品泄漏和石化工业废水排放[188]。Guo 等对大辽河水系干流的浑河、太子河和大辽河表层沉积物中多环芳烃(PAHs)污染源解析表明,多环芳烃污染以石油燃烧热解为主,工业和生活污水是污染的主要来源[189]。

总结前人对 PAHs 的研究见表1-3[190,191]。

表 1-3 **某些污染源的特征 PAHs 比值**

	车辆	汽油燃烧	木材燃烧	煤燃烧	柴油燃烧	炼焦炉	焚烧炉
BaP/BghiP	0.3~0.78	0.3~0.4		0.9~6.6	0.46~0.81	5.1	0.14~0.6
Phe/An	2.7	3.4~8	3	3	7.6~8.8	0.79	
BaA/Chr	0.63	0.28~1.2	0.93	1.0~1.2	0.17~0.36	0.7	
Flu/(Flu+Pyr)		0.4	0.74		0.6~0.7		
IP/(IP+BghiP)		0.18			0.35~0.7		

2. 定量方法

对污染物进行定量源解析的方法主要分为两类:化学质量平衡模型(CMB)和多元统计类方法。CMB 模型已经较为成功地对无机污染物进行了定量的源解析,被美国环保局定为无机物源解析的首选方法[192]。但 CMB 对于有机污染物的源解析有一定的局限性,如需要预先知道污染源的指纹谱等,而多元统计类法没有这些限制,但需要大量的样品和对样品的准确分析。随着采样和分析技术的不断提高,简便易行的多元统计方法得到了更为广泛的应用[193]。

（1）CMB 模型

源解析 CMB 模型是得到广泛应用并且发展较为成熟的模型，使用者可以从网上免费获取。

该模型的理论依据是质量守恒定律，基本原理是各个污染源的指纹谱是一定的，不同污染源的指纹谱各不相同，通过检测环境样品中各种物质的含量（组成）来确定各污染源的贡献率。但用于在 PAHs 的源解析上，CMB 模型还存在很多问题，比如：缺少不同 PAHs 污染源的较完整的指纹谱图，某些 PAHs 污染物在介质中的性质不稳定，如果直接应用监测数据会给源解析带来较大的误差。所以在进行 PAHs 的源解析时，CMB 模型会受到一定限制。

Li 等学者使用 EPAcMBS.2 模型对芝加哥 calulnet 湖沉积物中的 PAHs 的来源进行了解析，模型解析得到该地区主要的污染源为焦炉排放和车辆尾气排放，并且对不同年代的沉积物中 PAHs 的主要的来源及其贡献率得出了定量的结果[194]。

（2）多元统计方法

① 因子分析/多元线性回归。

因子分析/多元线性回归（FA/MLR）方法在实际应用中较为普遍。它是一种多元统计的数学方法，可以用来解析数据集合，压缩数据维数，分析多个变量之间的关系，对大量观测数据选择使用较少的有代表性的因子来说明众多变量的主要信息。与其他的解析模型比较，FA/MLR 的优点是：使用简单，即使 PTS 污染源的成分谱缺乏，FA/MLR 仍可进行解析，可广泛使用统计软件对数据进行处理。而 FA/MLR 方法目前存在的问题是：当源示踪物不是来自于同类型的污染源时，它的应用就会受到限制；需要环境样品的数量较多，在实际的使用中，FA/MLR 方法只能识别 5~8 个污染源[195,196]，并且最大的麻烦是模型得出的因子载荷和因子得分常常出现负值，这会对污染源的解析产生一些影响。

由于不同燃烧源产生不同的特征化合物，因此，可以根据 PAHs 组分的因子载荷结果来判断 PAHs 的来源[197]。沈琼等运用主因子分析和多元线性回归分析半定量地研究北京市通州区河流悬浮物中几种主要燃料燃烧源 PAHs 的贡献率，结果表明，燃煤源、焦炉源、柴油源和汽油燃烧源 PAHs 贡献率均较高[198]。陈燕燕等利用因子分析和多元线性回归模型分析了太湖表层沉积物中 PAHs 的来源，结果显示，太湖 PAHs 主要来源于燃烧，其中木柴、煤炭燃烧和油料燃烧的贡献率分别为 45% 和 50%[199]。

② 非负约束的因子分析模型。

因为因子分析/多元线性回归（FA/MLR）模型得出的因子载荷和因子得分常常出现负值，为修正这一问题，非负约束的因子分析模型（FA-NNC）迅速地发展起来，但 FA-NNC 仍存在一定的问题，如它无法将输入数据的误差考虑在内，目前成熟的软件尚未开发出来，使它的应用受到了一定的限制。尽管如此，FA-NNC 还是被很多研究者应用于有机污染物的源解析，包括大气颗粒物中的 PAHs 的源解析[200]，水体沉积物中的 PAHs 和 PCBs 的源解析[201,202]，都取得了较为满意的结果。Bzdusek 等使用非负约束的因子分析模型对美国芝加哥 Calumet 湖沉积物中的 PAHs 进行的源解析结果表明，其主要污染源有两个，分别是为焦炉排放和车辆尾气排放，其贡献率分别为 45% 和 55%[201]。刘春慧等将 PMF 和 FA-NNC 成功用于中国大辽河流域沉积物中多环芳烃（PAHs）的来源解析，并比较两个模型得到的来源类型与贡献[203]。

（3）同位素来源解析技术

近年来，环境中 PAHs 来源解析的研究热点之一是放射性碳同位素的来源解析方法（CSRA）。由于环境中 PAHs 的来源广泛，产生方式多样，使用普通的色谱或质谱等方法并不能很好地区分 PAHs 排放的生物和非生物来源，而使用放射性碳同位素方法对环境中的 PAHs 进行源解析就可以很好地解决这个问题[204-207]。该方法是基于同位素的质量守恒原理的新兴的 PAHs 源解析技术，目前对 PAHs 的化石燃料来源和生物质燃烧源进行区分，应用范围较为狭窄，有待进一步的研究与总结。

（四）PAHs 风险评价和环境质量标准

20 世纪 90 年代以来，我国对河流、湖泊和海洋等水体中的有机物污染进行了大量调查研究，但研究多集中在调查水体中多环芳烃、多氯联苯及少部分有机氯农药等有机污染物的浓度、分布等方面，对其会对环境及生活在环境中的生物带来什么样的危害研究不够。虽然有些学者对此进行了一些探讨，但多数是对国外生态风险评价方法的介绍。在我国，生态风险评价尚处在起步阶段，还没有完全建立符合我国国情的水体有机物生态风险分析方法，下面介绍几种目前在我国广泛使用的国外环境中 PAHs 的风险评价方法。

1977 年美国 EPA 的 cleland 等根据大量的文献资料和合理的推导方法提出了多种 PAHs 在大气、水和土壤中的最高容许浓度，提出了一整套基于保护生态和人体健康的用以评价环境质量多介质环境基准（表 1-4）。

表 1-4　　　　大气、水和土壤中 PAHs 的最高允许浓度

PAHs	大气/($\mu g/m^3$)	水/($\mu g/L$)	土壤/($\mu g/g$)
Nap	142	2 130	4.26
Ant	133	2 000	4.0
Phe	3.8	57	0.114
BaA	0.11	1.65	0.003
Chr	5.29	79.4	0.16
Pyr	555.6	8 333	16.7
BaP	5×10^{-5}	7.5×10^{-4}	1.5×10^{-6}
BbF	2.1	31.5	0.06
IPY	15.4	231	0.5

1. 沉积物中 PAHs 的环境质量标准

（1）沉积物质量基准法（SQGs）

1995 年，Long 等研究了北美海岸、河口沉积物的有机污染物后，积累了大量的监测实验数据，在平衡分配法（EQP）、生物鉴定法和综合评价法的基础上，提出了评价有机污染物沉积物环境质量的生物影响效应指标，用风险评估低值和风险评估中值来指示沉积物的生物影响风险程度（表 1-5）。

表 1-5　　　　　　　　　　沉积物中 PAHs 的质量基准评价表(干重)　　　　　　　　　ng/g

PAHs	ERL	ERM
Nap(萘)	160	2 100
Ace(二氢苊)	16	500
Acy(苊)	44	640
Flu(芴)	19	540
Phe(菲)	240	1 500
Ant(蒽)	85.3	1 100
Fla(荧蒽)	600	5 100
Pyr(芘)	665	2 600
BaA(苯并(a)蒽)	261	1 600
Chr(䓛)	384	2 800
BaP(苯并(a)芘)	430	1 600
DahA(二苯并(a,h)蒽)	63.4	260

SQGs 是评估淡水、港湾和海洋沉积物质量的有用工具[208-212],常用的评价形式为:当沉积物中某种 PAHs 的浓度低于效应范围低值(ERL),表明生物毒性效应很少发生,风险概率小于 10%;当污染物浓度高于效应范围中值(ERM)时,表明生物毒性效应将频繁发生,风险概率大于 50%;如果介于二者之间,生物毒性效应会偶尔发生,风险概率界于 10%～50% 之间。相对污染系数(RCF)是沉积物中 PAHs 浓度与 ERL 的比值,是表征 PAHs 潜在生物毒性风险的量化指标。

(2) 加拿大魁北克沉积物质量标准法

加拿大魁北克省 2006 年最新颁布的沉积物质量标准包含 5 个阈值,分别为生物毒性影响的罕见效应浓度值(REL)、临界效应浓度值(TEL)、偶然效应浓度值(OEL)、可能效应浓度值(PEL)和频繁效应浓度值(FEL)[213],12 种 PAHs 的上述 5 个阈值见表 1-6。这 5 个阈值的划分可作为环境管理(修复、疏浚、控制污染排放等)执行对策的参考标准。

表 1-6　　　　　　　加拿大魁北克省淡水沉积物中 PAHs 的质量评价标准　　　　　　　ng/g

PAHs	REL	TEL	OEL	PEL	FEL
Nap(萘)	17	35	120	390	1 200
Ace(二氢苊)	3.7	6.7	21	89	940
Acy(苊)	3.3	5.9	30	130	340
Flu(芴)	10	21	61	140	1 200
Phe(菲)	25	42	130	520	1 100
Ant(蒽)	16	47	110	240	1 100
Fla(荧蒽)	47	110	450	2 400	4 900
Pyr(芘)	29	53	230	880	1 500
BaA(苯并(a)蒽)	14	32	120	390	760

PAHs	REL	TEL	OEL	PEL	FEL
Chr(屈)	26	57	240	860	1 600
BaP(苯并(a)芘)	11	32	150	780	3 200
DahA(二苯并(a,h)蒽)	3.3	6.2	43	140	200

（3）建立的水体中底泥的 PAHS 质量标准

美国、澳大利亚、新西兰等国家为保护水生生态系统，已建立本国水体中底泥的 PAHs 质量标准，如美国淡水水体底泥 PAHs 的风险标准系统，包括风险水平高值（SEL）与风险水平低值（LEL）（表 1-7）[214]。

表 1-7 美国底泥 PAHs 质量标准

PAHs	LEL/(ng/g)	SEL/(ng/gOC)	PAHs	LEL/(ng/g)	SEL/(ng/gOC)
Flu	19	160 000	Chr	340	460 000
Phe	560	950 000	BkF	240	1 340 000
Ant	220	370 000	BaP	370	1 440 000
Fla	750	1 020 000	DahA	60	130 000
Pyr	490	850 000	BghiP	170	320 000
BaA	320	1 480 000	IPY	200	320 000

2. 水体中 PAHs 的环境质量标准

水体中 PAHs 的环境质量标准的研究刚刚起步，相关的研究报道并不多。Kalf 报道了水中 10 种 PAHs 的最大容许浓度，其中 Phe 为 0.3 μg /L、Ant 为 0.07 μg /L、Fla 为 0.3 μg /L、BaA 为 0.01 μg /L 和 BaP 为 0.05 μg /L[215]，Kunte 和 Borneff 列出了 PAHs 总量指标：微污染地面水 10～50 μg/L、轻污染地面水 50～250 μg/L、重污染地面水大于 1 mg/L。

2006 年我国新颁布了生活饮用水卫生国家标准《生活饮用水卫生标准》（GB 5749—2006），规定 BaP 不得超过 0.01 μg/L，BaP、BkF、IPY、BbF、Fla 和 BghiP 等 6 种 PAHs 的浓度之和必须低于 0.2 μg/L；而地面水国家标准《地表水环境质量标准》（GB 3838—2002）中规定，BaP 的一级标准为 0.002 8 μg/L。

作为是一种简单的风险表征方法，商值法中危害商值（HQ）的计算方法如下：HQ＝暴露/TRV[216]。暴露是指测定或估计的生物暴露浓度（环境实测浓度），TRV 指毒性参考值（生态基准值）。商值法通常在测定污染物暴露浓度和选择毒性参考值时比较保守，其计算结果虽是一个确定值，但仅仅是对风险的粗略估计，不能代表这个风险概率的统计值，只能应用于低水平的风险评价。检索文献[216-218]可以获得 PAHs 在淡水水体中的生态基准值（表 1-8）。将环境中某单体 PAHs 的浓度与其生态基准值相比，可计算得到不同单体 PAHs 的 HQ，若危害商值（HQ）大于 1，说明该单体 PAHs 存在潜在的生态风险，比值越大潜在风险越大；若危害商值（HQ）小于 1，则说明该单体 PAHs 的生态风险相对较小。

表 1-8　　　　　　　　　　　　**淡水水体 PAHs 的生态基准值**　　　　　　　　μg/L

PAHs	水相
Nap(萘)	490
Ace(二氢苊)	3.7
Acy(苊)	23
Flu(芴)	11
Phe(菲)	30
Ant(蒽)	3
Fla(荧蒽)	6.16
Pyr(芘)	7
BaA(苯并(a)蒽)	34.6
Chr(屈)	7
BbF(苯并(b)荧蒽)	NA
BkF(苯并(k)荧蒽)	NA
BaP(苯并(a)芘)	0.014
DahA(二苯并(a,h)蒽)	5
BghiP(苯并(ghi)芘)	NA
IPY(茚并(1,2,3-cd)芘)	NA
$\sum$ PAHs	NA

注:NA 表示数据未获得。

（五）PAHs 研究存在的不足

国内外已对环境中 PAHs 的污染作了大量的研究,但已有研究多集中在对 PAHs 的来源、污染特征和风险评价等方面的研究上,对河流沉积物和水中 PAHs 的迁移、转化以及释放方面的研究较少,因此目前对其受较多因素制约的许多过程的机理尚不十分清楚,而且过去的研究着重于水体中颗粒物或沉积物对 PAHs 的吸附的研究方面[140-150],对于释放过程的研究工作较少。

三、多氯联苯类的性质及研究现状

（一）多氯联苯（PCBs）的性质

多氯联苯（Polychlorinated biphenyls,PCBs）是一种人工合成的持久性有机化合物,联苯苯环上的氯取代数为 1～10,化学式为 $C_{12}H_{10-x}Cl_x$（图 1-5）。根据其结构,PCBs 在理论上可以有 209 种同系物,但实际真正得到应用的只有 130 种[219-221]。

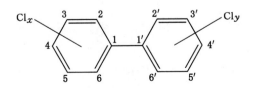

图 1-5　PCBs 分子结构式

为了标准化命名这些同系物,国际纯粹与应用化学联合会(International Union of Pure and Applied Chemistry,IUPAC)采用 IUPAC 代码对 PCBs 进行了统一编号命名。在 209 种同系物中有 12 种同系物是在邻位(o-)上只有一个氢被氯原子取代或无氢被取代,性质上具有类似于二噁英的毒性作用,它们包括 4 种非邻位同系物(PCB77、PCB 81、PCB 126、PCB 169),8 种单邻位同系物(PCB 105、PCB 114、PCB 118、PCB 123、PCB 156、PCB 157、PCB 167、PCB 189),被统称为二噁英类 PCBs(Dioxin Like Polychlorinated Biphenyls,DL-PCBs)。

PCBs 无嗅无味,纯 PCBs 化合物在常温下为结晶态,其混合物为无色至淡黄色的黏稠液体,并随氯代程度的增加,黏稠度和颜色也相应增加[222]。PCBs 的辛醇/水分配系数较大($Kow > 10^4$)[221],因而具有良好的疏水性,在大多数有机溶剂、油类及脂肪中具有较高溶解度。

在理化性质上,PCBs 具有良好的耐酸碱性和耐腐蚀性,以及高介电常数、高热导性和高闪点等特性[55],因而化学性质稳定。也由于具有这些理化性质,PCBs 作为工业原料曾经在世界上被大量的生产和应用。1929 年美国 Swalm 化学公司最先开始了 PCBs 的商业生产,并命名为 Aroclor。随后多个国家都开始了 PCBs 商业产品的生产并对其进行了不同的命名,如德国为 Clophen、英国为 Askarel、法国为 Phenoclor、意大利 Fenclor、日本为 Kanechlor 以及捷克的 Defor 等。随着 PCBs 应用领域的不断增长,生产量也随之增长。直至 20 世纪 70 年代中期,由于 PCBs 在化学性质上具有长期残留性、生物蓄积性,半挥发性以及致癌、致突变、致畸的"三致"作用逐渐被人们发现,各国开始陆续限制或禁止 PCBs 的商业生产和应用。

我国 PCBs 的商业生产始于 1965 年,但到 1974 年开始受到限制,累计生产 PCBs 达万余吨[223],主要以三氯联苯和五氯联苯为主,产量分别约为 9 000 t 和 1 000 t。其中的五氯联苯主要用于变压器及电容器的绝缘电介质,而三氯联苯作为油漆的添加剂[224]。除此之外,在我国境内的 PCBs 还有很多是在 1970~1980 年间以变压器、电容器、液压油和导热油的形式从国外进口的[225]。

(二)多氯联苯的环境行为

1. 迁移性

由于其所具有的理化性质,使得 PCBs 可以从污染源首先进入大气,经大气环流,再通过干湿沉降,经地表径流进入水体、土壤等其他环境介质中。有研究显示,PCBs 经过长距离的迁移之后有 93.1% 进入土壤,3.5% 进入海洋,4.1% 转移进入沉积物中[226,227]。并且最终可迁移到远离污染源的人迹罕至的地区,如海洋、两极地区[228]等,马新东等在北极地区的土壤、苔藓及动物粪便中均检测出了 PCBs[229]。对于 PCBs 的这种全球性的迁移特征,目前主要通过两种公认的迁移理论来解释即"全球蒸馏效应(Global Distillation)"[230]和"蚱蜢跳效应(Grasshopper Effect)"[230-233]。

"全球蒸馏效应"最早是由 E. D. Goldberg[234]提出并用来解释大气中的 DDT 转移进入海洋沉积物的现象。后来人们不断在两极高纬度无人区和高海拔地区发现了 POPs,F. Wania 和 D. Mackay[235]利用了这个理论解释了 POPs 从热、温带人口聚集地区向寒冷人烟稀少地区迁移的现象。该理论认为,一些化学物质,尤其是 POPs 类的有机物,在相对高的温度下蒸发,然后蒸汽随大气进行迁移,并在低温地区发生冷凝作用从而沉降下来,最终导致了 POPs 从热带地区迁移到寒冷地区,使得从未使用过 POPs 的两极地区和高海拔地区发现了 POPs 的存在。这一理论也被称之为"蚱蜢跳效应",应用这一理论就可以很好地解释在喜马拉雅山、比利牛斯山、阿尔卑斯山、落基山等高海拔的山顶出现有机氯农药等 POPs 的原因。

2. 吸附性

吸附作用是指各种气体、蒸汽以及溶液里的溶质被吸附在固体或液体物质表面上的作用。由于 PCBs 的高疏水性,在水体中 PCBs 主要是通过水中的悬浮颗粒物发生迁移,并通过吸附作用被沉积物所吸附或吸附在悬浮颗粒物上,通过颗粒物的沉降而转移到沉积物中。PCBs 在水体中的吸附行为主要受到 TOC 含量,沉积物的粒径大小,以及 PCBs 本身氯代程度的影响[236]。通常 TOC 含量越高的沉积物对 PCBs 的吸附能力也越强[237,238],沉积物的粒径越小,其比表面积就越大,越有利于吸附作用[232,239],PCBs 尤其是高氯代的联苯总是主要被吸附在小粒径的颗粒上,而大粒径的颗粒物往往主要吸附低氯代的 PCBs[232]。

（三）多氯联苯的污染现状

PCBs 是一系列由 Schmidt 和 Sehulz 在 1881 年首先在德国人工合成的多氯代的联苯化合物的统称。美国首先开始商业化生产之后,全球各个国家开始相继大规模的生产并应用于工业等。据 WHO 的报道,至 1950 年世界各国生产的 PCBs 总计已近 100 万 t,我国的 PCBs 总存有量约为 2 万 t[240]。

PCBs 具有一定的挥发性,可以通过"全球蒸馏效应"和"蚱蜢跳效应"进行长距离的,从低纬度到高纬度,从低海拔到高海拔的迁移,因此 PCBs 在全球环境中得到广泛的分布,并且土壤被认为是 PCBs 最大的汇[226,227]。实验研究发现,在世界范围内的土壤和沉积物中都发现了 PCBs 的存在,甚至在高纬度人迹罕至的两极地区也发现了 PCBs 的踪迹[228,229,241,242]。Yu Bon Man 等[243]在香港采集了进行露天垃圾焚烧和电子垃圾回收的场所的土壤样品,实验发现电子垃圾回收拆解场所的土壤样品中的 PCBs 含量要高于其他样点的样品,达到了 1 061 ng/g,远超过世界其他地区土壤样品中的含量。Motelay-Massei 等[244]在法国塞纳河流域的工业区,城区和郊区共采集了 7 个样点的土壤样品分析其中的 PCBs,含量范围在 0.09～150 ng/g,平均值为 40 ng/g,在含量上呈现出工业区土壤中的 PCBs 含量最高,城区次之,而郊区浓度最低的空间特征。Wolfgang Wilcke 等[245]分析了俄罗斯莫斯科地区的土壤中的 17 种 PCBs 同系物,浓度在 3.1～42 ng/g 之间。在 35 个土壤样品的 17 种 PCBs 同系物中 PCB138、101 和 52 的贡献率是最高的,分别为 18%、16% 和 16%。Stefania[246] 等在越南中部的氏奈湖的沉积物和土壤中均检测出了 PCBs,土壤中的 PCBs 浓度范围为 0.67～18.6 μg/kg。Milena[247] 等在斯洛伐克的 32 个土壤样品中检测出的二噁英类 PCBs 的毒性当量范围在 0.34～18.05 pg/g。

我国在土壤方面所做的调查研究较多,且结果多显示出在土壤样品中检测出了 PCBs。如 Xiao-ping Wang[248] 等在西藏高原的表层土壤(0～5 cm)中检测出了 PCBs,其范围为 75～1 021 pg/g。浙江的部分地区由于随意拆卸含 PCBs 的废旧电容器等设备,造成了其中的 PCBs 的大量泄露,受污染土壤样品中的 PCBs 范围在 1 334～127 852 pg/g 之间[249-251]。

除了在世界范围内的土壤中都监测到了 PCBs,在多种动物体内也同样检测到了 PCBs 的存在。如 Daisuke Imaeda[252] 等在贝加尔湖海豹的脂肪中检测到了二噁英类 PCBs,含量在 480～3 600 ng/g。L. Lyndal[253] 等在美国哥伦比亚河中采集的鲑鱼体内发现了 PCBs 等

POPs,其中 PCBs 的含量范围在 1 300～14 000 ng/g 脂肪,并且发现这些 PCBs 主要是浮游生物和底栖生物通过食物摄入的方式富集在鲑鱼体内。Syed Ali-Musstjab-Akber-Shah Eqani[254]等在 2007～2009 年间,在巴基斯坦的 Chenabe 河中采集到的 11 种鱼类的体内均检测到了 PCBs 和有机氯农药,其中 PCBs 在草食性鱼类体内的浓度范围为 3.1～93.7 ng/g(湿重),肉食性鱼类体内的浓度范围为 2.5～108 ng/g(湿重)。Alexandre Santos de Souza[255]等在巴西里约热内卢的瓜纳巴拉湾的红树林区的沉积物和螃蟹卵中均发现了 PCBs 的存在,浓度分别为 184.16 ng/g(干重)和 570.62 ng/g(干重)。Lavandier[256]等也在巴西里约热内卢的 Ilha Grande 海湾采集了不同种类的三种鱼并测试其中的 PCBs 含量,结果显示在鱼的肌肉中含量达到 2.29～27.60 ng/g(湿重),肝脏中的浓度 3.41～34.22 ng/g(湿重)。Evy Van Ael[257]等采集了流经荷兰、比利时境内的斯海尔德河中的沉积物和中国绒鳌蟹,褐虾和贻贝等水生生物,研究其中的 PCBs 污染水平,实验结果显示,沉积物中的 PCBs 平均浓度为 31.5 ng/g(干重),最高值为 368 ng/g(干重)。在水生生物中,蓝贻贝体内脂肪中 PCBs 的浓度最高,达到了 287～1 688 ng/g(湿重)。

PCBs 在大气和水中的含量一般较少,而且一般城市的大气中 PCBs 含量要高于农村和偏远地区的 PCBs 含量。Andrea Colombo[258]在意大利的一个工业化的城市采集了大气样品测试其中的 PCBs,结果显示其浓度远高于其他国家的城市和工业区的浓度,而且主成分分析表明高浓度的 PCBs 来自于附近的一个化学工厂。Harner 等[259]在加拿大多伦多附近的城市和农村采集了大气样品,结果显示城市大气中的 PCBs 浓度为 1 350 pg/m³,而农村远低于城市的浓度仅为 135～270 pg/m³。在韩国首尔[260]的城市和农村空气中测得的 PCBs 的七种同系物总量分别 130.41±62.57 pg/m³ 和 39.65±34.04 pg/m³。Sandy[261]在位于挪威南部的北极地区采集了空气、水和生物样品,并对大气中的 PCBs 通过拉格朗日扩散模型确定其污染源,结果发现 PCB28 和 101 来自于俄罗斯西部,而 PCB180 则来自于中欧。Sun Kyoung Shin[262]在韩国全国范围内采集了大气样品,开展大气中 PCBs 的调查研究发现,在韩国的西北部存在 PCBs 的重要污染源,而且主要是由于工业污染所导致。Jonathan Nartey Hogarh[263]在 2008 年对东亚地区大气中的 PCBs 开展了全面的评价工作,相比于 2004 年的监测结果日本和韩国并没有大的改变,而中国大气中的 PCBs 浓度则增加了一个数量级。

我国在大气方面所做的研究工作较少,在目前的文献中在这方面最早开展工作的是孟庆昱等对某污染区大气中 PCBs 的研究。另外在我国的北京[264],上海[265],青岛[266],济南[267]等城市也先后对大气中的 PCBs 开展了污染研究工作。

(四)沉积物中的多氯联苯

1. 淡水沉积物中的多氯联苯

PCBs 进入环境后受到气候、生物、水文地质等因素的影响,在不同的环境介质间会发生一系列的迁移转化,最终的去向主要是土壤或河流等水体的沉积物中。沉积物作为水体中 PCBs 重要的汇,随着外源性污染的逐渐减少,沉积物将扮演越来越重要的内源性污染源角色。

F. Mangani 对威尼斯湖表层沉积物进行了研究,表明该地区已经受到 PCBs 的污染,浓度范围为 4.05～239.15 ng/g[268]。M. Chevreuil 从 1984～1992 年对法国塞纳河进行了跟踪调查,发现该河流受到 PCBs 的严重污染,沉积物中 PCBs 浓度范围为 50～26 000

ng/g[269]。Derek 从偏远的北极湖泊表层沉积物中也检测到了 PCBs,浓度介于 2.4～39 ng/g dw 之间[270]。韩国的马山湾的沉积物中监测到的 PCBs 浓度范围在 1.24～41.4 ng/g,且是以低氯代联苯为主[271]。Margarida 在葡萄牙的 Mondego 河口区监测到的 12 种二噁英类 PCBs 中以低氯代的 PCB118 和 105 为主[272]。Joana Baptista 则研究了 Mondego 河口区 15 种鱼类体内的 PCBs 含量,结果显示鱼类体内的脂肪含量和 PCBs 含量呈现出正相关关系[273]。英国的 Petrena J Edgar 等开展了对克莱德河口的潮间带沉积物中的 PCBs 与沉积物粒径和 TOC 相关关系的研究[274]。Chin-Chang Hung 等也开展了台湾的淡水河口附近的沉积物中的 PCBs 和 TOC 相关关系的研究工作[275]。Barakat O. Assem 在埃及的 Qarun 湖采集了 34 个沉积物样本测试其中的 PCBs 浓度,结果显示 PCBs 的总浓度范围为 1.48～137.2 ng/g,从组成上分析主要是以三、四、五和六氯联苯为主[276]。Hyo-Bang Moon 等对韩国一个人工湖泊中的表层沉积物中二噁英类 PCBs 进行的研究发现,其毒性当量范围在 1.0～1 771 pg/g 干重,这一结果也是目前为止有研究记录的沉积物中 PCBs 毒性当量的最高值[277]。Bopp 等研究了美国 Hudson 河沉积物中的 PCBs,由于受到上游两座工厂排污的影响导致该河段沉积物中的 PCBs 浓度约达到 10^{-6},这比其他一些大江大河的沉积物浓度高了 1～2 个数量级[278]。

我国关于淡水沉积物中 PCBs 的研究工作开展最早的是李敏学等在第二松花江中进行的研究,该河流中的 PCBs 的检出率为 100%,浓度范围在 0.12～1.04 ng/g,均值为 0.62 ng/g[279]。截止到目前,我国东部地区的大部分河流及湖泊都开展了 PCBs 的污染研究,如张祖麟等调查了福建闽江 21 种 PCBs 的污染分布情况,得出在表层水、间隙水和沉积物表层的 PCBs 浓度分别为 203.9～2 473 ng/L,3 192～10 855 ng/L,15.14～57.93 ng/g,其中三氯到六氯联苯占据主导地位,而且间隙水浓度比表层水高[280,281]。Huayun Yang 开展了扬子江河口的 PCBs 的分布特征研究,50 个沉积物样品的 PCBs 浓度范围在 5.08～19.64 ng/g(干重),且 PCBs 的分布特征与电子垃圾的回收与拆解有密切关系[282]。Xu 等调查了长江沉积物中的 5 种指示性 PCBs(PCBs 52、101、138、153 和 180),总 PCBs 浓度范围是 0.39～1.13 ng/g,平均值 0.684 ng/g,与其他地区相比含量较低,并推论 PCBs 主要来源是轮船航运以及大气颗粒的迁移等扩散性污染造成的[283]。邢颖等对我国水域沉积物中 PCBs 的污染水平进行了空间上的全面分析后发现,我国 PCBs 污染水平与含 PCBs 设备的分布存情况存在着明显的相关性[284]。

在对淡水沉积物中 PCBs 的含量进行调查的基础上,国外一些学者进一步开展了如沉积物对 PCBs 的吸附—解析,释放等方面的研究,我国目前在该领域的相关研究工作开展还较少。Werner 等利用吸收剂解吸沉积物所吸附的 PCBs,实验发现,其解吸附的速率与 PCBs 的氯代程度有很好的相关性,氯代程度越小,解吸速率也越快[285]。湖泊和水库等较深的水体当季节变化时,由于水体密度在垂直方向上发生改变,因此出现水体的垂直方向的运动,俗称"翻底",此时原来蓄积在湖底沉积物中的 PCBs 就可能随水流迁移到水面[286]。Schneider 对哈德逊河悬浮沉积物颗粒物中的 PCBs 的解吸机理进行了研究,结果表明沉积物中的 PCBs 在释放初期为快速释放阶段,释放速度正相关于悬浮速度[287]。

2. 海洋沉积物中的多氯联苯

国内外的研究显示不仅淡水水体沉积物中检测出了 PCBs,在世界各地的海洋沉积物中也发现了 PCBs 的存在,且在一些海域还显示出了较强的生态风险。并且大量的研究还表明,近岸或沿海海洋沉积物中的 PCBs 主要来源于陆域的点源或面源径流。

Joanna Konat 等对波罗的海南部的表层沉积物中的 PCBs 进行了研究,其中 PCBs 的同系物的总量范围在 1～149 ng/g,平均值为 40 ng/g。而且从时间上可以看出 PCBs 呈现出含量不断下降的趋势,并发现波罗的海南部的 PCBs 是来源自人类的直接活动,通过降雨和径流的方式最终进入波罗的海[288]。美国的国家底栖生物监测项目(NBSP)在 1984～1993 年期间对不同海湾地区沉积物中 PCBs 的连续研究表明:城市化程度高,人口密度大的地区,如旧金山湾、San Pedro 湾、Santa Monica 湾、Elliott 湾和 San Diego 湾沉积物中的PCBs 含量较高;人口密度较低地区,如 Oregon 海湾和 Alaska 海湾附近沉积物中的 PCBs最低;而像 Monterey 湾、San Pablo 湾和 Commencement 湾地区人口密度处于中值区,相应的 PCBs 含量也处于中值区[289]。A. Kuzyk 等在 1997～1999 年对加拿大 Saglek 湾沉积物中 PCBs 进行调查,研究显示 PCBs 的含量范围在 0.24～62 000 ng/g(干重),并且 PCBs 的含量随到 PCBs 污染海滩的距离的增加而呈指数形式递减趋势[290]。J. Kobayashi 等分析了日本东京湾的 10 个沉积物样品,发现沉积物中 PCBs 的浓度范围在 2.7～110 ng/g,浓度最高点出现在日本北部湾[291]。Barakat 等在埃及亚历山大港采集了 23 个表层沉积物样品,其中 PCBs 的含量在 0.9～1 210 ng/g 之间,从组成成分上分析是以四氯到七氯联苯为主[292]。波多黎各海湾沉积物中的 PCBs 范围在 nd～11.21 ng/g,其污染来源也是人为的污染源[293]。西班牙特立尼达港的沉积物中 PCBs 的浓度范围在 62～601 ng/g(干重)之间[294]。

我国对近海尤其是东南沿海的沉积物中的 PCBs 的研究工作开展较多,如陈满荣等在对长江口潮滩沉积物中 PCBs 的研究中发现,排污口附近的站点 PCBs 浓度明显高于其他岸段,近岸排污是 PCBs 的主要来源[295,296]。大连湾沉积物中 PCBs 的含量范围为 0.040～3.230 ng/g,其中靠近大连港及附近一些企业的监测点的 PCBs 的含量最高,显示出 PCBs主要来自于排污企业等点源的污染特征[297]。锦州湾沉积物中的 PCBs 含量为 0.598～32.563 ng/g,其分布受入湾径流和近岸潮流场影响[298]。厦门港附近海域和珠江口沉积物中的 PCBs 主要来自于工业污染和生活污水等陆域点面源[299,300]。根据现有的数据进行分析发现,我国近海海域的锦州湾[298]、青岛附近海域[301]、大亚湾[302,303]和珠江三角洲[304-306]等海域沉积物中的 PCBs 均超过了 23 ng/g 的沉积物质量标准[307]。

3. 沉积物中的多氯联苯的归趋

PCBs 在自然环境条件下非常稳定,不易分解,不与酸、碱、氧化剂等发生化学反应,极难溶于水,但对脂肪具有很强的亲和性,极易在生物体的脂肪中富集。由于 PCBs 以上特性,使得进入水体中的 PCBs,除了一部分低氯代的 PCBs 通过挥发作用进入大气外,其他的则主要吸附在悬浮颗粒物上,并依照颗粒大小以一定的速率沉降到沉积物中,而只有非常微量的 PCBs 在水相中处于溶解态。PCBs 在颗粒物上的吸附与颗粒大小和本身的溶解度成反比,同时与颗粒中的有机碳含量成正比。这一部分的 PCBs 会在沉积物中逐渐地被积累,这些沉积物被认为是 PCBs 的主要环境归宿之一[308-313]。沉积物中积累的 PCBs 对生活在沉积物中的底栖无脊物或甲壳类动物影响很大,它们通过吞食含 PCBs 的颗粒物等途径将PCBs 吸收至体内,使 PCBs 在这些生物体内富集,经其他水生物和鱼类的生物放大作用,随着营养级的升高,生物体富集的 PCBs 逐步增加,直至危害人类的健康[314-317]。

但是水体中的沉积物与水相之间的 PCBs 的迁移并不是单向且一成不变的,而是始终处于动态的平衡状态,在环境发生改变之后会发生释放现象。国外的大量实验研究证明沉积物中的PCBs受沉积物的悬浮状态、悬浮物形态、TOC及沉积物颗粒结构和水质、水动力环境等多种因素的影响而会重新释放进入水相[318-326]。

目前国外的很多研究都开始关注PCBs在空气、水、土壤和沉积物等多环境介质中的迁移和转化行为。如Chen-Hung Michael Lin[327]开展的对PCBs在河口沉积物环境中的归趋和迁移的研究表明改变水相的化学性质即可以改变PCBs的疏水性,还能改变可溶性有机物的性质,从而改变可溶性有机物对PCBs的溶解性。研究还表明,由于自然过程产生的再悬浮以及一些人为的活动都可能导致被PCBs污染了的沉积物中的疏水性有机物的迁移率和生物利用率的改变。Sondra M. Mille[328]研究了五大湖中密歇根湖的PCBs污染问题,并确定了湖中已被PCBs污染的沉积物的再悬浮是导致密歇根湖PCBs污染的重要来源。

京杭大运河(苏北段)作为南水北调东线工程重要的输水通道,其水质问题受到了全社会极大的关注,但目前对京杭大运河(苏北段)的研究主要集中在常规氨氮、重金属含量等水质评价和污染现状调查、水环境容量计算等方面,对其水体中持久性有毒有机污染物PAHs与PCBs的分布特征、来源未见相关报道。本书针对京杭大运河(苏北段)水体中所含有的PAHs与PCBs将对南水北调东线工程的调水水质产生重大影响这一问题,拟开展京杭大运河(苏北段)水体中PAHs与PCBs的分布特征、源解析和风险评价以及底泥中PAHs与PCBs释放规律的研究,以期为京杭大运河(苏北段)PAHs与PCBs污染的判别、治理和选择正确的治理沉积物中PAHs与PCBs的内源释放的措施提供科学依据。

第三节　研究内容与技术路线

一、研究目的和意义

南水北调东线工程使用京杭大运河作为调水的通道,其中从扬州到徐州的苏北段是调水通道中非常重要的一段,此河段的水质对东线整体调水水质的影响是十分巨大的。《南水北调工程总体规划》规划了"清水廊道工程","用水保障工程"和"水质保障工程"三大工程,这些工程对调水的外部环境污染问题给予了极大的关注,采取了一系列的措施减轻或禁止污染物的外源进入,但没有足够重视京杭大运河的内源污染问题。前期的预研究表明,京杭大运河(苏北段)的底泥已经受到了PAHs的污染,已检出苊、芴、菲、荧蒽、芘、䓛、苯并(b)荧蒽和苯并(a)芘[178]。由于南水北调东线工程正式输水后,其调入的新水源的水质明显优于原有河水水质,即新水源河水中PAHs与PCBs含量可能较低,而且在调水状态下水动力特征发生了较大变化,此时底泥中与河水中的PAHs与PCBs动态平衡将被打破并产生一系列的化学过程,底泥中的PAHs与PCBs将趋向于释放,在此条件下,河水中的PAHs与PCBs会逐渐增高以达到新的底泥-河水PAHs与PCBs的动态平衡。在这种状况下,京杭大运河的底泥扮演着"源"的角色,将会源源不断地向水中释放PAHs与PCBs,从而改变PAHs与PCBs在原有水体和底泥中的分布规律,恶化南水北调的水质,为此研究京杭大运河(苏北段)底泥多环芳烃污染的分布、释放、迁移等规律有十分重要的意义。

本研究在江苏省自然科学基金、江苏省研究生科研创新计划和中央高校基本科研业务费专项资助项目的共同资助下,通过现场采集的沉积物样品,对京杭大运河苏北段表层沉积物中的 PAHs 与 PCBs 的空间分布特征进行研究,同时在实验室内通过模拟实验装置研究沉积物和水相中的 PAHs 与 PCBs 的赋存特征,揭示沉积物粒径、水流流速、水温、pH 值、再悬浮作用、表面活性剂等因素综合影响下沉积物中 PAHs 与 PCBs 的迁移与释放规律特征,预测京杭大运河(苏北段)典型地段 PAHs 与 PCBs 在不同水环境状态下的释放特征,并对典型地段的 PAHs 与 PCBs 污染进行初步的源解析与风险评价,从而为防治 PAHs 与 PCBs 的内源污染、营造苏北"清水廊道"提供理论基础和治理的措施与建议。

二、研究内容

① 京杭大运河苏北段主航道表层沉积物中 PAHs 与 PCBs 的空间分布特征,成分特征,源解析,并对其进行生态风险的评价。

② 京杭大运河苏北段三个重要的过水湖泊中表层沉积物中的 PAHs 与 PCBs 的空间分布特征,成分特征,源解析,并分别对其进行生态风险评价。

③ 环境化学条件和水力条件,如沉积物粒径、水流流速、水温、pH 值、表面活性剂等对沉积物中 PAHs 与 PCBs 释放的影响研究。

④ 沉积物中 PCBs 的释放动力学模型构建。

三、技术路线

整个研究共分为下列五个部分进行:

① 对京杭大运河(苏北段)河流全程状况进行调研并设置合适的采样点进行样品的采集。

② 利用高效液相色谱仪与气相色谱仪和总有机碳测定仪分别对表层沉积物中的 PAHs、PCBs 和总有机质进行测试,初步判断其来源。

③ 分别对京杭大运河苏北段表层沉积物中的 PAHs 与 PCBs 进行生态风险评价。

④ 利用专门设计的设备在不同的温度、pH 值、底泥 TOC 含量、流速、表面活性剂和底泥粒径的情况下模拟京杭大运河苏北段表层沉积物中 PAHs 与 PCBs 的释放特征。

⑤ 在以上研究结果的基础上,建立京杭大运河苏北段表层沉积物中 PAHs 与 PCBs 释放的动力学模型。

具体技术路线见图 1-6。

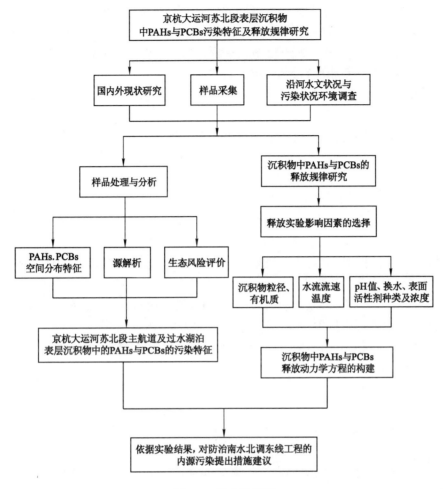

图 1-6　技术路线图

参 考 文 献

［1］　华常春,华迎春.近10年来京杭大运河扬州市区段水质变化趋势研究［J］.扬州职业大学学报,2009,13(4):36-39.

［2］　李书恒,郭伟.京杭大运河的功能与苏北运河段的发展利用［J］.第四纪研究,2007,27(5):862-868.

［3］　阮晓红,朱维斌.南水北调东线工程江苏段水污染防治对策研究［J］.河海大学学报(自然科学版),2002,30(6):79-82.

［4］　张劲松,方国华,吴文静.运用经济手段有效防治南水北调东线工程水污染［J］.水资源保护,2004(2):31-33.

［5］　李玉前.南水北调东线大运河徐州段水环境质量评价［J］.江苏煤炭,2004(2):63-65.

［6］　徐丙立,林珲,龚建华,等.扬州市区京杭大运河水污染可视化模拟研究［J］.系统仿真学报,2009,21(12):3653-3657.

[7] 刘党生,华迎春,谢海平,等.2007年京杭大运河扬州市区段和里下河段水质变化比较及对策的研究[J].环境科学与管理,2008,33(12):48-51.

[8] 汪浩,马武生.Fuzzy综合评价模型在京杭大运河扬州段水质评价中的应用[J].淮海工学院学报(自然科学版),2008,17(4):57-60.

[9] 冯梅,徐浙峰.京杭大运河淮安段水质的多元统计分析[J].环境科学与管理,2008,33(6):113-116.

[10] 蒋荣荣.淮安市里运河底质重金属污染状况及评价[J].污染防治技术,2007,20(2):53-55.

[11] 杨士建,嵇跃同,陆上岭,等.中运河宿迁段水体氮污染特征分析[J].环境科学与技术,2005,28(4):42-43.

[12] 李功振,许爱芹.京杭大运河(徐州段)砷的形态的分步特征研究[J].环境科学与技术2008,31(1):69-71.

[13] 胡永定,韩宝平,杜鹃.南水北调东线徐州段水环境现状及其污染防治对策[J].土壤,2007,39(3):483-487.

[14] 项玮,韩宝平,许爱芹.京杭大运河(徐州铜山段)沉积物表层样品中有机氯农药残留状况[J].农业环境科学学报,2009,28(10):2159-2154.

[15] 刘校帅,韩宝平,葛冬梅,等.京杭大运河(徐州段)多氯联苯总量检测[J].中国资源综合利用,2008,26(8):17-18.

[16] 余辉,张文斌,卢少勇,等.洪泽湖表层底质营养盐的形态分布特征与评价[J].环境科学,2010,31(4):961-968.

[17] 冯金顺,朱佰万,黄顺生.洪泽湖沉积物重金属和营养元素垂向分布研究[J].海洋地质动态,2009,25(2):34-38.

[18] 尹起范,孙建,金都,等.洪泽湖沉降物中磷的形态分布及其对水体的影响[J].安徽农业科学,2009,37(12):5631-563.

[19] 陈雷,张文斌,余辉,等.洪泽湖输沙淤积、底泥理化特性及重金属污染变化特征分析[J].中国农学通报,2009,25(12):219-226.

[20] 吴延东,刘绪庆,陈飞龙.洪泽湖水质状况的主成分分析和聚类分析[J].淮阴工学院学报,2010,19(1):71-76.

[21] 宋新桓,董潇,王强,等.大型水生植物对骆马湖总磷的生态效应[J].人民黄河,2009,31(11):66-67.

[22] 崔德才,胡锋.骆马湖生态修复[J].安徽农业科学,2009,37(17):8131-8133.

[23] 杨士建.南水北调东线工程骆马湖生态建设[J].环境科学与技术,2006,29(1):92-94.

[24] 王晓军,潘恒健,杨丽原,等.南四湖表层沉积物重金属元素的污染分析[J].海洋湖泊通报,2005(2):22-28.

[25] 刘恩峰,沈吉,杨丽原,等.南四湖及主要人湖河流表层沉积物重金属形态组成及污染研究[J].环境科学,2007,28(6):1377-1383.

[26] 李红莉,李国刚,高虹,等.南四湖表层沉积物中多氯联苯的空间分布特征[J].中国环境监测,2007,23(6):61-64.

[27] 李红莉,李国刚,杨帆,等.南四湖沉积物中有机氯农药和多氯联苯垂直分布特征[J]. 环境科学,2007,28(7):1590-1594.

[28] 史双昕,杨永亮,石磊.南四湖表层沉积物中多环芳烃的分布及其来源[J].青岛大学 学报(工程技术版),2005,20(4):95-99.

[29] 朱晨,李红莉,高虹,等.南四湖上级湖表层沉积物中多环芳烃的含量及分布特征[J]. 中国环境监测,2009,25(2):75-78.

[30] DONG J,LI F,XIE KC. 2012. Study on the source of polycyclic aromatic hydrocarbons. (PAHs) during coal pyrolysis by PY-GC-MS[J]. J. Hazard. Mater. . 2012(243):80-85.

[31] DONG J,CHENG Z,LI F. 2013. PAHs emission from the pyrolysis of western Chinese coal[J]. J. Anal. Appl. Pyrolysis,2013(104):502-507.

[32] ZHAO Z,ZHANG L,CAI Y,et al. Distribution of polycyclic aromatic hydrocarbon (PAH) residues in several tissues of edible fishes from the largest freshwater lake in. China,Poyang Lake,and associated human health risk assessment[J]. Ecotox. Environ. Safe,2014(104):323-331.

[33] WEINSTEIN J E, CRAWFORD K D, GARNER T R, et al. Screening-level ecological and human health risk assessment of polycyclic aromatic hydrocarbons in. stormwater detention pond sediments of coastal South Carolina[J]. USA. J. Hazard. Mater. ,2010,178(1-3):906-916.

[34] ZENG S,ZENG L,DONG X,et al. Polycyclic aromatic hydrocarbons in river. sediments from the western and southern catchments of the Bohai Sea,China: toxicity assessment and source identification[J]. Environ. Monit. Assess,2013,185 (5):4291-4303.

[35] GU Y G,LIN Q, LU, T T,et al. Levels,composition profiles and sources of polycyclic aromatic hydrocarbons in surface sediments from Nan'ao Island,a representative mariculture base in South China[J]. Mar. Pollut. Bull. ,2013,75:310-316.

[36] STEFANO RACCANELLI,SIMONE LIBRALATO,PIETRO TUNDO. The Role of Ecological Chemistry in Pollution Research and Sustainable Development[J]. Springer Netherlands,2009(2):15-25.

[37] MAYUKO OKA,TAKAOMI ARAI,YASUYUKI SHIBATA,et al. Concentrations of Persistent Organic Pollutants in Masu Salmon,Oncorhynchus masou [J]. Bulletin of Environmental Contamination and Toxicology,2009,9(3):393-397.

[38] LAW R J,KLUNGSOYR J. The analysis of polycyclic aromatic hydrocarbons in marine. samples[J]. Int. J. Environ. Pollut. ,2000(13):262-283.

[39] MELAND S,BORGSTRØM R,HEIER L S,et al. Chemical and ecological effects of contaminated tunnel wash water runoff to a small Norwegian Stream[J/OL]. Sci. Total Environ,2010(408):4107-4117[2010-04-20]. http://dx. doi. org/10. 1016/j. scitotenv. 2010. 05. 034.

[40]　刘敏,许世远.长江口潮滩 POPs 环境生物地球化学过程与生态风险[M].北京:中国环境科学出版社,2005.

[41]　GUO-LIANG WANG, LU-MING MA, JIAN-HUI SUN, et al. Occurrence and distribution of organochlorine pesticides (DDT and HCH) in sediments from the middle and lower reaches of the Yellow River,China[J]. Environmental Monitoring and Assessment,Springer Netherlands (Online). DOI 10. 1007/s10661-009-1153-9.

[42]　WEN ZHANG, HUI WANG, RUI ZHANG, et al. Bacterial communities in PAH contaminated soils at an electronic-waste processing center in China [J]. Ecotoxicology,2010,1(1):96-104.

[43]　LEUNG S Y, KWOK C K, NIE X P, et al. Assessment of Residual DDTs in Freshwater and Marine Fish Cultivated Around the Pearl River Delta,China[J]. Archives of Environmental Contamination and Toxicology,2010,2(2):415-430.

[44]　ALIYEVA GULCHOHRA, KURKOVA ROMANA, HOVORKOVA IVANA, et al. Organochlorine Pesticides And Polychlorinated Biphenyls In Air And Soil Across Azerbaijan[J]. Environmental Science And Pollution Research, 2012, 19 (6): 1953-1962.

[45]　HARMAN CHRISTOPHER,GRUNG MERETE,DJEDJIBEGOVIC JASMINA,et al. Screening For Stockholm Convention Persistent Organic Pollutants In The Bosna River (Bosnia And Herzogovina)[J]. Environmental Monitoring And Assessment, 2013,185(2):1671-1683.

[46]　EVY VAN AEL, ADRIAN COVACI, RONNY BLUST, et al. Persistent Organic Pollutants In The Scheldt Estuary: Environmental Distribution And Bioaccumulation[J]. Environment International,2012,48(1):17-27.

[47]　PONCE-VELEZ G ,BOTELLO AV ,GILBERTO DG ,et al. Persistent Organic Pollutants In Sediment Cores Of Laguna El Yucateco,Tabasco,Southeastern Gulf Of Mexico [J]. Hidrobiologica,2012,22(2):161-173.

[48]　ROLAND KALLENBORN, LARS-OTTO REIERSEN CHRISTINE DAAE OLSENG. Long-Term Atmospheric Monitoring Of Persistent Organic Pollutants (Pops) In The Arctic: A Versatile Tool For Regulators And Environmental Science Studies[J]. Atmospheric Pollution Research,2012,4(3):485-493.

[49]　JIN GUANG-ZHU, KIM SANG-MIN, LEE SU-YEONG, et al. Levels And Potential Sources Of Atmospheric Organochlorine Pesticides At Korea Background Sites[J]. Atmospheri Environment,2013,68(4):333-342.

[50]　GUOCHENG HU, JIAYIN DAI, BIXIAN MAI, et al. Concentrations and Accumulation Features of Organochlorine Pesticides in the Baiyangdian Lake Freshwater Food Web of North China [J]. Archives of Environmental Contamination and Toxicology,2010,4(3):700-710.

[51]　JAIME NÁCHER-MESTRE,ROQUE SERRANO,LAURA BENEDITO-PALOS, et al. Bioaccumulation of Polycyclic Aromatic Hydrocarbons in Gilthead Sea Bream

（Sparus aurata L.）Exposed to Long Term Feeding Trials with Different Experimental Diets[J]. Archives of Environmental Contamination and Toxicology（Online），2009，12：26.

[52]　BUSTNES JAN OVE, BORGA KATRINE, DEMPSTER TIM, et al. Titudinal Distribution Of Persistent Organic Pollutants In Pelagic And Demersal Marine Fish On The Norwegian Coast[J]. Environmental Science & Technology，2012，46（14）：7836-7843.

[53]　CUNHA L S T, TORRES J P M, MUNOZ-ARNANZ J, et al. Evaluation Of The Possible Adverse Effects Of Legacy Persistent Organic Pollutants（Pops）On The Brown Booby（Sula Leucogaster）Along The Brazilian Coast [J]. Chemosphere，2012，87（9）：1039-1044.

[54]　YAN YAN QIN, LEMENT KAI MAN, LEUNG, ANNA, et al. Persistent organic pollutants and heavy metals in adipose tissues of patients with uterine leiomyomas and the association of these pollutants with seafood diet, BMI, and age [J]. Environmental Science and Pollution Research，2010，1（1）：229-240.

[55]　FALANDYSZ JERZY, ORLIKOWSKA ANNA, JARZYNSKA GRAZYNA, et al. Levels And Sources Of Planar And Non-Planar Pcbs In Pine Needles Across Poland [J]. Journal Of Environmental Science And Health Part A-Toxic//Hazardous Substances & Environmental Engineering，2012，47（5）：988-703.

[56]　MIKES ONDREJ, CUPR PAVEL, KOHUT LUKAS, et al. Fifteen Years Of Monitoring Of Pops In The Breast Milk, Czech Republic, 1994-2009: Trends And Factors [J]. Environmental Science And Pollution Research, 2012, 19（6）：1936-1943.

[57]　CROES K, COLLES A, KOPPEN G, et al. Persistent Organic Pollutants（Pops）In Human Milk: A Biomonitoring Study In Rural Areas Of Flanders（Belgium）[J]. Chemosphere，2012，89（8）：988-994.

[58]　PORTA MIQUEL, LOPEZ TOMAS, GASULL MAGDA, et al. Distribution Of Blood Concentrations Of Persistent Organic Pollutants In A Representative Sample Of The Population Of Barcelona In 2006, And Comparison With Levels In 2002 [J]. Science Of The Total Environment，2012，423：151-161.

[59]　MOON HYO-BANG, LEE DUK-HEE, LEE YOON SOON, et al. Polybrominated Diphenyl Ethers, Polychlorinated Biphenyls, And Organochlorine Pesticides In Adipose Tissues Of Korean Women [J]. Archives Of Environmental Contamination And Toxicology，2012，62（1）：176-184.

[60]　张明,花日茂,李学德.我国水环境中持久性有机污染物的研究进展[J].安徽农业科学,2009,37(29):14338-14340.

[61]　韩方岸,胡云,吉文亮.长江江苏段主要城区水源有机污染物分布研究[J].实用预防医学,2009,16(1):3-8.

[62]　郭志顺,罗财红,张卫东,等.三峡库区重庆段江水中持久性有机污染物污染状况分析

[J]. 中国环境监测,2006,22(4):45-48.

[63] 姜福欣,刘征涛,冯流. 黄河河口区域有机污染物的特征分析[J]. 环境科学研究,2006,19(2):6-10.

[64] 董军,孙丽娜,陈若虹,等. 珠江口地区表层水中氯酚化合物污染研究[J]. 环境科学与技术,2009,32(7):82-85.

[65] 崔健,代雅建,安志娴,等. 松花江沿岸某城市浅层地下水有机污染特征[J]. 环境卫生科学,2009,17(4):26-28.

[66] 周灵辉,胡恩宇,杭维琦,等. 南京市主要入江河流中有机污染物的定性分析[J]. 黑龙江环境通报,2010,34(1):23-24.

[67] 刘征涛,姜福欣,王婉华. 长江河口区域有机污染物的特征分析[J]. 环境科学研究,2006,19(2):1-5.

[68] 姜福欣,刘征涛,冯流. 黄河河口区域有机污染物的特征分析[J]. 环境科学研究,2006,19(2):6-10.

[69] 刘征涛,张映映,周俊丽. 长江口表层沉积物中半挥发性有机物的分布[J]. 环境科学研究,2008,21(2):10-13.

[70] 胡望均. 常见有毒化学品环境事故应急处置技术与监测方法[M]. 北京:中国环境科学出版社,1993.

[71] CAO L,NAYLOR R,HENRIKSSON P,et al. China's aquaculture and the world's wild fisheries[J]. Science,2015,347:133-135.

[72] FAO (Food and Agriculture Organization of the United Nations). The State of World. Fisheries and Aquaculture [EB/OL]. http://www. fao. org/3/a-i3720e/index. html. 2015s.

[73] 周文敏,傅德黔,孙宗光. 水中优先控制污染物黑名单[J]. 中国环境监测,1990,6(4):1-3.

[74] KIM K H,JAHAN S A,KABIR E,et al. A review of airborne polycyclic aromatic hydrocarbons (PAHs) and their human health effects[J]. Environ. Int. ,2013(60):71-80.

[75] LERDA D. Polycyclic Aromatic Hydrocarbons (PAHs) factsheet-4th Edition. European. Commission,JRC 66955- Joint Research Centre - Institute for Reference Materials. and Measurements. [EB/OL]. https://ec. europa. eu/jrc/sites/default/files/Factsheet%20PAH_0. pdf.

[76] LITSKAS V D,DOSIS I G,KARAMANLIS X N,et al. Occurrence of priority Organic. pollutants in Strymon river catchment,Greece:inland,transitional,and coastal waters[J]. Environ. Sci. Pollut. Res. ,2012,19 (8),3556-3567.

[77] WEI C,HAN Y,BANDOWE B A M,et al. Occurrence,gas/particle partitioning and carcinogenic risk of polycyclic aromatic hydrocarbons and their oxygen and nitrogen containing derivatives in Xi'an,central China[J]. Sci. Total Environ. ,2015(505):814-822.

[78] ZHANG J D,WANG Y S,CHENG H,et al. Distribution and sources of the

polycyclic aromatic hydrocarbons in the sediments of the Pearl River estuary[J]. Ecotoxicology 2015,24 (7-8)：1643-1649.

[79]　ZHANG Y, GUO C S, XU J, et al. Potential source contributions and risk assessment of PAHs in sediments from Taihu Lake,China：comparison of three receptor models[J]. Water Res. ,2012,46：3065-3073.

[80]　KATSOYIANNIS A, BREIVIK K. Model-based evaluation of the use of polycyclic aromatic. hydrocarbons molecular diagnostic ratios as a source identification tool [J]. Environ. Pollut,2014,184：488-494.

[81]　焦琳,端木合顺,程爱华. 多环芳烃在水中的分布状态及研究进展[J]. 技术与创新, 2010,32(1)：231-234.

[82]　DARILMAZ, KONTAŞE A, ULUTURHAN E，et al. Spatial variations in polycyclic aromatic hydrocarbons concentrations at surface sediments from the Cyprus (Eastern Mediterranean)：relation to ecological risk assessment[J]. Mar. Pollut. Bull,2013(1-2)：174-181.

[83]　HONG W J, JIA H L, LI Y, F,et al. Polycyclic aromatic hydrocarbons (PAHs) and alkylated PAHs in the coastal seawater,surface sediment and oyster from Dalian, Northeast China[J]. Ecotoxicol. Environ. Saf. ,2016(128)：11-20.

[84]　LI J, DONG H, ZHANG D,et al. Sources and ecological risk assessment of PAHs in surface sediments from Bohai Sea and northern part of the Yellow Sea,China[J]. Mar. Pollut. Bull,2015,96：485-490.

[85]　KESHAVARZIFARD M, ZAKARIA M P, HWAI T S,et al. Baseline distributions and sources of Polycyclic Aromatic Hydrocarbons (PAHs) in the surface sediments from the Prai and Malacca Rivers,Peninsular Malaysia[J]. Mar. Pollut. Bull. ,2014, 88 (1-2)：366-372.

[86]　魏俊飞,吴家强,焦文娟. 多环芳烃的毒性及其治理技术研究[J]. 污染防治技术, 2008,21(3)：65-69.

[87]　 JENKINS B M, JONES A D, TURN SQ, et al. Emission factors for polycyclic aromatic hydrocarbons from biomass burning [J]. Environmental Sciences and Technology,1996(30)：2462-2469.

[88]　LEE RGM, COLEMAN P, JONES J L, et al. Emission factors and importance of PCDD/Fs,PCBs,PCNs,PAHs,and PM10 from the domestic burning of coal and wood in the U. K [J]. Environmental Sciences and Technology, 2005 (39)： 1436-1447.

[89]　 LIM L H, HARRISON R M, HARRAD S,et al. The contribution of traffic to atmospheric concentrations of polycyclic aromatic hydrocarbons[J]. Environmental Sciences and Technology,1999(33)：3538-3542.

[90]　SIMCIK M F, EISENREICH S J, LIOY P J. Source apportionment and source/sink relationships of PAHs in the coastal atmosphere of Chicago and Lake Michigan[J]. Atmospheric Environment,1999,33：5071-5079.

[91]　HARRISON R M，SMITH　D　J　T，LUHANA　L. Source apportionment of atmospheric polycyclic aromatic hydrocarbons collected from an urban location in Birmingham，U. K[J]. Environmental Sciences and Technology，1996(30)：832-852.

[92]　CHEN Y J，SHENG GY，BI X H，et al. Emission factors for carbonaceous particles and polycyclic aromatic hydrocarbons residential coal combustion in China[J]. Environmental Sciences and Technology，2005(39)：1861-1867.

[93]　窦晗，常彪，魏志成，等. 国内民用燃煤烟气中多环芳烃排放因子研究[J]. 环境科学学报，2007(27)：1783-1788.

[94]　KHALILI N R，SCHEFF P A，HOLSEN T M. PAH source fingerprints for coke ovens，diesel and gasoline engines，highway tunnels，and wood combustion emissions [J]. Atmospheric Environment，1995(29)：533-542.

[95]　PARINOS C，GOGOU A. Suspended particle-associated PAHs in the open eastern Mediterranean Sea：occurrence，sources and processes affecting their distribution patterns[J]. Mar. Chem. ，2016(180)：42-50.

[96]　HU N J，HUANG P，LIU J H，et al. Characterization and source apportionment of polycyclic aromatic hydrocarbons（PAHs）in sediments in the Yellow River Estuary，China[J]. Environ. Earth Sci. ，2014，71（2）：873-883.

[97]　戴树桂. 环境化学进展[M]. 北京：化学工业出版社，2005.

[98]　余刚，牛军峰，黄俊，等. 持久性有机污染物—新的全球性环境问题[M]. 北京：科学出版社，2005.

[99]　刘敏，许世远. 长江口潮滩POPs环境生物地球化学过程与生态风险[M]. 北京：中国环境科学出版社，2005.

[100]　川瑞恩 P. 施瓦茨巴赫，菲利普 M. 施格文，迪特尔 M. 英博登. 环境有机化学[M]. 王连生，译. 北京：化学工业出版社，2004.

[101]　苏丽敏，袁星，赵建伟，等. 持久性有机污染物（POPs）及其归趋研究[J]. 环境科学与技术，2003，26(5)：61-63.

[102]　LIU L，Y WANG，J Z WEI，et al. Polycyclic aromatic hydrocarbons（PAHs）in continental shelf sediment of China：implications for anthropogenic influences on coastal marine environment[J]. Environ. Pollut. ，2012(167)：155-162.

[103]　YUAN K，WANG X，LIN L，et al. Characterizing the parent and alkyl polycyclic aromatic hydrocarbons in the Pearl River Estuary，Daya Bay and northern South China Sea：influence of riverine input[J]. Environ. Pollut，2015(199)：66-72.

[104]　LIU L Y，WANG J Z，WEI G L，et al. Polycyclic aromatic hydrocarbons（PAHs）in continental shelf sediment of China：implications for anthropogenic influences on coastal marine environment[J]. Environ. Pollut. ，2012(167)：155-162.

[105]　SCHEIBYE K，WEISSER J，BORGGAARD O K，et al. Sediment baseline study of levels and sources of polycyclic aromatic hydrocarbons and heavy metals in Lake Nicaragua[J]. Chemosphere，2014(95)：556-565.

[106]　LIU Z，HE L，LU Y，et al. Distribution，source，and ecological risk assessment of

polycyclic aromatic hydrocarbons（PAHs）in surface sediments from the Hun River,northeast China[J]. Environ. Monit. Assess,2015,187:290.

[107] RANU TRIPATHI, RAKESH KUMAR, MOHAN KRISHNA, et al. Distribution,Sources and Characterization of Polycyclic Aromatic Hydrocarbons in the Sediment of the River Gomti, Lucknow, India[J]. Bulletin of Environmental Contamination and Toxicology,2009,83(3):449-454.

[108] DAHLE,SALVE,SAVINOV,et al. Polycyclic aromatic HydroCarbons(PAHs) in Norwegian and Russian arctic marine sediments: concentrations, geographical distribution and sources[J]. Norwegian Journal of Geology,2006,86(1):41-50.

[109] BOONYATUMANOND,RUCHAYA,WATTAYAKORN,et al. Distribution and Origins of polycyclic aromatic hydrocarlbons(PAHs) in riverine, estuarine, and Marine sediments in Tailand[J]. Marine Pollution Bulletin,2006,52(8):942-956.

[110] NORIATSU OZAKI,NOBUYA TAKEMOTO,TOMONORI KINDAICHI. Nitro-PAHs and PAHs in Atmospheric Particulate Matters and Sea Sediments in Hiroshima Bay Area,Japan[J]. Water, Air, & Soil Pollution, 2010, 207 (1-4): 263-271.

[111] 彭欢,杨毅,刘敏,等.淮南—蚌埠段淮河流域沉积物中 PAHs 的分布及来源辨析 [J].环境科学,2010,31(5):1192-1197.

[112] 杜娟,吴宏海,袁敏,等.珠江水体表层沉积物中 PAHs 的含量与来源研究[J].生态环境学报,2010,19(4):766-770.

[113] 董煜,邹联沛,钱光人,等.苏州河上海市区段表层沉积物中多环芳烃的分布及特征 [J].环境污染与防治,2007,29(4):312-315.

[114] 舒卫先,李世杰.太湖流域典型湖泊表层沉积物中多环芳烃污染特征[J].农业环境科学学报,2008,27(4):1409-1414.

[115] 王学彤,贾英,孙阳昭,等.典型污染区河流表层沉积物中 PAHs 的分布、来源及生态风险[J].环境科学,2010,31(1):153-158.

[116] 江锦花.台州湾海域表层沉积物中多环芳烃的浓度水平、富集规律及来源[J].海洋通报,2007,26(4):85-89.

[117] YANJU KANG, XUCHEN WANG, MINHAN DAI, et al. Black carbon and polycyclic aromatic hydrocarbons （PAHs） in surface sediments of China's marginal seas[J]. Chinese Journal of Oceanology and Limnology, 2009, 27 (2): 297-308.

[118] 胡宁静,石学法,刘季花,等.黄河口及邻近海域表层沉积物中多环芳烃的分布特征及来源[J].矿物岩石地球化学通报,2010,29(2):157-162.

[119] WANG J Z, GUAN Y F, NI H G, et al. Polycyclic aromatic hydrocarbons in riverine runoff of the Pearl River Delta （China）: concentrations, fluxes,and fate [J].Environ Sci Technol,2007(41):5614-5619.

[120] 晁敏,伦凤霞,沈新强.长江口南支表层沉积物中多环芳烃分布特征及生态风险[J].生态学杂志,2010,29(1):79-83.

[121] HU N J, HUANG P, LIU J H, et al. Source apportionment of polycyclic aromatic hydrocarbons in surface sediments of the Bohai Sea, China[J]. Environ. Sci. Pollut. Res. ,2013(20):1031-1040.

[122] YANG-GUANG GU, CHANG-LIANG KE, QI LIU, QIN LIN. Polycyclic aromatic hydrocarbons (PAHs) in sediments of Zhelin Bay, the largest mariculture base on the eastern Guangdong coast, South China: Characterization and risk implications [J]. Marine Pollution Bulletin, 2016(110):603-608.

[123] ANGUO ZHANG, SHILAN ZHAO, LILI WANG , et al. Polycyclic aromatic hydrocarbons (PAHs) in seawater and sediments fromthe northern Liaodong Bay, China[J]. Marine Pollution Bulletin (2016), http://dx. doi. org/10. 1016/j. marpolbul. 2016. 09. 005.

[124] STEPAN BOITSOV, VERA PETROVA, HENNING K B. et al. Sources of polycyclic aromatic hydrocarbons in marine sediments from southern and northern areas of the Norwegian continental shelf[J]. Marine Environmental Research, 2013 (87-88):73-84.

[125] VAHID AGHADADASHI, ALI MEHDINIA, SAEIDEH MOLAEI. Origin, toxicological and narcotic potential of sedimentary PAHs and remarkable even/odd n-alkane predominance in Bushehr Peninsula, the Persian Gulf [J]. Marine Pollution Bulletin, 2016, 10:13.

[126] SEONGJIN HONG, UN HYUK YIM, SUNG YONG HA, et al. Bioaccessibility of AhR-active PAHs in sediments contaminated by the Hebei Spirit oil spill: Application of Tenax extraction in effect-directed analysis[J]. Chemosphere, 2016 (144): 706-712.

[127] NILSEN E B, ROSENBAUE R J, FULLER C C, et al. Sedimentary organic biomarkers. suggest detrimental effects of PAHs on estuarine microbial biomass during the 20th century in San Francisco Bay, CA, USA[J]. Chemosphere, 2015 (119):961-970.

[128] POZO K, PERRA G, MENCHI V, et al. Levels and spatial distribution of polycyclic aromatic hydrocarbons (PAHs) in sediments from Lrenga Estuary, central Chile[J]. Mar. Pollut. Bull, 2011(62):1572-1576.

[129] CHEN C F, CHEN C W, DONG C D, et al. Assessment of toxicity of polycyclic aromatic hydrocarbons in sediments of Kaohsiung Harbor, Taiwan[J]. Sci. Total Environ. ,2013,463-464: 1174-1181.

[130] SAJAD ABDOLLAHI, ZEINAB RAOUFI, IRAJ FAGHIRI, et al. Ali Mansouri Contamination levels and spatial distributions of heavy metals and PAHs in surface sediment of Imam Khomeini Port, Persian Gulf, Iran[J]. Marine Pollution Bulletin, 2013(71):336-345.

[131] HE X, PANG Y, SONG X, et al. Distribution, sources and ecological risk assessment of PAHs in surface sediments from Guan River Estuary, China[J].

Mar. Pollut. Bull. ,2014(80):52-58.

[132] KUMAR K S S,NAIR S M,SALAS P M,et al. Aliphatic and polycyclic aromatic hydrocarbon contamination in surface sediment of the Chitrapuzha River,South West India[J]. Chem. Ecol,2016,32(2):117-135.

[133] YANJU KANG,XUCHEN WANG,MINHANDAI,et al. Black carbon and polycyclic aromatic hydrocarbons (PAHs) in surface sediments of China's marginal seas[J]. Chinese Journal of Oceanology and Limnology,2009,27(2):297-308.

[134] 李竺. 多环芳烃在黄浦江水体的分布特征及吸附机理研究[M]. 上海:同济大学,2007.

[135] 周尊隆,卢媛,孙红文.菲在不同性质黑炭上的吸附动力学和等温线研究[J].农业环境科学学报,2010,29(3):476-480.

[136] MARUYA KEITH A, RISEBROUGH, ROBERT W, et al. J. Partitioning of Polynuclear aromatic hydrocarbons between Sediments from San Francisco Bay and Their Porewaters[J]. Environmental Science and Technology,1996,30(10):2942-2947.

[137] 冯精兰,牛军峰.长江武汉段不同粒径沉积物中多环芳烃(PAHs)分布特征[J].环境科学,2007,28(7):1573-1577.

[138] 吴启航,麦碧娴,彭平安,等.不同粒径沉积物中多环芳烃和有机氯农药分布特征[J].中国环境监测,2004,20(5):1-6.

[139] LIANG Y, TSE M F, YOUNG L, et al. Distribution patterns of polycyclic aromatic. hydrocarbons (PAHs) in the sediments and fish at Mai Po Marshes Nature Reserve,Hong. Kong[J]. Water Res,2007(41):1303-1311.

[140] 石辉,孙亚平.萘在土壤上的吸附行为及温度影响的研究[J].土壤学报,2010,41(2):308-313.

[141] 周岩梅,张琼,汤鸿霄.多环芳烃类有机物在腐殖酸上的吸附行为研究[J].环境科学学报,2010,30(8):1564-1571.

[142] 渠康,宋庆国,杨勋兰.黄河兰州段沉积物对萘和BHT的吸附解吸特性研究[J].农业环境科学学报,2007,26(1):113-116.

[143] 吴文伶,孙红文.菲在沉积物上的吸附-解吸研究[J].环境科学,2009,30(4):1133-1138.

[144] 潘波,刘文新,林秀梅,等.水溶性有机碳对菲吸附系数测定的影响[J].环境科学,2005,26(3):162-166.

[145] BO NEERGAARD JACOBSEN, ERIK ARVIN, MATH REINDERS. Factors affeeting sorpting of Peniachlorophenol to susPended mcrobial biomass[J]. Water Research,1996,30(1):13-20.

[146] BEHRENDS T,HEMNANN R. Partitioning studies of anthraeene on siliea in the Presence of a cationic surfactant:dependency on pH and ionic strength[J]. Physical Chemieal Earth,1998,23(2):229-235.

[147] ROBERTSON A P, LEEKIE J O. Cation binding Predietions of surfacc complexation models: effeets of pH, ionic strength, cation loading, surface comPlex and model fit[J]. Journal of colloid and interface science, 1997(188): 444-472.

[148] YAEL LAOR, WALTER J FANNER, Y. AOEHI, et al. Phenanthrene binding and sorption to dissolved and to mineral-associated humic acid[J]. Water Researeh, 1998, 32(6): 1923-1931.

[149] BEMD RABER, INGRID KOGEL KNABNER, CLAUDIA STEIN, et al. Partitioning of Polycyclic aromatic hydrocarbons to dissolved organic matter from different soils[J]. ChemosPhere, 1998, 36(1): 79-91.

[150] 陈华林, 陈英旭, 许云台, 等. 运用区室模型预测有机污染物在沉积物中的吸附行为[J]. 环境科学学报, 2004, 24(4): 568-575.

[151] FRIGNANI M, et al. Accumulation of polychlorinated biphenyls in sediments of the Venice Lagoon and the industrial area of Porto Marghera[J]. Chemosphere, 2004(54): 1563-1572.

[152] KATHLEEN M. McDonough. Temperature effects on polychlorinated biphenyl fate and transport in near-surface river sediment[J]. Dissertation Carnegie Mellon University, 2005(5): 59-65.

[153] CANTWELL M G, BURGESS R M, KESTER D R. Release and phase partitioning of metals from anoxic estuarine sediments during periods osimulated resuspension [J]. Environ Sci Technol, 2002, 36(24): 5328-5334.

[154] ALKHATIB E, WEIGAND K. Parameters affecting partitioning of 6 PCB congeners in natural sediment[J]. Environ Monit Asses, 2002, 78(1): 1-17.

[155] ACHTERBERG E P, BRAUNGARDT C B, HERZL V M C, et al. Metal behavior in an estuary polluted by acid mine drainage: The role of particulate matter[J]. Environ Pollut, 2003, 121(2): 283-292.

[156] KIM E H, MASON R P, PORTER E T, et al. The effect of resuspension on the fate of total mercury and methyl mercury in a shallow estuarine ecosystem: A microcosm study[J]. Mar Chem, 2004, 86(3-4): 121-137.

[157] KALNEJAIS L H, MARTIN W R, SIGNELL R P, et al. Role of sediment resuspension in the remobilization of particulate-phase metals from coastal sediments[J]. Environ Sci Technol, 2007, 41(7): 2282-2288.

[158] MONTAVON G, MARKAI S, RIBET S, et al. Modeling the complexation properties of mineral-bound organic polyelectrolyte: An attempt ateomprehension using the model system alumina/Polyaerylic acid/M (M = Eu, Cm, Gd) [J]. Journal of Colloid and Interface Science, 2007, 305: 32-39.

[159] 范英宏, 高亮, 赵国堂, 等. 沉积物中重金属铅的释放动力学模拟[J]. 环境科学学报, 2010, 30(3): 587-592.

[160] LATIMER J S, DAVIS W R, KEITH D J. Mobilization of PAHs and PCBs from in-place contaminated marine sediments during simulated resuspension events[J].

Est Coast Shelf Sci,1999,49(4):577-595.

[161] 郜芸,卢少勇,远野,等.扰动强度对钝化剂抑制滇池沉积物磷释放的影响[J].中国环境科学,2010,30(Suppl.):75-78.

[162] LEWIS M A,WEBER D E,STANLEY R S,et al. Dredging impact on an urbanized Florida. bayou:effects on benthos and algal-periphyton[J]. Environ Pollut,2001,115(2):161-171.

[163] TENGBERG A,ALMROTH E,HALL P. Resuspension and its effects on organic carbon. recycling and nutrient exchange in coastal sediments in situ measurements using new. experimental technology[J]. Exp Mar Biol Ecol,2003,285-286:119-142.

[164] ACHMAN D R,BROWNAWELL B J,ZHANG L. Exchange of polychlorinated biphenyls. between sediment and water in the Hudson River Estuary[J]. Estuaries,1996,19(4):950-965.

[165] DOMAGALSKI J L,KUIVILA K M. Distribution of pesticides and organic contaminants. between water and suspended sediment[J]. San Francisco Bay, California. Estuaries,1993,16(3A):416-426.

[166] 欧冬妮,等.长江口滨岸多环芳烃(PAHs)多相分布特征与源解析研究[D].上海:华东师范大学,2007.

[167] 李剑超,褚君达,丰华丽.河流底泥冲刷悬浮对水质影响途径的实验研[J].长江流域资源与环境,2002,11(2):137-140.

[168] 冯精兰,沈珍瑶,牛军峰,等.再悬浮持续时间对沉积物中PAHs释放的影响[J].科学通报,2008,53(9):1045-1050.

[169] LI A,JANG J K,SCHEFF P A. Appliction of EPA CMB8. 2 model for source. apportionment of sediment PAHs in Lake Calumet,Chicago[J]. Environmental. Science& Technology,2003,37(13):2958-2965.

[170] LUO X J,MAI B X,YNG Q S,et al. Polycyclic aromatic hydroearbons(PAHs) and organochlorine Pesticides in water columns from the Pearl River and the Macao harbor in the Pearl River Delta in South China[J]. Mar Pollur Bull,2004,48:1102-1115.

[171] YIM U H,HONG S H,SHIM W J,et al. SPatio-temporal distribution and characteristics of PAHs in sediments from Masan Bay,Korea[J]. Mar POllut Bull, 2005,50,319-326.

[172] LUO X J,SHE J C,MAI B X,et al. Distribution,source apportionment,and transport of PAHs in sediments from the Pearl River Delta and the Northern South China Sea[J]. Archives of Environmental Contamination and Toxicology, 2008,55:11-20.

[173] ZHANG XL,TAO S,L IU W,et al. Source diagnostics of polycyclic aromatic hydrocarbons based on species ratios:A multimedia approach[J]. Environm ental Science & Technology,2005(39):9109- 9114.

[174] YUNKER M B, MACDONALD R W, VINGARZAN R, et al. PAHs in the Fraser River Basin: a critical appraisal of PAH ratios as indicators of PAH source and composition[J]. Organic Geochemistry,2002,33(4):489-515.

[175] WANG XC, SUN S, MA H Q, et al. Sources and distribution of aliphatic and polycyclic aromatic hydrocarbons in sediments of Jiaozhou Bay, Qingdao, China [J]. Marine Pollution Bulletin,2006,52:129-138.

[176] VIÑAS L, FRANCO M A, SORIANO J A, et al. Sources and distribution of polycyclic aromatic hydrocarbons in sediments from the Spanish northern continental shelf. Assessment of spatial and temporal trends[J]. Environ. Pollut, 2010,158:1551-1560.

[177] BERTRAND O, MONDAMERT L, GROSBOIS C, et al. Storage and source of polycyclic aromatic hydrocarbons in sediments downstream of a major coal district in France[J]. Environ. Pollut,2015(207):329-340.

[178] YANG D, QI S H, ZHANG Y, et al. Levels, sources and potential risks of polycyclic aromatic hydrocarbons (PAHs) in multimedia environment along the Jinjiang River mainstream to Quanzhou Bay,China[J]. Mar. Pollut. Bull. ,2013,76 (1):298-306.

[179] SOLIMAN Y S, ANSARI E M S A, WADE T L. Concentration, composition and sources. of PAHs in the coastal sediments of the exclusive economic zone (EEZ) of Qatar, Arabian. Gulf[J]. Mar. Pollut. Bull,2014,85(2):542-548.

[180] KATSOYIANNIS A, BREIVIK K. Model-based evaluation of the use of polycyclic aromatic hydrocarbons molecular diagnostic ratios as a source identification tool [J]. Environ. Pollut,2014,184:488-494.

[181] BAUMARD P, BUDZINSKI H, GARRIGUES P. Polycyclic aromatic hydrocarbons in sediments and mussels of the Western Mediterranean Sea [J]. Environ Toxicol Chem,1998(7):765-776.

[182] DOONG R, LIN Y T. Characterization and distribution of polycyclic aromatic hydrocarbon contaminations in surface sediment and water from Gao-ping River, Taiwan [J]. Water Res,2004,38:1733-1735.

[183] 薛荔栋,郎印海,刘爱霞,等.黄海近岸表层沉积物中多环芳烃来源解析[J].生态环境,2008,17(4):1369-1375.

[184] 冯承莲,夏星辉,周追,等.长江武汉段水体中多环芳烃的分布及来源分析[J].环境科学学报,2007.27(11):1900-1908.

[185] LI, GONGEHEN, XIA, XINGHUI, YANG, ZHIFENG, et al. Distribution and sources of polycyclic aromatic hydrocarbons in the middle and lower reaches of the yellow river,China[J]. Environmental Pollution,2006,l44(3):985-993.

[186] 王平,徐建,郭炜锋,等.黄河兰州段水环境中多环芳烃污染初步研究[J].中国环境监测,2007,23(3):48-51.

[187] DENG,HONGLNEI,PENG PING,AN HUANG,et al. Distribution and loadings

of Polycyclic aromatic hydrocarbons in the Xijiang River in Guangdong, South China[J]. ChemosPhere,2006,64(8):1401-1411.

[188] SHI Z,TAO S,PAN B, et al. Partitioning and source diagnostics of polycyclic aromatic hydrocarbons in rivers in Tianjin,China[J]. Environ. Pollut. ,2007,146: 492-500.

[189] GUO W, HE M C, YANG Z F, et al. Distribution of polycyclic aromatic hydrocarbons in water, suspended particulate matter and sediment from Daliao River watershed[J]. Chemosphere,2007,68:93-104.

[190] SIMCIK M F,EISENREICH S J,LIOY P J. Source apportionment and source/sink relationships of PAHs in the coastal atmosphere of Chieago and Lake Michigan [J]. Atmospheric Environment,1999,33(30):5071-5079.

[191] KAVOURAS I G,KOUTRAKIS P,TSAPAKIS M,et al. Source apportionment of urban particulate aliphatic and Polycyclic aromatic hydrocarbons (PAHs) using multivariate methods [J]. Environmental Science& Technology, 2001, 35 (11): 2288-2294.

[192] LAJRSEN R K, BAKER J E. Source apportionment of Polycyclic aromatic hydrocarbons in the urban atmosphere: A comparison of three methods [J]. Environmental Science& Technology,2003,37(9):1873-1881.

[193] GORDON G E. Receptor models[J]. Environmental Science& Technology,1980, 14:792-800.

[194] LI A,JANG J K,SCHEFF P A. Appliction of EPA CMB8. 2 model for source apportionment of sediment PAHs in Lake Calumet, Chicago[J]. Environmental Science& Technology,2003,37(13):2958-2965.

[195] MORANDI M T, DAISEY J M, LIOY P J. Development of aModified Factor Analysis/ Multip le Regression Models to Apportion Suspended Particulate Matte in a Comp lex Urban Airshed. A tm os[J]. Environ. ,1987,21:1821-1831.

[196] HARRISON R M, SMITH D J T, LUHANA L. Source Apportionment ofAtmospheric Polycyclic Aromatic Hydrocarbons Collected from an Urban Location in Birmingham,UK. Environ[J]. Sci. Technol,1996,30(3):825-832.

[197] LUO X J,CHEN S J,MAI B X, et al. Polycyclic aromatic hydrocarbons in suspended particulate matter and sediments from the Pearl River Estuary and adjacent coastal areas,China[J]. Environ. Pollut,2006,139:9-20.

[198] 沈琼,王开颜,张巍,等.北京市通州区河流 PAHs 的源解析[J].农业环境科学学报,2007,26(3):904-909.

[199] 陈燕燕,尹颖,王晓蓉,等. 太湖表层沉积物中 PAHs 和 PCBs 的分布及风险评价[J]. 中国环境科学,2009,29(2):118-124.

[200] WAN X L,CHEN J W,TIAN F L, et al. Source apportionment of PAHs in atmospheric particulates of Dalian: Factor analysis with nonnegative constraints and emission inventory analysis[J]. Atmospheric Environment,2006,40(34):6666-

6675.

[201] BZDUSEK P A, CHRISTENSEN E R, LI A, et al. Source apportionment of sediment PAHs in Lake Calumet, Chieago: Application of factor analysis with nonnegative constraints[J]. Envirofunental Science&Technology, 2004, 38 (1): 97-103.

[202] BZDUSEK P A, CHRISTENSEN E R, LEE C M, et al. PCB congeners and echlorination in sediments of Lake Hartwel, South Carolina, determined from cores collected in 1987 and 1998[J]. Environmental Science&Technology, 2006, 40(1): 109-119.

[203] 刘春慧, 田福林, 陈景文, 等. 正定矩阵因子分解和非负约束因子分析用于大辽河沉积物中多环芳烃源解析的比较研究[J]. 科学通报, 2009, 54(24): 3817-3822.

[204] MANDALAKISM, GUSTAFSSON O, ALSBERG T, et al. Contribution of Biomass Burning to Atmospheric Polycyclic Aromatic Hydrocarbons at Three European Background Sites[J]. Environ. Sci. Technol, 2005, 39(9): 2976-2982.

[205] KUMATA H, UCHIDAM, SAKUMA E, et al. Compound Class Specific C214 Analysis of Polycyclic Aromatic Hydrocarbons Associated with PM10 and PM111 Aerosols from Residential Areas of Suburban Tokyo[J]. Environ. Sci. Technol. , 2006, 40(11): 3474-3480.

[206] MANDALAKISM, GUSTAFSSON O, REDDY CM, et al. Radiocarbon Apportionment of Fossil Versus Biofuel Combustion Sources of Polycyclic Aromatic Hydrocarbons in the Stockholm Metropolitan Area[J]. Environ. Sci. Technol. , 2004, 38(20): 5344-5349.

[207] CURRIE L A, EGLINTON T I, BENNER B A, et al. Radiocarbon "Dating" of Individual Chemical Compounds in Atmospheric Aerosol: First Results Comparing Direct Isotop ic and Multivariate Statistical Apportionment of Specific Polycyclic Aromatic Hydrocarbons[J]. M ater. Atom s, 1997, 123 (1-4): 475-486.

[208] REGION V, CHICAGO I L. Calculation and evaluation of sediment effect concentrations for the amphipod Hyalella azteca and the midge Chironomus riparius EPA 9052R962008 [R]. US EPA, Great Lakes National Program Office, 1996.

[209] MACDONALD D D, INGERSOLL C G, BERGER T A. Development and Evaluation of Consensus 2Based Sediment Quality Guidelines for Freshwater Ecosystems [J]. Arch Environ Contam Toxicol , 2000(39): 20-31.

[210] LONG E R , INGERSOLL C G, MACDONALD D D. Calculation and uses of mean sediment quality guideline quotient , a critical review [J]. Environ Sci Technol, 2006, 40(6): 1726-1736.

[211] LONG E R, FIELD L J , MACDONALD D D. Predicting toxicity in marine sediments with numerical sediment quality guidelines [J]. Environmental Toxicology and Chemistry, 1998, 17: 714-727.

[212] MACDONALD D D, CARR R S , CALDER F D, et al . Development and evaluation of sediment quality guidelines for Florida coastal waters 〔J〕. Ecotoxicology,1996(5):253-278.

[213] Environment Canada and Ministère du développement durable ,de I' Environment et des Parcs du Québec. Criteria for the assessment of sediment quality in Quebec and application frameworks:prevention ,dredging and remediation〔S〕. Québec : Library and Archives Canada Cataloguing in Publication,2007:1-39.

[214] US EPA. Interim sediment criteria values for nonpolar hydrophobic organic cntaminants. Office of water Regulations and Standard〔S〕. Criteria and Standard Division.

[215] DONG C,CHEN C,CHEN C. Vertical profile,sources,and equivalent toxicity of polycyclic aromatic hydrocarbons in sediment cores from the river mouths of Kaohsiung Harbor,Taiwan〔J〕. Mar. Pollut. Bull,2014,85:665-671.

[216] USEPA. A Case Study Residual Risk Assessment for EPA's Science Advisory Board Review Secondary Lead Smelter Source Category Volume I: Risk Characterization 〔R〕. North Carolina:〔s. n. 〕,2000.

[217] SMITH S L,MACDONALD D D,KEENLEYSIDE K A,et al. A preliminary evaluation of sediment quality assessment values for freshwater ecosystems 〔J〕. J. Great Lakes Res. 1996,22(3):624-638.

[218] MACDONALD D D, INGERSOLL C G, BERGER T A. Development and evaluation of consensus-based sediment quality guidelines for freshwater ecosystems 〔J〕. Arch. Environ. Contam. Toxicol. ,2000,39:20-31.

[219] ERIEKSONMD. Analytiealehemistry Of Pcbs 〔M〕. Boca Raton: CRC Lewis Publishers,2nd Edition Bocaraton,1997.

[220] GIESY J P,KANNAN K,BLALLKENSHIP A L,et al. Dioxin-Like And Non-Dioxin-Like Toxic Effects Of Polyehlorixlated Biphenyls:Implications For Risk Assessnent〔J〕. Organo-Halogen Compounds,1999,43:5-8.

[221] Http://En. Wikipedia. Org/Wiki/Polychlorinated_Biphenyls.

[222] DARNERUD P O,LIGNELL S,GLYNN A,et al. Pops Levels In Breast Milk And Maternal Serum And Thyroid Hormone Levels In Mother-Child Pairs From Uppsala,Sweden〔J〕. Environment International,2010,36(2):180-187.

[223] Y XING,Y L LU,R W DAWSON,et al. A Spatial Temporal Assessment Of Pollution From Pcbs In China〔J〕. Chemosphere,2005,60:731-739.

[224] 崔明珍. 废弃物化学组分的毒理和处理技术〔M〕.北京:中国环境科学出版社,1993.

[225] 管玉峰,岳强,涂秀云. 珠江入海口水体中多氯联苯的分布特征及其来源分〔J〕. 2011,24(8):865-872.

[226] BARR J R. Photolysis Of Polychlorinated Biphenyls On Octadecylsilylated Silica Particles 〔J〕. Chemosphere,1999,39(11):1795-1807.

[227] HARRAD S J,SEWA～A PALCOCK R,et al. Polychlorinated Bphenyls(Pcbs)In

The British Environment:Sinks,Sources And Temporal Trends[J]. Chemosperc, 1994,85(2):131-146.

[228] YAO Z W. Distribution Of Organochlorine Pesticides In Seawater Of The Bering And Chukchi Sea[J]. Environmental Pollution,2002,116:49-56.

[229] MA XINDONG, WANG YANJIE, NA GUANGSHUI, et al. Distribution Of Organochlorine Pesticides And Polychlorinated Biphenyls In Ny-Alesund Of The Arctic[J]. Chinese Journal Of Polar Science,2009,1:48-56.

[230] WANIAF, MACKAYD. Tracking The Distribution Of Persistent Organic Pollutants[J]. Environmental Science Technology,1996,30:390-396.

[231] 徐晓白.有机毒有机污染物环境行为和生态毒理论文集[M].北京:中国科技出版社,2001.

[232] PIERARD C, BUDZINSK IH, GARRIGUES P. Gra Insize Distribution Of Polychloribiphenyls In Coastal Sediments [J]. Eviron Sci Technol, 1996, 30: 2776-2783.

[233] GOUIN T,MACKAY D,JONES K C,et al. Evidence For The Grasshopper Effect And Fractionation During Long-Range Atmospheric Transport Of Organic Contaminants[J]. Environmental Pollution,2004,128:139-148.

[234] GOLDBERG E D, ARRHENIUS G O S. Chemistry Of Pacific Pelagic Sediments [J]. Geochimica Et Cosmochimica Acta,1958,13(2-3):153-198&199-212.

[235] WANIA F,MACKAY D. The Evolution Of Mass Balance Models Of Persistent Organic Pollutant Fate In The Environment[J]. Environmental Pollution,1999,10 (1):223-240.

[236] 戴国华,刘新会.影响沉积物水界面持久性有机污染物迁移行为的因素研究[J].环境化学,2011,30(1):224-230.

[237] GAO Y Z,XIONG W,LING W T,et al. Impact Of Exotic And Inherent Dissolved Organic Matter On Sorption Of Phenanthrene By Soils[J]. Hazard M Ater,2006, 134:8-18.

[238] XU J,YU Y,WANG P,et al. Polycyclic Aromatic Hydrocarbons In The Surface Sediments From Yellow River[J]. Chemosphere,2007,67:1403-1407.

[239] GAO J P,MAGUHN J,SPITZAUER P,et al. Sorption Of Pesticides In The Sediment Of The Teufelsweiher Pond (Southern Germany). I: Equilibrium Assessments,Effect Of Organic Carbon Content And PH[J]. Water Res,1998,32 (5):1662-1672.

[240] 金重阳,郑玉峰,黄相国,等.国内持久性有机污染物的污染现状与对策建议[J].环境保护科学,2002,111(8):30-31.

[241] MONTONE R C,TANIGUCHI S,WEBER R R. Pcbs In The Atmosphere Of King George Island,Antarctica[J]. Science Of The Total Environment,2003,308 (1-3):167-173.

[242] ADDISON R F,IKONOMOU M G,FERNANDEZ M P,et al. PCDD/F And PCB

Concentrations In Arctic Ringed Seals(Phoca Hispida)Have Not Changed Between 1981 And 2000[J]. Science Of The Total Environment,2005,351~352:301-311.

[243] YU BON MAN,BRENDA NATALIA LOPEZ,HONG SHENG WANG,et al. Cancer Risk Assessment Of Polybrominated Diphenyl Ethers (Pbdes) And Polychlorinated Bbiphenyls (Pcbs) In Former Agricultural Soils Of Hong Kong [J]. Journal Of Hazardous Materials,2011,195(11):92-99.

[244] MOTELAY-MASSEI A,OLLIVON D,GARBAN B,et al. Distribution And Spatial Trends Of Pahs And Pcbs In Soils In The Seine River Basin[J]. France Chemosphere,2004,55(4):555-565.

[245] WOLFGANG WILCKE,MARTIN KRAUSS,GRIGORIJ SAFRONOV,et al. Polychlorinated Biphenyls (Pcbs) In Soils Of The Moscow Region:Concentrations And Small-Scale Distribution Along An Urban-Rural Transect [J]. Environmental Pollution,2006,141(2):327-335.

[246] STEFANIA ROMANO,ROSSANO PIAZZA,CRISTIAN MUGNAI,et al. Pbdes And Pcbs In Sediments Of The Thi Nai Lagoon (Central Vietnam) And Soils From Its Mainland[J]. Chemosphere,2013,90 (9):2396-2402.

[247] MILENA DÖMÖTÖROVÁ, ZUZANA STACHOVÁ SEJÁKOVÁ, ANTON KOCAN,. et al. Pcdds,Pcdfs,Dioxin-Like Pcbs And Indicator Pcbs In Soil From Five Selected Areas In Slovakia[J]. Chemosphere,2012,894(5):480-485.

[248] XIAO-PING WANG,JIU-JIANG SHENG,PING GONG,et al. Persistent Organic Pollutants In The Tibetan Surface Soil:Spatial Distribution,Air-Soil Exchange And Implications For Global Cycling[J]. Environmental Pollution, 2012, 170: 145-151.

[249] 刘劲松.浙江省典型地区环境中持久性有机污染物污染现状、分布规律和来源解析 [D].杭州:浙江大学,2008.

[250] 储少岗,杨春,徐晓白,等.典型污染地区底泥和土壤中残留多氯联苯的情况调查 [J].中国环境科学,1995(15):199-203.

[251] 储少岗,徐晓白,董逸平.多氯联苯在典型地区环境中的分布及其环境行为[J].环境 科学学报,1995(15):423-432.

[252] DAISUKE IMAEDA,TATSUYA KUNISUE,YOKO OCHI,et al. Accumulation Features And Temporal Trends Of Pcdds,Pcdfs And Pcbs In Baikal Seals (Pusa Sibirica)[J]. Environmental Pollution,2009,157(3):737-747.

[253] LYNDAL L JOHNSON,GINA M YLITALO,CATHERINE A. SLOAN,et al. Persistent Organic Pollutants In Outmigrant Juvenile Chinook Salmon From The Lower Columbia Estuary,USA [J]. Science Of The Total Environment,2007,374 (2-3):342-366.

[254] SYED ALI-MUSSTJAB-AKBER-SHAH EQANI,RIFFAT NASEEM MALIK, ALESSANDRA CINCINELLI,et al. Uptake Of Organochlorine Pesticides (Ocps) And Polychlorinated Biphenyls (Pcbs) By River Water Fish:The Case Of River

Chenab[J]. Science Of The Total Environment,2013,450 451(4):83-91.

[255] ALEXANDRE SANTOS DE SOUZA,JOÃO PAULO MACHADO TORRES, RODRIGO ORNELLAS MEIRE,et al. Organochlorine Pesticides (Ocs) And Polychlorinated Biphenyls (Pcbs) In Sediments And Crabs (Chasmagnathus Granulata,Dana,1851) From Mangroves Of Guanabara Bay,Rio De Janeiro State, Brazil [J]. Chemosphere,2008,73(1):186-192.

[256] LAVANDIER RICARDO,QUINETE NATALIA,HAUSER-DAVIS RACHEL ANN,et al. Polychlorinated Biphenyls (Pcbs) And Polybrominated Diphenyl Ethers(Pbdes) In Three Fish Species From An Estuary In The Southeastern Coast Of Brazil[J]. Chemosphere,2013,90(9):2435-2443.

[257] EVY VAN AEL,ADRIAN COVACI,RONNY BLUST,et al. Persistent Organic Pollutants In The Scheldt Estuary: Environmental Distribution And Bioaccumulation[J]. Environment International,2012,48(11):17-27.

[258] ANDREA COLOMBO,EMILIO BENFENATI,SIMONA GRAZIA BUGATTI,et al. PCDD/Fs And Pcbs In Ambient Air In A Highly Industrialized City In Northern Italy [J]. Chemosphere,2013,90(9):2352-2358.

[259] HARNER T,SHOEIB M,DIMOAND M,et al. Using Passive Samples To Assess Ubran-Ruarl Ternds For Persistent Ogranic Pollutants. 1. Polychlorinated Biphenyls And Organochlorine Pestieides [J]. Environmental Science & Technology,2004,38:4474-4483.

[260] YEO H-G,CHOI M,CHUNM-Y,et al. Concenrtation Characteristics Of Atmospheric Pcbs For Ubran And Rural Area,Korea[J]. Science Of The Total Environment,2004,324:261-270.

[261] SANDY UBL,MARTIN SCHERINGER,ANDREAS STOHL,et al. Primary Source Regions Of Polychlorinated Biphenyls (Pcbs) Measured In The Arctic [J]. Atmospheric Environment,2012,62(12):391-399.

[262] SUN KYOUNG SHIN,GUANG ZHU JIN,WOO IL KIM,et al. Nationwide Monitoring Of Atmospheric PCDD/Fs And Dioxin-Like Pcbs In South Korea[J]. Chemosphere,2011,83(10):1339-1344.

[263] JONATHAN NARTEY HOGARH,NOBUYASU SEIKE,YUSO KOBARA,et al. Passive Air Monitoring Of Pcbs And Pcns Across East Asia: A Comprehensive Congener Evaluation For Source Characterization[J]. Chemosphere,2012,86(7): 718-726.

[264] LI Y M,JIANG G B,WANGY W,et al. Concentrations,Profiles And Gasparticle Partitioning Of Polychlorinated Dibenzo-P-Dioxins And Dibenzofurans In The Ambient Air Of Beijing,China[J]. Atmospheric Environment,2008,42:2037-2047.

[265] CHENG J P,WU Q,XIE H Y,et al. Polychlorinated Biphenyls(Pcbs)In PM10 Surrounding A Chemical Industrial Zone In Shanghai,China [J]. Bull Environ Contam Toxicol,2007,79(4):448-453.

[266] LAMMEL G,GHIM Y S,GRADOS A,et al. Levels Of Persistent Organic Pollutants In Air In China And Over The Yellow Sea [J]. Atmospheric Environment,2007,41(3):452-464.

[267] 吴嘉嘉,郑明辉,高丽荣,等.中国大气背景监测点 Pcbs 含量与分布研究[J].分析测试学报,2008,27(S1):109-110.

[268] MANGANI F,CRESCENTINI G,SISTI E,et al. Pahs,Pcbs And Chlorinated Pesticides In Mediterraneal Coastal Sediment[J]. Int J. Environ. Anal. Chem. , 1991,45:89-100.

[269] C M,B M,T M J,et al. Polychlorobiphenyl Behaviour In The Water/Sediment System Of The Seine River,France[J]. Wat. Res. ,1998,32(4):1204-1212.

[270] M D C G,ALEX O,P G N,et al. Spatial Trends And Bistorical Deposition Of Polychlorinated Biphenyls In Canadian Midlatitude And Arctic Lake Sediments [J]. Environ. Sci. Technol. ,1996,12(30):3609-3617.

[271] SANG HEE HONG,UN HYUK YIM,WON JOON SHIM,et al. Horizontal And Vertical Distribution Of Pcbs And Chlorinated Pesticides In Sediments From Masan Bay,Korea[J]. Marine Pollution Bulletin,2003,46(2):244-253.

[272] MARGARIDA NUNES,PHILIPPE MARCHAND,ANAÏS VERNISSEAU,et al. PCDD/Fs And Dioxin-Like Pcbs In Sediment And Biota From The Mondego Estuary (Portugal) [J]. Chemosphere,2011,83(10):1345-1352.

[273] JOANA BAPTISTA,PEDRO PATO,EDUARDA PEREIRA,et al. Pcbs In The Fish. Assemblage Of A Southern European Estuary[J]. Journal Of Sea Research, 2013,76(2):22-30.

[274] PETRENA J EDGAR,ANDREW S HURSTHOUSE,JOY E MATTHEWS,et al. An Investigation Of Geochemical Factors Controlling The Distribution Of Pcbs In Intertidal Sediments At A Contamination Hot Spot,The Clyde Estuary,UK[J]. Applied Geochemistry,2003,18(2):327-338.

[275] CHIN-CHANG HUNG,GWO-CHING GONG,KUO-TUNG JIANN,et al. Relationship Between Carbonaceous Materials And Polychlorinated Biphenyls (Pcbs) In The Sediments Of The Danshui River And Adjacent Coastal Areas, Taiwan[J]. Chemosphere,2006,65(9):1452-1461.

[276] BARAKAT ASSEM O, KHAIRY MOHAMMED, AUKAILY INAS, et al. Persistent Organochlorine Pesticide And PCB Residues In Surface Sediments Of Lake Qarun, A Protected Area Of Egypt [J]. Chemosphere, 2013, 90 (9): 2467-2476.

[277] HYO-BANG MOON,MINKYU CHOI,HEE-GU CHOI,et al. Severe Pollution Of PCDD/Fs And Dioxin-Like Pcbs In Sediments From Lake Shihwa,Korea: Tracking The Source [J]. Marine Pollution Bulletin,2012,64(11):2357-2363.

[278] RFBOPP,HJSIMPSON,CROLSEN,et al. Polyehlorinated-Biphenyls In Sediments Of Thetidal Hudson River, NewYork [J]. Environmentalscienee& Technology,

1981,15(2):210-216.

[279] 李敏学,岳贵春,高福民,等.第二松花江中 Pcbs 与有机氯农药的迁移和分布[J].环境化学,1989,2(8):49-54.

[280] 张祖麟,洪华生,余刚.闽江口持久性有机污染物——多氯联苯的研究[J].环境科学学报,2002(6):788-791.

[281] 张祖麟,洪华生,陈伟琪,等.闽江口水、间隙水和沉积物中有机氯农药的含量[J].环境科学,2003;24(1):117-120.

[282] HUAYUN YANG,SHANSHAN ZHUO,BIN XUE,et al. Distribution,Historical Trends And Inventories Of Polychlorinated Biphenyls In Sediments From Yangtze River Estuary And Adjacent East China Sea [J]. Environmental Pollution,2012, 169(10):20-26.

[283] S F XU,X JIANG,Y Y DONG,et al. Polychiorinated Organic Compounds In Yangtse River Sediments[J]. Chemosphere,2000,41(12):1897-1903.

[284] 邢颖,吕永龙,刘文彬,等.中国部分水域沉积物中多氯联苯污染物的空间分布、污染评价及影响因素分析[J].环境科学,2006,27(2):228-234.

[285] WERNER D,HIGGINS C P,LUTHY R G. The Sequestration Of Pcbs In Lake Hartwell Sediment With Activated Carbon [J]. Water Researeh,2005,39(10): 2105-2113.

[286] EADIE B J,CHAMBERS R L,GARDNER W S,et al. Sedirnenttrap Studies In Lake Michigan:Resuspension And Chemical Fluxes In The Southern Basin[J]. Journal Of Great Lakes Research,1984,10(3):307-321.

[287] SEHNEIDER A R. PCB Desorption From Resuspended Hudson River Sediment [D]. Maryland:University Of Maryland,2005.

[288] JOANNA KONAT, GRAYNA KOWALEWSKA. Polychlorinated Biphenyls (Pcbs) In Sediments Of The Southern Baltic Sea--Trends And Fate [J]. Science Of The Total Environment,2001,280(1-3):1-15.

[289] DONALD W BROWN,BRUCE B MCCAIN,BETH H HORNESS,et al. Status, Correlations And Temporal Trends Of Chemical Contaminants In Fish And Sediment From Selected Sites On The Pacific Coast Of The USA[J]. Marine Pollution Bulletin,1998,37(1-2):67-85.

[290] KUZYK Z A,STOW J P,BURGESS N M,et al. Pcbs In Sediments And The Coastal Food Web Near A Local Contaminant Source In Saglek Bay,Labrador[J]. Science Of The Total Environment,2005,351-352:264-284.

[291] KOBAYASHI J,SERIZAWA S,SAKURAI T,et al. Spatial Distribution And Partitioning Of Polychlorinated Biphenyls In Tokyo Bay,Japan[J]. Journal Of Environmental Monitoring,2010,12(4):838-845.

[292] BARAKAT O,KIM M,QINA Y R,et al. Organochlorine Pesticides And PCB Residues In Sediments Of Alexandria Harbour, Egypt [J]. Marine Pollution Bulletin,2002,44(12):1426-1434.

[293] JESSICA X. Aldarondo-Torres,Fatin Samara,Imar Mansilla-Rivera,Et Al. Trace Metals,Pahs,And Pcbs In Sediments From The Jobos Bay Area In Puerto Rico [J]. Marine Pollution Bulletin,2010,60(8):1350-1358.

[294] AZAD MOHAMMED, PAUL PETERMAN, KATHY ECHOLS, et al. Polychlorinated Biphenyls（Pcbs）And Organochlorine Pesticides（Ocps）In Harbor Sediments From Sea Lots,Port-Of-Spain,Trinidad And Tobago[J]. Marine Pollution Bulletin,2011,62(6):1324-1332.

[295] 陈满荣,俞立中,许世远,等.长江口潮滩沉积物中 Pcbs 及其空间分布[J].海洋环境科学,2003,22(2):20-23.

[296] 陈满荣,俞立中,许世远,等.长江口 Pcbs 污染及水环境 Pcbs 研究趋势[J].环境科学与技术,2004,27(5):24-25.

[297] 刘现明,徐学仁,张笑天,等.大连湾沉积物中的有机氯农药和多氯联苯[J].海洋环境科学,2001,20(4):40-44.

[298] 李洪,付宇众,周传光,等.大连湾和锦州湾表层沉积物中有机氯农药和多氯联苯的分布特征[J].海洋环境科学,1998,17(2):73-76.

[299] 张元标,林辉.厦门海域表层沉积物中 Ddts、Hchs 和 Pcbs 的含量及其分布[J].台湾海峡,2004,2(4):423-428.

[300] 麦碧娴,林峥,张干,等.珠江三角洲沉积物中毒害有机物的污染现状及评价[J].环境科学研究,2001,14(1):19-23.

[301] 杨永亮,潘静,李悦,等.青岛近海沉积物 Pcbs 的水平与垂直分布及贝类污染[J].中国环境科学,2003,23(5):515-520.

[302] ZHOU J L,MASKAOUI K,QIU Y W,et al. Polychlorinated Biphenyl Congeners And Organochlorine Insecticides In The Water Column And Sediments Of Daya Bay[J]. Environmental Pollution,2001,113(3):373-384.

[303] 丘耀文,周俊良,MASKAOUI K,等.大亚湾海域多氯联苯及有机氯农药研究[J].海洋环境科学,2002,21(1):46-51.

[304] FUNG C N,ZHENG G J,CONNELL D W,et al. Risks Posed By Trace Organic Contaminants In Coastal Sediments In The Pearl River Delta,China [J]. Marine Pollution Bulletin,2005,50(10):1036-1049.

[305] 管玉峰,岳强,涂秀云,等.珠江入海口水体中多氯联苯的分布特征及其来源分析[J].环境科学研究,2011,24(8):865-872.

[306] 陈伟琪,洪华生,张珞平,等.珠江口表层沉积物和悬浮颗粒物中的持久性有机氯污染物[J].厦门大学学报(自然科学版),2004,24(S1):231-235.

[307] EDWARD R LONG, DONALD D. Macdonald, Sherri L. Smith. Incidence Of Adverse Biological Effects Within Ranges Of Chemical Concentrations In Marine And Estuarine Sediments[J]. Environmental Management,1995,19(1):81-97.

[308] NATHAN L,HOWELL,HANADI S. RIFAI,LARRY KOENIG. Comparative Distribution,Sourcing,And Chemical Behavior Of PCDD/Fs And Pcbs In An Estuary Environment [J]. Chemosphere,2011,83(6):873-881.

[309] HUALI Y, SHIFEN X, YONGRUI T, et al. The Adsorption Of Pcbs To Yangtse River Sediment [J]. Toxicological & Environmental Chemistry, 2008, 3 (76): 171-178.

[310] L R, M J K, G P M. Importance Of Black Carbon To Sorption Of Native Pahs, Pcbs, And Pcdds In Boston And New York Harbor Sediments[J]. Environmental Science And Technology, 2005, 39(1): 141-148.

[311] H L M, D T D M. PCB Partitioning In Sediment-Water Systems: The Effect Of Sediment Concentration [J]. Journal Of Environmental Quality, 1983, 12 (3): 373-380.

[312] WEBER J, WALTER J, V T C, et al. Sorption Of Hydrophobic Compounds By Sediments, Soils And Suspend Soils-II. Sorbent Evaluation Studies [J]. Water Research, 1983, 10(17): 1443-1452.

[313] RICH J, WILBERT L. Parameters Affecting The Adsorption Of Pcbs To Suspended Sediments From The Detroit River [J]. Journal Of Great Lakes Research, 1996, 2(22): 341-353.

[314] WATARU NAITO, JIANCHENG JIN, YOUN-SEOK KANG, et al. Dynamics Of Pcdds/Dfs And Coplanar-Pcbs In An Aquatic Food Chain Of Tokyo Bay [J]. Chemosphere, 2003, 53(4): 347-362.

[315] MING-SHENG HSU, KUANG-YI HSU, SHIH-MIN WANG, et al. Total Diet Study To Estimate PCDD/Fs And Dioxin-Like Pcbs Intake From Food In Taiwan [J]. Chemosphere, 2007, 67(9): 65-70.

[316] LORÁN S BAYARRI, CONCHELLO P, HERRERA A. Risk Assessment Of PCDD/Pcdfs And Indicator Pcbs Contamination In Spanish Commercial Baby Food [J]. Food And Chemical Toxicology, 2010, 48(1): 145-151.

[317] JUAN BELLAS, AMELIA GONZÁLEZ-QUIJANO, ANTONIO VAAMONDE, et al. Pcbs In Wild Mussels (Mytilus Galloprovincialis) From The N-NW Spanish Coast: Current Levels And Long-Term Trends During The Period 1991-2009[J]. Chemosphere, 2011, 85(3): 533-541.

[318] YUYANG G, D J V, YULL R G, et al. Desorption Rates Of Two PCB Congeners From Suspended Sediments---I. Experimental Results[J]. Water Research, 1998, 8 (32): 2507-2517.

[319] JOSEFSSON S, LEONARDSSON K, JONAS S G, et al. Bioturbation-Driven Release Of Buried Pcbs And Pbdes From Different Depths In Contaminated Sediments[J]. Environmental Science And Technology, 2010, 44(19): 7456-7464.

[320] G R W. The Chemical, Physical And Biological Fate Of Polychlorinated Biphenyls In The Tidal Christina Basin[D]. Newark: University Of Delaware, 2009.

[321] H L M, D T D M. The Extent Of Reversibility Of Polychlorinated Biphenyl Adsorption[J]. Water Research, 1983, 8(17): 851-859.

[322] YUYANG G, D J V. Desorption Rates Of Two Pcb Congeners From Suspended

Sediments - II. Model Simulation[J]. Water Research,1998,32(8):2518-2532.

[323] ABBY R S, ELKA T P, JOEL E B. Polychlorinated Biphenyl Release From Resuspended Hudson River Sediment[J]. Environmental Science And Technology, 2007,41(4):1097-1103.

[324] D T D M,H L M C M M,et al. Reversible And Resistant Component Of PCB Adsorption-Desorption: Adsorbent Concentration Effects[J]. Journal Of Great Lakes Research,1982,8(2):336-349.

[325] ORTIZ E, RICHARD G L, DAVID A D, et al. Release Of Polychlorinated Biphenyls From River Sediment To Water Under Low-Flow Conditions: Laboratory Assessment[J]. Journal Of Environmental Engineering,2004,130(2): 126-135.

[326] CHEN-HUNG MICHAEL LIN. The Fate And T Ransport Of Hydrophobic Organic Chemicals In Estuarine Sediment Environments [D]. Los Angeles: Dissertation University Of California,2001.

[327] SONDRA M MILLER. The Effect S Of Large - Scale Episodic Sediment Resuspension On Persistent Organic Pollutants In Southern Lake Michigan[D]. Iowa City:The University Of Iowa,2003.

第二章 京杭大运河苏北段表层沉积物样品的采集和测试

第一节 京杭大运河苏北段表层沉积物样品的采集

基于前期对京杭大运河苏北段的沿途环境调查,考虑河道的自然状态,如流向、流速等,以及流域经济社会状况、污染源分布等自然和社会因素布置本次研究的监测点。主航道的监测点通常选择在典型的城市和乡村河段,河道转弯处,污染源附近,船闸,渡口以及河口附近;对于三个过水湖泊的监测点一般选择在省监测部门的监控断面,典型的水产养殖区,有、无水生植物分布区,河口附近,湖泊的出水口附近。

利用彼得逊沉积物采样器采集京杭大运河苏北段的表层沉积物样品,带回实验室经前处理、净化后,用气相色谱测试其中的 12 种 PCBs 同系物含量,用液相色谱测试其中的 16 种 PAHs 同系物含量。

一、京杭大运河苏北段主航道样品的采集

2009 年 7 月,采集京杭大运河苏北段主航道表层沉积物样品共 37 个,具体监测点的位置及基本信息见表 2-1 和图 2-1。每个监测点在河道两侧及河道中线位置分别采集样品,现场剔除石块,水草等杂物,带回实验室冷冻备用。

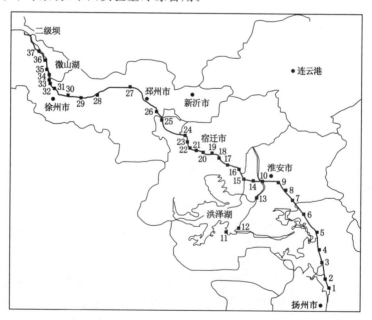

图 2-1 京杭大运河苏北段主航道监测点分布示意图

表 2-1 京杭大运河(苏北段)采样点分布状况

河道	采样点编号	地点	北纬/(°)	东经/(°)	溶解氧(DO)	pH值	水温/℃	采样点状况
扬州段	1	邵伯	32.531 05	119.499 20	6.03	7.5	26	靠近渡口,近水源地
	2	昭北区	32.616 60	119.468 48	6.03	7.0	28	靠近输油码头,来往船只较多
	3	运堤路	32.777 53	119.425 28	6.50	7.2	26.2	渔业区,风光带,饮用水源一级保护区,水质很好
	4	马棚渡口	32.895 08	119.413 06	6.48	7.1	24.9	高邮湖区,有挺水植物生长,水体清澈
	5	二里铺渡口	32.997 10	119.411 84	6.98	7.5	23.9	位于界首镇,靠近高邮湖出口,附近有水上加油站,水表观有浮油
	6	宝应范水瓦甸渡口	33.120 65	119.376 65	6.27	7.4	23.8	位于宝应范水镇,靠近煤码头,水质较好
	7	宝应双闸渡口	33.303 04	119.258 34	5.70	7.3	23.1	靠近扬州交界公路,水质较好
	8	林平渡口	33.376 62	119.210 84	6.50	7.4	23.1	靠近平桥镇径河,水质较好
	9	三堡	33.362 44	119.153 29	6.30	7.2	24	附近有水泥厂码头,水质较好
	10	苏北灌溉总渠大桥	33.392 09	118.878 02	6.52	7.3	23.1	靠近洪泽湖的出湖河道,运河码头
淮安一宿迁段	11	蒋坝	33.104 18	118.824 56	6.87	7.3	24.8	洪泽湖最主要的出湖河道(三河)出湖口附近
	12	老三河退水洞	33.083 52	118.745 45	6.57	7.1	24.6	周围为农田,水体清澈透明,水质较好
	13	高良涧大墩岛渡口	33.289 78	118.725 80	6.89	7.3	24.8	洪泽湖与京杭大运河交汇处,出湖口附近
	14	盐河镇	33.465 44	119.115 08	6.99	7.2	24.4	靠近盐河镇,两岸是农田
	15	凌桥乡	33.571 98	118.844 75	6.7	7.3	24.2	位于凌桥乡,两岸是农田,此处有河流与洪泽湖相通
	16	泗阳港口	33.314 43	118.672 19	6.13	7.4	25.4	运沙港口,上流分布着水泥厂、磷肥化肥厂、下流军纺厂和自来水厂的取水口
	17	姜桥村	33.337 26	118.648 67	6.02	7.1	25.4	两岸是农田,水质较好
	18	滚坝渡口	33.745 27	118.594 44	6.45	7.6	26.2	两岸是农田,有运沙码头,有船停靠
	19	高渡渡口	33.733 517	118.573 24	6.48	7.4	26.3	两岸是农田,水中有黑藻、浮萍等漂浮植物生长
	20	张渡渡口	33.801 79	118.570 45	6.88	7.1	25.8	两岸是农田,岸边有芦苇等挺水植物生长

续表 2-1

河道	采样点编号	地点	北纬/(°)	东经/(°)	溶解氧(DO)	pH值	水温/℃	采样点状况
淮安—宿迁段	21	中石化码头3号桥	33.54657	118.62043	6.37	7.6	24.4	靠近油库,来往船只较多,水体表面可见浮油
	22	黑鱼旺污水处理厂	33.55181	118.62008	5.98	7.9	24.1	无底泥
	23	宿迁4号桥	33.97789	118.31669	6.52	7.3	23.6	周围是运沙港口,居民楼,玻璃厂,公路桥,水面上运沙船来往穿梭
	24	洋河大桥	33.26731	118.53412	6.30	7.2	24.1	两岸是农田,码头,水质较好
	25	三里村渡口	33.99507	118.21508	6.42	7.2	23.8	路马湖入湖口,附近有造船厂
	26	窑湾镇	34.11954	118.1024	6.50	7.4	24.7	靠近采沙码头,水面宽阔,水体较深
徐州段	27	李楼村	34.41417	117.68305	6.8	7.5	25.3	两岸是农田,水质较好
	28	解台闸	34.31913	117.383	7.2	7.34	26.1	靠近船闸,接近市区,水质较差
	29	荆山桥	34.31678	117.29015	6.0	7.53	24.9	位于市区,船只穿梭,水体污染严重,有异味
	30	洞山西	34.33533	117.2161	6.8	7.85	25.6	位于市区,水体污染严重,发黑
	31	蔺家坝船闸	34.38932	117.17843	6.5	7.63	26	靠近船闸,周围为农田
	32	八一桥	34.41628	117.17226	5.80	7.82	28	水质较好,河道平缓,两岸是农田,无工业污染源
	33	郑集沿湖渡口	34.45888	117.15752	7.58	8.22	26.2	河道狭窄,水体较浅,1.5~2 m,两岸是农田
	34	马坡河渡口	34.52538	117.13852	7.0	8.2	24.9	河道狭窄,水体较浅,两岸是农田,船只扰动底泥
	35	五段渡口	34.58395	117.13564	7.20	7.91	23.9	河道狭窄,水体较浅,两岸是农田,水面有船只来往
	36	四段渡口	34.6443	117.10538	6.52	8.29	23.8	两岸是农田,无工业污染源,水面有船只来往
	37	高楼渡口	34.68184	117.08362	6.82	8.0	23.1	两岸是农田,无工业污染源,水面有船只来往

二、京杭大运河苏北段过水湖泊样品的采集

京杭大运河苏北段共有三个重要的过水湖泊,自南向北依次为洪泽湖、骆马湖和微山湖。乘船利用 GPS 定位仪在三个湖泊中采集表层沉积物样品,其中洪泽湖采集沉积物样品共计 10 个,详见图 2-2 和表 2-2;骆马湖采集沉积物样品共计 9 个,详见图 2-3 和表 2-2;微山湖采集沉积物样品共计 10 个,详见图 2-4 和表 2-2。

图 2-2　洪泽湖监测点分布示意图

图 2-3　骆马湖监测点分布示意图

图 2-4　微山湖监测点分布示意图

表2-2   洪泽湖、骆马湖与微山湖采样点分布

湖泊	采样点编号	北纬/(°)	东经/(°)	溶解氧(DO)	pH值	水温/℃	采样点状况
洪泽湖	H1	33.295 18	118.801 82	6.5	7.45	24.8	高良涧附近,靠近苏北灌溉总渠出湖口,水深大于4 m
	H2	33.375 45	118.777 25	6.27	7.29	25.2	成河乡东,湖区,水较深
	H3	33.450 82	118.616 69	6.36	7.38	25.3	龙集乡,湖区,水质较好
	H4	33.300 09	118.652 74	6.54	7.43	25.3	成河乡北,湖区,湖水透明度较高
	H5	33.293 53	118.510 17	6.78	7.47	25.6	成河乡西,湖区,湖水清澈透明
	H6	33.196 87	118.401 22	6.82	7.56	25.5	近临淮乡
	H7	33.225 54	118.572 43	6.15	7.21	25.4	靠近老子山乡,淮河入湖口
	H8	33.238 65	118.683	6.57	7.32	25.8	湖区,水质较好,清澈
	H9	33.159 18	118.709 33	6.23	7.63	25.7	湖区,水质较好
	H10	33.105 94	118.714 95	6.02	7.38	25.6	蒋坝附近,最主要的出湖河道(三河)出湖口
骆马湖	L1	34.024 88	118.215 36	6.87	7.30	25.3	京杭大运河航道上,出湖口,有造船厂
	L2	34.056 82	118.246 49	6.54	7.21	25	湖区,湖水透明度高
	L3	34.089 59	118.257 96	6.39	7.56	25.61	湖区,湖水清澈,透明度高
	L4	34.096 15	118.202 25	7.15	7.5	24.4	湖区,湖水透明度高,无异味
	L5	34.146 94	118.193 24	7.02	7.45	25.7	湖区,湖水透明度高
	L6	34.174 79	118.143 27	6.48	7.57	26.2	沂河入湖口附近的湖区,湖水清澈
	L7	34.128 09	118.123 61	6.21	7.98	25.7	京杭大运河航道上,入湖口,水产养殖较多
	L8	34.095 33	118.144 91	6.14	7.39	25.9	湖区,靠近京杭大运河航道和皂河抽水站
	L9	34.054 37	118.185 05	5.87	7.25	25.6	湖区,靠近京杭大运河航道
微山湖	W1	34.539 72	117.228 89	6.54	7.23	25.5	湖区,有大片荷花生长
	W2	34.593 51	117.269 99	7.04	7.47	25.6	湖区,水产养殖区,养殖螃蟹等水产品
	W3	34.595 56	117.322 50	6.47	7.56	25.5	湖区,水产养殖区
	W4	34.604 44	117.269 55	6.38	7.56	25.3	湖区,水质较好
	W5	34.605 56	117.225 27	6.11	8.01	25.1	微山岛附近,岛上有人居住,水体透明度高
	W6	34.604 72	117.191 94	6.5	7.86	25.5	湖区,水质较好
	W7	34.673 32	117.168 61	6.89	7.39	25.7	湖区,水质较好
	W8	34.713 61	117.126 22	6.13	7.45	25.3	薛河,十字河入口区,水体透明度较差
	W9	34.755	117.081 94	6.83	7.58	24.9	湖区,十字河入口区,水质较好
	W10	34.805	117.037 50	5.38	7.79	25.4	二级坝附近,水质较差,有漂浮的生活垃圾

第二节 仪器与试剂

一、主要实验仪器

本实验中使用的仪器主要有：

（1）气相色谱仪：美国 Agilent 6890，Ni63 微电子捕获检测器。

（2）DB-XLB 色谱柱，30 m×0.32 mm×0.50 μm。

（3）高效液相色谱仪（岛津公司，日本）：带紫外及荧光检测器。

（4）激光粒度分析仪：英国马尔文 MS2000 型。

（5）真空旋转蒸发仪器：上海亚荣 RE-3000A 型。

（6）水循环式真空泵：郑州长城 SHB-ⅢA 型。

（7）电热恒温水浴锅：上海比朗 HH-2 型。

（8）电热恒温鼓风干燥箱：北京双科 DHG-9240A 型。

（9）台式离心机：上海安亭 TGL-18000-CR 型。

（10）索氏提取器：上海洪纪 SXT-06 型。

（11）Al_2O_3 层析柱：采用湿法在 15 mm×200 mm 的玻璃层析柱内密实填充 6 g Na_2SO_4（150 ℃干燥处理 2 h），再填充 20 g 中性层析用 Al_2O_3，最后再填入 6 g Na_2SO_4 并压实。样品过柱净化前，使用正己烷溶剂浸洗 2 遍，最后使有机相液面刚能浸没 Na_2SO_4。

（12）纯水仪（力康公司，美国）。

（13）KQ-550DE 型医用数控超声波清洗器。

二、主要实验试剂

本次试验所用到的标准样品、药品和试剂主要有：

（1）12 种 PCBs 混标：购于中国标准物质中心，PCBs（PCB77、81、105、114、118、123、126、156、157、167、169、189）混合溶于异辛烷，各单体浓度均为 2 μg/mL。用正己烷将 PCBs 混标物质稀释 50 倍做标准溶液，遮光冷藏，备用。

（2）EPA16PAHs 混标（Accu Standard 公司，美国），16 组分均溶于甲醇：二氯乙烷＝1∶1，混标中萘（Nap）、苊烯（Ace）、苊（Acy）、芴（Flu）、菲（Phe）、蒽（Ant）、荧蒽（Fla）、芘（Pyr）、苯并（a）蒽（BaA）、屈（Chr）、苯并（b）荧蒽（BbF）、苯并（k）荧蒽（BkF）、苯并（a）芘（BaP）、二苯并（a,n）蒽（DahA）、苯并（ghi）苝（二萘嵌苯）（BghiP）、茚苯（1,2,3-cd）芘（IPY）的浓度均为 100 μg/mL，用 1＋1 二氯甲烷/正己烷混合溶液（V/V）将多环芳烃标准储备液稀释成浓度为 10.0 mg/L 的标准使用液。

（3）正己烷：分析纯，国药集团化学试剂有限公司。

（4）丙酮：分析纯，国药集团化学试剂有限公司。

（5）石油醚：分析纯，国药集团化学试剂有限公司。

（6）无水硫酸钠：分析纯，国药集团化学试剂有限公司，150 ℃干燥处理 2 h。

（7）层析用 Al_2O_3（100 目）：分析纯，国药集团化学试剂有限公司。

（8）重铬酸钾：分析纯，国药集团化学试剂有限公司。

（9）98％浓硫酸：分析纯，上海化学试剂厂。

（10）邻菲罗啉：分析纯，上海沪宇生物科技有限公司。

（11）硫酸亚铁：分析纯，上海试剂四厂。

（12）NaCl：分析纯，上海化学试剂厂。

（13）六偏磷酸钠：分析纯，国药集团化学试剂有限公司。

（14）30％H_2O_2溶液：分析纯，上海化学试剂厂。

（15）浓盐酸：分析纯，含量36％～38％，国药集团化学试剂有限公司。

（16）硫代硫酸钠（$Na_2S_2O_3 \cdot 5H_2O$）：分析纯。

（17）硅胶：100～200目，在200 ℃下烘烤14 h，冷却后，贮于磨口玻璃瓶中密封后于干燥器内保存。

（18）甲醇：色谱纯，上海国药集团，中国。

（19）二氯甲烷：色谱纯，上海国药集团，中国。二甲基亚砜：分析纯，江苏鸿声化工厂。超纯水由力康纯水仪制得。

（20）二氟联苯（Decafluorobiphenyl）和对三联苯-d14（P-Terphenyl-d14），纯度：99％，PAHs样品萃取前加入，用于跟踪样品前处理的回收率。

所有色谱纯试剂使用前均经过有机滤膜过滤和排气处理。

第三节　样品前处理

一、沉积物样品前处理

采集来的表层沉积物样品置于阴处自然风干，去掉样品中石头、杂质和小木棒，经研磨过100目筛，处理完毕后－20 ℃保存，待分析使用。

（一）测定PAHs的样品处理

四分法精确称取10 g样品，加入50 mL正己烷/丙酮混合溶液（体积比1：1）放置过夜。将放置过夜的样品超声（20 ℃）1 h，4 000 r/min离心20 min，留取上清液，上清液旋蒸至约1 mL。过装有1 g无水硫酸钠和2 g硅胶的层析柱净化，以8 mL正己烷预洗，10 mL正己烷/二氯甲烷混合溶液（体积比1：1）洗脱，以1 mL/min的速度，收集洗脱液旋蒸浓缩（30 ℃）至干，用甲醇精确定容到1.0 mL，用HPLC进行PAHs分析。

（二）测定PCBs的样品处理

四分法取适量样品，研磨，过100目筛备用。准确称取研磨过筛的沉积物样品与无水硫酸钠各10.000 g，并混合均匀，滤纸包好，放置在索氏提取器中，加入2 g活性铜片，然后用100 mL 1：1（体积比）的石油醚与丙酮混合液回流提取12 h，温度控制在溶剂刚沸腾的状态。将提取液用旋转蒸发仪浓缩至1～2 mL，Al_2O_3层析柱净化，用石油醚洗脱3～5次，收集洗脱液并浓缩至1 mL左右，以石油醚定容至2 mL，供气相色谱分析测试。

二、水样品前处理

采水器具使用前充分洗净，在离水面0.5 m处用采水器采集水样，每个样品2.0 L，将采集的水样用孔径为0.45 μm的微孔滤膜过滤，以去除水体中的杂质。摇匀水样，用量筒量取500 mL水样，倒入1 000 mL的分液漏斗中，加入30 mL正己烷，振摇5 min，静置分层，收集有机相，放入250 mL碘量瓶中，水相再用正己烷重复萃取两遍，弃去水相，萃取液并入同一碘量瓶中,加无水硫酸钠至萃取液澄清,放置 30 min,脱水干燥。将干燥好的萃取液转移至 250 mL 浓缩瓶中,用正己烷洗涤碘量瓶中的无水硫酸钠 3 次,每次 5～10 mL,洗涤液也并入同一浓缩瓶中,用浓缩仪浓缩至 1 mL,待净化。

（一）测定 PAHs 的水样品净化

选用 1 g 硅胶柱作为净化柱,先用 4 mL 淋洗液(1+1 二氯甲烷/正己烷混合溶液(V/V))冲洗净化柱,再用 10 mL 正己烷平衡净化柱(当 2 mL 正己烷流过净化柱后,关闭活塞,让正己烷在柱中停留 5 min),弃去流出的溶剂。将浓缩后的样品溶液 0.5～1 mL 加入到已平衡过的净化柱上,被测定的样品吸附于柱上,用约 3 mL 正己烷分 3 次洗涤装样品的容器,将洗涤液加入到柱上;用 10 mL 淋洗液洗涤吸附有样品的硅胶柱(当 2 mL 淋洗液流过净化柱后关闭活塞,让淋洗液在柱中停留 5 min),以 1 mL/min 的速度,收集淋洗液于浓缩瓶中,浓缩至 1 mL 以下,更换溶剂为甲醇,定容至 1.0 mL,装瓶待 HPLC 分析。

（二）测定 PCBs 的水样品净化

过 Al$_2$O$_3$ 层析柱净化,用 10 mL 正己烷洗脱层析柱 2 次,洗脱液利用旋转浓缩至 1 mL左右,正己烷定容至 2 mL,供气相色谱分析测试。

第四节　样品测试分析与质量控制

一、样品中 PAHs 的分析测试与质量控制

经过前处理的水样和沉积物样品,利用高效液相色谱仪分析测试其中的 PAHs 含量。柱温:40 ℃。流动相:A-甲醇,80%;B-水,20A%。20 min 后逐渐加大甲醇的比例,到 40min 时达到 100%。流动相流量:1.0 mL/min。检测器:紫外检测器。波长的选择:254 nm。

在上述条件下,取一定量标准使用溶液于 1+1 二氯甲烷/正己烷混合溶液(V/V)中,制备 5 个浓度点的标准系列,浓度分别为 50 ng/mL,100 ng/mL,150 ng/mL,200 ng/mL,300ng/mL,贮存在棕色小瓶中于冷暗处存放。通过进样器分别移取 5 种浓度的标准使用液 25uL,注入液相色谱,得到各不同浓度的多环芳烃的色谱图(图 2-5),计算不同浓度待测物的相应峰高(或峰面积),绘制校准曲线。PAHs 的校正曲线的线性回归系数 R^2 大于 0.99以上。

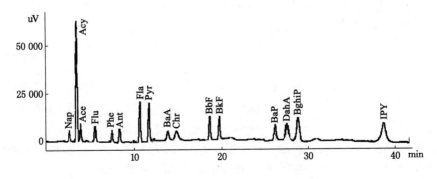

图 2-5　多环芳烃混合标准溶液的色谱图

实验过程中用超纯水做了试剂空白实验,同时测定了仪器检出限和方法检出限、加标(10 ng/L、20 ng/L 和 50 ng/L)回收率和标准偏差(表 2-3)。16 种 PAHs 的方法检出限的范围为 2～50 ng/L,方法的加标回收率均大于 75%,相对标准偏差均小于 10%($n=7$)。

16 种多环芳烃的标准曲线见表 2-3。

表 2-3 16 种多环芳烃的标准曲线及加标回收情况

PAHs	公式	相关系数 R^2	回收率/%	RSD/%
Nap	$y=1\,822.5x+9\,526.3$	0.995 9	89.4±5.6	8
Acy	$y=115\,943x+330\,719$	0.998 5	85.1±6.2	7
Ace	$y=3\,052.5x+31\,022$	0.994 3	88.5±3.5	4
Flu	$y=3\,731x+37\,887$	0.998 8	93.2±3.1	5
Phe	$y=2\,816x+7\,595.3$	0.999 2	91.4±3.8	6
Ant	$y=2\,324x+4\,061.7$	0.999 1	90.6±2.2	8
Fla	$y=42\,180x+17\,887$	0.999 9	91.3±1.9	6
Pyr	$y=103\,935x+6\,542.3$	0.998 4	94.1±2.1	8
BaA	$y=6\,330x+5\,448.3$	0.991 3	91.7±2.6	5
Chr	$y=12\,426x+14\,646$	0.991 1	90.8±3.5	7
BbF	$y=25\,556x-4\,230.3$	0.993 9	91.1±2.9	9
BkF	$y=37\,537x-19\,438$	0.991 8	86.4±4.1	8
BaP	$y=22\,921x-19\,938$	0.995 9	88.3±2.8	10
DahA	$y=19\,096x-2\,873$	0.994	82.9±4.3	8
BghiP	$y=21\,573x+16\,140$	0.993 9	82.3±3.5	9
IPY	$y=31\,694x-17\,866$	0.994 9	83.6±4.2	10

二、样品中 PCBs 的分析测试与质量控制

经过前处理的水样和沉积物样品利用气相色谱仪分析测试其中的 PCBs 含量。气相色谱仪选用 Agilent 6890 型气相色谱仪;色谱柱 DB-XLB,30 m×0.32 mm×0.50 μm;载气检测器为 Ni63 微电子捕获检测器(μ-ECD);载气为高纯氮气(99.999%)。

气相色谱检测条件:柱流量 2.0 mL/min,进样口温度 240 ℃,检测器温度 330 ℃,进样量 1.0 μL;升温程序:初始温度 110 ℃,保持 0.5 min,10 ℃/min 升温到 320 ℃,保持 10 min。

在上述色谱条件下,将稀释后的 12 种 PCBs 混合标准物质标样和净化后的实验样品上机检测进行定性及定量分析。混合标准物质样品的气相色谱图如图 2-6 所示。样品中的 PCBs 依据保留时间定性,并根据峰面积采用外标法进行定量。

在进行样品的前处理、净化过程中,同步将 PCBs 标样加入超纯水和沉积物样品中,分析水样和沉积物样品中 PCBs 的加标回收率。水样和沉积物样品中混标物质各单体加标浓度范围分别为 5～250 ng/L、0.5～15 ng/g。为保障加标回收实验的准确性,每个浓度水平均做 3 次平行实验。12 种 PCBs 同系物的加标回收情况列于表 2-4。实验结果显示各同系物加标回收率范围在 78.7%±7.1%～91.7%±13.5%,在美国 EPA 限定范围内(70%～

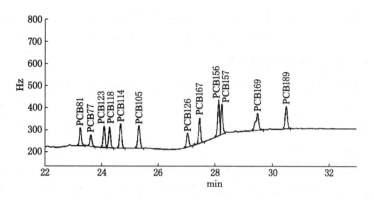

图 2-6 12 种 PCBs 混合标准物质气相色谱图

130%),因此实验结果可信。

表 2-4 水与沉积物基质中 PCBs 各同系物加标回收情况

同系物	水样回收率/%	沉积物样回收率/%
PCB77	82.1±8.1	79.5±7.6
PCB81	80.5±7.4	77.8±6.3
PCB105	83.8±10.7	83.1±10.7
PCB114	82.2±9.4	78.7±7.1
PCB118	87.7±11.9	81.4±9.2
PCB123	88.4±9.2	86.5±12.5
PCB126	90.2±13.6	87.3±9.4
PCB156	93.5±12.8	91.7±13.5
PCB157	91.3±9.1	90.1±12.7
PCB167	86.7±10.4	84.1±7.4
PCB169	87.8±14.3	85.5±8.5
PCB189	90.8±12.0	87.2±11.7

第五节 沉积物样品粒径、TOC 的测定

一、沉积物颗粒粒径的测试方法

将现场采集的沉积物样品在实验室的通风处阴干,并保持松散状态。取大约 0.5 g 沉积物样品置于小烧杯内。加入 10 mL 10% H_2O_2 的溶液,加热,充分反应以去除所含有的有机质。反应完全后,再加入 10 mL 10% 的 HCl 溶液,去除含钙物质。待反应完成后,冷却,加去离子水,静置沉淀。

静置 12 h 后,弃去上层清液,尽量避免沉淀的颗粒物流失(若颗粒物粒径过小,可适当延长静置时间）。再加入 10 mL 的 36 g/L 的六偏磷酸钠溶液，超声振荡 10 min。加水分散颗粒物，最后用马尔文 MS2000 型激光粒度分析仪扫描测试沉积物颗粒粒径。

二、沉积物样品中 TOC 的测试方法

沉积物样品中的 TOC 含量的测定方法选用《海洋监测规范》（GB 17378.5—2007）中重铬酸钾氧化—还原容量法。准确称取过筛的沉积物样品 0.1～0.5 g（精确到 0.000 1 g）置于硬质试管中，加入 5 mL 的重铬酸钾溶液并轻轻摇动。向悬浊液中注入 5 mL 浓 H_2SO_4，立即摇动试管，充分混匀。置于 175～180 ℃的油浴锅中加热 5 min。再用去离子水将试管中溶液转移到锥形瓶内，使瓶内溶液体积为 60～70 mL。滴加 3 滴邻啡罗啉指示剂，以硫酸亚铁溶液还原滴定，记录硫酸亚铁消耗量，用下列公式进行 TOC 的计算。测定样品的同时，做两个空白样，去除背景值并取均值。

TOC 含量以如下公式计算：

$$\text{TOC}(\%) = \frac{\dfrac{0.8 \times 5}{V_0} \times (V_0 - V) \times 0.003 \times 1.1}{\text{样品量}}$$

式中 V_0——空白样中硫酸亚铁消耗量；

V——滴定待测沉积物样品所消耗的硫酸亚铁量；

0.003——1 mg 当量碳的克数；

1.1——校正系数。

第三章　京杭大运河苏北段主航道表层沉积物中 PAHs 与 PCBs 的污染特征研究

第一节　京杭大运河苏北段主航道表层沉积物中 PAHs 与 PCBs 的分布特征

一、主航道表层沉积物中 PAHs 的分布特征

（一）京杭大运河苏北段主航道表层沉积物中 PAHs 的含量

在国内外许多相关研究中,通常选择环境优先控制的 USA16 种典型 PAHs 的含量之和评价其污染水平[1-2]。从全球范围来看,沉积物 PAHs 的浓度为 1～760 000 ng/g[3-6],中等污染范围为 1 000～10 000 ng/g[6]。京杭大运河苏北段不同采样点位表层沉积物中的 PAHs 含量见表 3-1 和图 3-1。

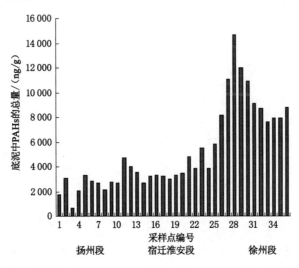

图 3-1　京杭大运河苏北段表层沉积物中 PAHs 的含量

由表 3-1 可见,扬州段(1#～10#)所测定的表层沉积物样品中 PAHs 含量范围在 634～3 311 ng/g 之间,平均值为 23 761 ng/g,处于低—中等污染水平;3# 样点位于镇国寺塔的运堤路,是饮用水源一级保护区,水质优良,PAHs 浓度很低,PAHs 高值出现在 5# 样点,表层沉积物中 $\sum$ PAH 浓度为 3 311 ng/g,该处是界首镇高邮湖的出湖口,出湖水流携带而来的泥沙多在此处沉积,多环芳烃是一类疏水性极强的有机物,易被水体中的颗粒物吸附并最终积累在沉积物中,且该处船只来往频繁,造成其 $\sum$ PAH 浓度显著高于其他各取样点。

淮安—宿迁段(11#～26#)所测定的表层沉积物样本中 PAHs 含量范围在 2 694～

表 3-1　京杭大运河（苏北段）表层沉积物中 PAHs 与 TOC 的含量

ng/g

化合物	1#	2#	3#	4#	5#	6#	7#	8#	9#	10#	11#	12#	13#	14#	15#	16#	17#	18#	19#
Nap	39	303	46	296	397	442	244	333	407	374	317	291	359	359	288	399	345	213	296
Acy	nd	388	nd	227	437	370	287	269	224	584	407	359	344	344	414	308	306	366	426
Ace	nd	nd	nd	126	nd	nd	nd	nd	nd	nd	386	326	333	132	264	254	231	176	126
Flu	nd	nd	nd	85	232	196	111	89	106	93	302	245	210	93	110	199	113	108	85
Phe	100	539	81	145	516	236	190	126	185	240	856	587	488	290	288	305	287	248	290
Ant	54	205	23	90	343	123	82	67	79	113	630	504	480	288	213	234	267	246	249
Fla	55	46	25	56	72	88	89	60	79	77	109	90	99	99	80	69	74	69	56
Pyr	15	22	7	13	15	23	33	19	23	19	31	26	27	17	22	20	21	22	13
BaA	258	100	50	76	91	111	198	111	189	198	436	362	347	147	398	331	488	519	745
Chr	188	160	79	282	289	300	400	221	416	395	319	259	264	263	402	328	342	358	382
BbF	102	111	34	58	144	150	151	147	156	98	155	137	142	42	70	57	66	49	58
BkF	84	90	25	42	116	100	111	75	104	69	88	64	41	41	46	43	65	56	42
BaP	114	176	38	46	186	135	159	123	181	23	94	83	80	10	56	67	51	40	46
DahA	168	147	65	158	316	240	240	148	157	126	136	174	250	250	199	287	215	192	145
BghiP	379	175	73	185		149	205	173	228		388	349	332	211	193	202	146	175	215
IPY	188	118	85	139	156	147	149	130	216	265	139	122	119	108	145	173	167	151	133
总量	1 743	2 580	634	2 023	3 311	2 807	2 646	2 090	2 750	2 673	4 690	3 977	3 514	2 694	3 187	3 275	3 184	2 988	3 308
TOC/%	2.16	2.84	0.94	1.67	2.12	3.36	4.22	4.00	1.75	3.83	5.24	5.10	3.86	4.30	2.14	3.28	3.22	3.54	4.17

采　样　点　编　号

续表 3-1

化合物	采样点编号 20#	21#	23#	24#	25#	26#	27#	28#	29#	30#	31#	32#	33#	34#	35#	36#	37#	平均
Nap	343	507	233	257	300	341	421	574	710	502	310	436	535	457	576	508	614	375
Acy	238	98	217	343	303	73	183	218	352	274	226	258	220	198	143	168	175	292
Ace	206	360	290	422	290	139	979	1235	1963	1160	1387	1256	989	nd	715	714	1470	613
Flu	189	362	238	567	212	100	309	427	598	415	351	212	311	298	198	337	308	237
Phe	308	514	258	505	249	235	1403	1679	2218	1988	1819	925	1721	1749	1764	1386	1376	728
Ant	376	624	387	301	180	97	984	1439	1877	1561	1327	899	968	1474	989	948	1038	549
Fla	56	105	88	136	96	244	568	745	988	878	779	666	574	542	479	647	538	264
Pyr	29	26	57	33	45	57	499	722	944	810	744	564	444	386	424	463	529	199
BaA	610	585	565	856	613	1175	535	899	1058	924	859	922	528	396	376	499	463	473
Chr	415	505	456	641	423	811	532	776	841	879	774	779	678	503	514	582	514	452
BbF	62	121	137	214	114	395	439	581	748	540	649	479	397	305	403	322	369	231
BkF	55	75	97	128	103	231	447	650	843	776	542	621	464	422	399	407	413	222
BaP	49	79	104	151	98	521	104	175	216	197	175	126	89	105	138	105	130	119
DahA	231	431	354	355	326	579	303	424	624	453	326	319	235	200	222	337	305	268
BghiP	167	235	188	348	267	486	444	504	724	669	623	625	579	541	578	487	521	348
IPY	141	168	192	257	197	314	nd	nd	nd	nd	nd	nd	nd	nd	nd	nd	nd	168
总量	3 474	4 794	3 862	5 514	3 814	5 798	8 147	11 047	14 703	12 023	10 891	9 085	8 731	7 575	7 918	7 909	8 762	5 239
TOC/%	3.78	2.13	4.13	6.33	6.86	5.18	4.39	8.61	9.96	8.35	8.96	9.73	6.98	5.63	4.73	4.91	5.19	5.97

注：nd 表示未检测出。

5 798 ng/g之间,平均值为 3 872 ng/g,处于中等污染水平。PAHs 较高值出现在 11$^\#$、21$^\#$、24$^\#$、26$^\#$样点,表层沉积物中 PAH 浓度分别为 4 690 ng/g、4 594 ng/g、5 364 ng/g 和 5 798 ng/g。11$^\#$点靠近蒋坝镇洪泽湖三河出水口,三河是洪泽湖最大的排水河道,占洪泽湖总出水量的 60%~70%,出湖水流携带而来的泥沙颗粒多在此处沉积,21$^\#$点为中石化加油码头,船只加油多停于此处,偶有漏油出现,故此这两处多环芳烃含量较高;24$^\#$点是宿迁4 号桥,其周围分布着运沙港口、居民楼、玻璃厂、公路桥,水面上运沙船穿梭,26$^\#$处于骆马湖入湖口区域,造船厂分布其间,也造成此二处多环芳烃的累积。其余各处周边均为农田,多环芳烃的来源多为过往船只的排放与周围农田的生产过程带入。

徐州段(27$^\#$~37$^\#$)所测定的表层沉积物样品中 PAHs 含量范围在 6 762~14 703 ng/g之间,平均值为 9 708 ng/g,处于中等—偏高污染水平。28$^\#$、29$^\#$、30$^\#$和 31$^\#$采样点多环芳烃的含量远高于其他采样点,表层沉积物中 PAHs 浓度分别为 11 047 ng/g、14 703 ng/g、12 023 ng/g 和 10 891 ng/g。这 4 个采样点位于京杭运河徐州市区段,其污染源主要为徐州市北郊工业企业、城市污水处理厂废水,通过丁万河、荆马河、柳新河、桃园河及不老河排入该河段,航道内船舶流动性生活污废水也是主要的污染源,荆马河污水处理厂尾水也进入该河段;京杭运河徐州市区段河流多为闸坝控制的蓄水性静态河流与小型河水,除降雨外,没有天然补给水源,河水滞流,自净能力差。沿途接纳的城市(城镇)工业和生活污水滞留在废水入河口周围水域,难以稀释和扩散,因而造成采样点多环芳烃的含量远远高于其他采样点。

可见,在不同河段采样点中 PAHs 的含量各不相同,交通繁忙处与城市地段的河道中 PAHs 的含量较高。

比较京杭大运河(苏北段)不同河道中 PAHs 的含量见表 3-2 和图 3-2。由表 3-2 和图 3-2 可知,京杭大运河(苏北段)底泥中 PAHs 的平均含量为 5 239 ng/g,处于中等污染水平;然而在运河的不同地段,其底泥中 PAHs 的含量与污染水平有很大的区别,京杭大运河(苏北段)不同地段底泥中 PAHs 的含量由高到低排列:徐州段>淮安—宿迁段>扬州段,含量分别为 9 708 ng/g,3 872 ng/g,2 376 ng/g,分别处于中等—偏高、中等、中等污染水平。

表 3-2   **京杭大运河(苏北段)及其不同河段中的 PAHs 含量**   ng/g

PAHs	扬州段	淮安—宿迁段	徐州段	苏北段
Nap	298	323	513	375
Acy	373	303	219	292
Ace	126	262	1 187	613
Flu	130	209	342	237
Phe	246	381	1 639	728
Ant	118	338	1 228	549
Fla	65	98	673	264
Pyr	19	30	593	199
BaA	138	545	678	473

PAHs	扬州段	淮安—宿迁段	徐州段	苏北段
Chr	273	411	670	452
BbF	125	121	475	231
BkF	82	78	544	222
BaP	118	102	142	119
DahA	176	275	340	268
BghiP	196	260	572	348
IPY	159	168	nd	168
总量	2 376	3 872	9 708	5 239

注:nd 表示未检测出。

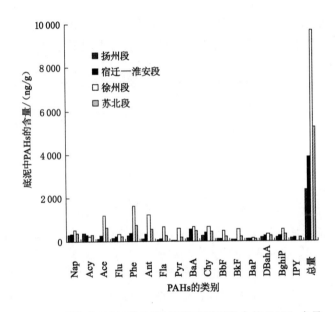

图 3-2　京杭大运河(苏北段)及其不同河段中的 PAHs 含量

　　徐州作为我国典型的重工业型城市和华东地区重要的煤炭资源与动力资源基地,是一座工业生产布局高度集中于市区,以煤炭、电力为主的综合性工业城市。徐州西北部九里山地区分布有大小煤矿,东北部为金山桥开发区,汇集了徐州市的主要工业,如分布于荆马河两岸的电厂、化工厂和制革厂以及焦化厂、建材工业等重要的煤炭资源与动力资源基地,其在煤矿开采、工业生产过程中产生的 PAHs 吸附于烟尘中,随着降水及地表径流进入运河,从而造成京杭大运河徐州段水体中 PAHs 的含量远远高于淮安—宿迁段及扬州段。

　　(二)京杭大运河(苏北段)水体沉积物中 PAHs 与 TOC 的关系

　　PAHs 与有机碳颗粒之间有着强亲和力,众多的研究表明,PAHs 的分布与沉积物中的有机碳含量有着相关性[7-12]。京杭大运河(苏北段)底泥中 PAHs 含量与有机碳含量的关系见图 3-3。

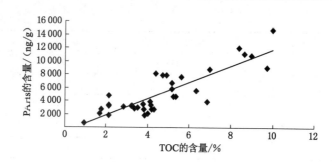

图 3-3　京杭大运河(苏北段)沉积物中 PAHs 与 TOC 的相关性

由图 3-3 可知,京杭大运河(苏北段)底泥中 PAHs 的含量与底泥中 TOC 的含量有显著的相关关系,相关系数 r^2 为 0.727 4,表明有机碳是影响京杭大运河(苏北段)底泥中 PAHs 含量的重要因素。

以上我们研究了京杭大运河(苏北段)丰水期沉积物与河水中 PAHs 的分布特征,而众多的研究表明,在环境复杂的水体环境中,PAHs 的分布与迁移与水体颗粒物、所处季节以及孔隙水都有密切的联系。王官勇的研究认为,淮河流域水质呈现明显的季节变化特征,降水量的季节变化对水质的季节变化有显著的影响[13]。为了对京杭大运河(苏北段)生态环境中 PAHs 的分布及来源有一个更全面的理解,为更好地了解水体中 PAHs 在不同季节及不同介质中的分布和迁移情况,本研究选择污染情况较为严重的徐州段作为研究对象,系统研究 PAHs 的迁移规律。

(三)PAHs 在京杭大运河(苏北段)不同介质中的分布特征

1. 样品的采集

沉积物样品的采集:分别于 2009 年 7 月(丰水期)和 2010 年 2 月(枯水期)在京杭大运河徐州段采集沉积物。预处理、分析测定方法及数据处理,详见第二章第二节所述。

悬浮物样品的制备:选择解台闸、蔺家坝船闸、八一桥、马坡渡口和四段渡口为悬浮物样品采集点,450 ℃高温焙烧玻璃纤维滤膜(孔径为 0.8 μm)4 h,将 10 L 水样在玻璃纤维膜上过滤,冷冻干燥后收集滤膜上所有的悬浮颗粒物。由于枯水期采集水样很清澈,滤膜上悬浮物很少,故没有制备。预处理、分析测定方法及数据处理同沉积物,详见第二章第二节所述。

孔隙水样品的制备:选择解台闸、蔺家坝船闸、八一桥、马坡渡口和四段渡口的表层沉积物,在高速离心机以 6 000 转/min 的速度离心 20 min,选取上层清液,预处理、分析测定方法及数据处理同水样,详见第二章第二节所述。

2. 结果与讨论

(1)丰、枯水期沉积物中 PAHs 的分布

沉积物中 PAHs 的含量列于表 3-1(丰水期)和表 3-3(枯水期),IPY 没有检出。15 种 PAHs 的浓度在不同季节变化较小,在丰、枯水季节,PAHs 的含量分别为 6 762~14 703 ng/g(2009 年 7 月,参见表 3-1)和 5 876~12 834 ng/g(2010 年 2 月,参见表 3-3),平均值为 9 708 ng/g 和 8 627 ng/g,丰水季节徐州段沉积物中 PAHs 的含量高于枯水季节的 PAHs 含量,增加了 12%。这是因为夏季丰沛的降水把大气中的 PAHs 淋洗转化为溶解态 PAHs 进入河流,同时降水形成的地表径流和土壤淋溶也携带溶解态 PAHs 最终汇入河流,促使河水中 PAHs 的浓度增加,且 7 月份不仅水流速度加大,航行的船只也增多,对表层沉积物

的搅动大,表层沉积物颗粒漂浮后更容易吸附水中 PAHs,沉积下来使得丰水季节徐州段沉积物中 PAHs 的含量高于枯水季节的 PAHs 含量,但因为京杭大运河运营时间长久,受污染历史很长,大量的 PAHs 逐年被吸附到沉积物中,因此尽管丰水季节徐州段沉积物中 PAHs 的含量高于枯水季节的 PAHs 含量,但高出有限(增加了 12%),远远低于丰、枯水期河水中的变化(丰水期较枯水期河水中的 PAHs 增加了 28.4%)。

表 3-3　　　　　　　京杭大运河苏北徐州段枯水期沉积物中 PAHs 的含量　　　　　　ng/L

化合物	采样点编号											
	27#	28#	29#	30#	31#	32#	33#	34#	35#	36#	37#	平均
Nap	410	489	614	386	279	385	502	382	458	418	497	438
Acy	157	185	304	239	196	238	178	182	124	118	139	187
Ace	894	1 129	1 427	993	1 159	1 092	926	nd	658	648	nd	992
Flu	236	353	513	371	304	176	280	217	138	307	189	280
Phe	1 326	1 459	1 699	1 543	1 718	880	1 532	1 329	1 462	1 186	919	1 368
Ant	898	1 329	1 644	1 328	1 170	836	948	1 359	961	904	923	1 118
Fla	508	679	925	819	725	618	541	529	461	599	504	628
Pyr	440	693	905	774	719	525	412	366	402	418	498	559
BaA	510	869	989	914	826	912	522	372	360	459	434	652
Chr	504	723	819	861	728	751	650	489	504	553	487	643
BbF	421	537	692	514	613	436	363	288	379	302	342	444
BkF	430	613	795	761	512	603	428	413	375	389	299	511
BaP	89	154	203	186	171	116	87	99	128	101	113	132
DahA	287	402	599	440	310	306	212	180	216	327	19	300
BghiP	424	489	705	643	611	621	551	528	569	481	514	558
IPY	nd	nd	nd	nd	nd	nd	nd	nd	nd	nd	nd	nd
总量	7 533	10 103	12 834	10 770	10 042	8 491	8 131	6 732	7 194	7 209	5 876	8 627

注:nd 表示未检测出。

不同季节水体中 PAHs 的含量不同,PAHs 的组成是否相同? 不同环数的 PAHs 与总量的比值见表 3-4 与图 3-4。

表 3-4　　　　　　　　不同环数的 PAHs 含量与 PAHs 总量的比例　　　　　　　　%

PAHs 的环数	枯水期			丰水期		
	河水	沉积物	河水	沉积物	悬浮颗粒物	孔隙水
2~3	54.24	50.82	56.06	53.38	42.60	78.45
4	29.32	28.77	27.49	27.55	32.90	14.31
5	12.46	12.60	11.42	12.13	16.20	4.14
6	3.98	9.90	5.76	9.20	8.29	3.09

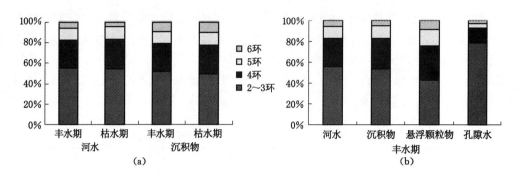

图 3-4　不同环数的 PAHs 含量与 PAHs 总量的比例(％)

从表 3-4 与图 3-4 可知,枯水期和丰水期,河水与沉积物中 2～3 环 PAHs(萘、苊、二氢苊、芴、菲和蒽)含量都是最高,分别占河水中 PAHs 含量的 54.24％和 56.06％、沉积物中 PAHs 含量的 50.82％和 53.38％。另外,4 环的 PAHs(荧蒽、芘、苯并(a)蒽和屈)含量较高,分别占河水中 PAHs 含量的 29.32％和 27.49％。

沉积物中 PAHs 含量的 28.77％和 27.55％;而憎水性最强的 5 环和 6 环的 PAHs(苯并(a)芘、苯并(b)荧蒽,苯并(k)荧蒽、二苯并(a,h)蒽、茚并(1,2,3-cd)芘和苯并(g,h,i))则占河水中 PAHs 含量的 17.18％和 16.44％,而沉积物中的 5 环和 6 环的 PAHs 占沉积物中 PAHs 含量的 22.5％和 21.33％。可见,丰水期与枯水期的河水和沉积物中 PAHs 的含量虽有差别,但各介质中 PAHs 的组成基本相同。

比较沉积物与河水中 PAHs 的构成,可以看出对于 2～3 环 PAHS,沉积物中所占的百分率要低于水中的,而对于 5～6 环 PAHS,沉积物中所占的百分率要高于水中的。沉积物和地面水中 PAHs 成分特征的差异主要由 PAHs 的物理化学性质决定的,因为低分子量 PAHs 相对溶解度较高,沉积物中低环 PAHs 可更多的溶于上覆水中,而高分子量 PAHs 容易被吸附于水中悬浮颗粒从而进入沉积物,难于被光降解,并且也不易被生物降解,故造成高环的 PAHs 在沉积物表层的积累。

(2) 悬浮颗粒相中 PAHs 的分布

PAHs 在水中溶解度很低,易于吸附在悬浮物中,悬浮颗粒组成复杂,是水体中最活跃的因素,既可以对水体中的有机污染物进行吸附,并最终沉降到水底沉积物中。同时,沉积物的再悬浮作用形成的悬浮颗粒物,能促进沉积物中的污染物向水相的释放。因此,悬浮物在 PAHs 在不同介质传输中起着重要作用。

京杭大运河徐州段各取样点水体颗粒物中 PAHs 的含量和组成列于表 3-5 与图 3-4,颗粒相中 PAHs 从低环的萘到高环的苯并(ghi)芘均有检出,颗粒物中 PAHs 的浓度为 35 286~42 882 ng/g,平均值为 39 088 ng/g,比沉积物中的(平均值为 9 302 ng/g)要高。与沉积物中 PAHs 的组成大致相同,2～3 环和 4 环的 PAHs 也是颗粒物中的重要组分,分别占颗粒相中 PAHs 含量的 42.60％和 32.90％,5 环和 6 环的 PAHs 约占颗粒相 PAHs 含量 24.49％。5～6 环的 PAHs 在颗粒相的含量较高,这是因为 5～6 环的 PAHs 极度憎水,易在颗粒物上沉积。

(3) 孔隙水中 PAHs 的分布

京杭大运河徐州段各取样点孔隙水中 PAHs 的含量和组成列于表 3-5 与图 3-4,孔隙水中 PAHs 从低环的萘到高环的苯并(ghi)芘均有检出,孔隙水中 PAHs 的浓度为 46 880～

表 3-5　沉积物（ng/g）、悬浮物（ng/g）和孔隙水（ng/L）中 PAHs 含量

化合物	解台闸(28#)			蔺家坝船闸(31#)			八一桥(32#)			马坡渡口(34#)			四段渡口(36#)			平均值		
	沉积物	悬浮物	孔隙水	沉积物	悬浮物	孔隙水	沉积物	悬浮物	孔隙水	沉积物	悬浮物	孔隙水	沉积物	悬浮物	孔隙水	沉积物	悬浮物	孔隙水
Nap	574	803	870	310	742	583	436	803	716	457	775	682	508	837	726	457	792	715
Acy	218	642	971	226	927	1 538	258	1 027	1 138	198	985	1 034	168	940	979	214	904	1 132
Ace	1 235	3 489	3 146	1 387	3 490	3 472	1 256	3 429	2 059	nd	1 802	1 948	714	2 792	2 317	1 148	3 000	2 588
Flu	427	4 716	40 159	351	3 573	36 758	212	3 292	26 498	298	3 346	13 296	337	3 401	21 429	325	3 666	27 628
Phe	1 679	3 985	19 745	1 819	4 145	20 167	925	2 732	13 169	1 749	4 804	10 937	1 386	3 843	18 462	1 512	3 902	16 496
Ant	1 439	4 648	16 485	1 327	4 685	11 483	899	3 957	7 466	1 474	4 649	8 426	948	4 010	6 859	1 217	4 390	10 144
Fla	745	3 385	4 173	779	2 983	3 716	666	3 288	4 019	542	2 597	3 026	647	2 725	2 837	676	2 996	3 554
Pyr	722	2 792	1 585	744	2 816	1 810	564	2 402	1 428	386	1 794	817	463	2 158	1 267	576	2 392	1 381
BaA	899	4 024	5 737	859	3 998	4 380	922	4 089	4 326	396	2 643	1 869	499	3 543	3 743	715	3 659	3 743
Chr	776	3 715	2 079	774	3 955	2 465	779	3 935	2 475	503	3 774	1 637	582	3 731	1 494	683	3 822	2 030
BbF	581	2 836	1 476	649	3 149	1 736	479	2 637	1 625	305	2 470	794	322	2 588	875	467	2 736	1 301
BkF	650	2 984	1 859	542	2 975	1 573	621	2 863	1 701	422	2 689	1 285	407	2 682	964	529	2 839	1 476
BaP	175	548	468	175	628	508	126	715	171	105	882	233	105	987	227	137	752	321
DahA	424	2 747	1 504	326	2 128	1 539	319	2 086	1 048	200	1 475	673	337	1 987	1 211	321	2 084	1 195
BghiP	504	1 377	1 847	623	1 409	1 958	625	1 313	937	541	502	136	487	485	35	556	1 017	983
IPY	nd	193	185	nd	165	173	nd	153	163	nd	98	88	nd	78	69	nd	137	136
总量	11 047	42 882	102 290	10 891	41 766	93 858	9 085	38 719	68 937	7 575	35 286	46 880	7 909	36 786	62 152	9 302	39 088	74 823

注：nd 表示未检出。

102 290 ng/L,平均值为 74 823 ng/L,远高于水体中 PAHs 的浓度。与水体、沉积物和悬浮颗粒物中 PAHs 的组成大致相同,2～3 环和 4 环的 PAHs 是孔隙水中 PAHs 的重要组分,但其含量有较大的变化,2～3 环的 PAHs 占孔隙水中 PAHs 含量的 78.45%,要远高于其他介质中的比例,而 5～6 环的 PAHs 约占孔隙水 PAHs 含量 7.23%,要远远低于其他介质中的含量。李军等的研究结果显示:萘、苊、二氢苊的交换通量方向是由湖水挥发进入大气,其他主要化合物都是从大气进入水体[14]。2～3 环的 PAHs 有较好的挥发性,在夏季的高温条件下,水体中低环的 PAHs 的大量挥发造成河水中 2～3 环 PAHs 的比例低于其他介质;而因为沉积物的吸附作用,使得孔隙水中 5～6 环 PAHs 的比例低于其他介质。

从 PAHs 的组成来看,孔隙水中 2～3 环的 PAHs 含量约占总含量的 78.45%,远高于水体溶解相 PAHs 的 56.06%(丰水期)、54.24%(枯水期)和颗粒相中 PAHs 的 42.60%;而孔隙水中 5～6 环的 PAHs 含量约占总含量的 7.23%,远低于水体溶解相 PAHs 的 17.18%(丰水期)、16.44%(枯水期)和颗粒相中 PAHs 的 32.90%。

2～3 环的 PAHs 水溶性较好,在水中可以迅速地从一个介质迁移到另一种介质,沉积物中 2～3 环的 PAHs 进入孔隙水,通过上覆水进而挥发到空气中,表现为河水中 2～3 环的 PAHs 所占的比例远低于孔隙水;而 5～6 环的 PAHs 极度憎水,多积累在沉积物中,进入河水的 5～6 环的 PAHs 也会吸附在水体的悬浮颗粒物,因而使得颗粒物中 5～6 环 PAHs 的含量比例高于河水。

从 PAHs 的含量来看,孔隙水中 PAHs 的平均含量为 74 823 ng/L,远高于河水中 PAHs 的平均含量,是河水中 PAHs 的平均含量的 6.67 倍(平均值为 11 205 ng/L,丰水期)和 8.45 倍(平均值为 8 854 ng/L,枯水期);水体悬浮颗粒物中 PAHs 的平均含量为 39 088 ng/g,是沉积物中 PAHs 的平均含量的 4.41 倍(平均值为 8 856 ng/g)。

孔隙水与水体悬浮颗粒物作为水体环境中 PAHs 的重要中介和载体,在水环境 PAHs 的分布和迁移过程中发挥重要的作用。通过大气或沉积物的释放而进入水体中的部分低、中、高环的 PAHs 被悬浮颗粒物吸附,部分低环的 PAHs 则是通过水—气界面挥发到空气中,其余部分将存在于河水中。

二、主航道表层沉积物中 PCBs 的分布特征

在水体中由于 PCBs 的疏水性,使得水相中 PCBs 的含量甚微,较高的辛醇—水分配系数,使得水体中的沉积物成为了 PCBs 的集中吸附处。因此要探讨京杭大运河苏北段中 PCBs 的分布情况,就必须首先研究沉积物中 PCBs 的赋存情况,并据此进行源解析和生态风险的评价。

(一)表层沉积物中 PCBs 的空间分布特征

将从京杭大运河苏北段主航道采集到的表层沉积物样品按 2.3 节所述方法预处理、净化之后,用 2.4 所述分析方法测试其中的 12 种 PCBs 同系物含量,所得结果列于表 3-6 中,各组分分布图见图 3-5。

京杭大运河苏北段主航道的 37 个监测点中除了邵伯、黑鱼旺污水处理厂(未采集到沉积物样本)外,均检测出 PCBs,总检出率为 94.6%。12 种 PCBs 同系物的总含量介于 nd～26.819 ng/g dw 之间,平均值为 9.316 ng/g dw。PCBs 含量最高的两个监测点均为靠近徐州市主城区的洞山西和解台闸两个监测点,而含量最低的监测点为淮安—宿迁段的高渡渡口。

表 3-6　京杭大运河苏北段表层沉积物中 PCBs 的含量

单位：ng/g

河段	监测点编号	PCB77	PCB81	PCB105	PCB114	PCB118	PCB123	PCB126	PCB156	PCB157	PCB167	PCB169	PCB189	∑PCBs
扬州段	1	nd	nd	nd	nd	nd	nd	nd	nd	nd	nd	nd	nd	nd
	2	nd	nd	4.487	nd	nd	nd	nd	nd	1.249	3.812	2.523	nd	7.584
	3	1.433	nd	2.876	0.849	nd	nd	nd	nd	nd	nd	nd	nd	5.920
	4	1.956	nd	3.481	0.143	1.357	nd	nd	nd	nd	1.051	1.117	0.237	8.086
	5	5.233	0.199	nd	4.972	nd	nd	nd	nd	nd	nd	2.437	nd	12.85
	6	2.014	nd	0.456	nd	nd	nd	nd	nd	nd	nd	2.463	nd	9.449
	7	2.009	nd	1.776	nd	nd	nd	0.163	nd	0.227	nd	1.884	0.329	4.512
	8	1.791	2.239	nd	nd	2.915	nd	nd	nd	nd	nd	2.481	0.205	9.277
	9	2.137	nd	0.557	nd	nd	nd	nd	nd	nd	nd	nd	nd	4.823
	10	nd	3.131	nd	3.314	1.88	0.589	nd	nd	nd	0.238	nd	0.544	9.664
淮安—宿迁段	11	1.312	0.884	0.478	0.127	nd	nd	0.222	0.923	nd	1.641	0.707	nd	5.698
	12	nd	2.323	1.215	0.902	0.751	nd	nd	nd	nd	nd	nd	nd	5.161
	13	1.491	nd	1.239	0.979	0.904	1.579	nd	nd	nd	nd	1.159	0.273	7.600
	14	2.107	1.005	0.833	nd	3.201	nd	nd	nd	0.549	nd	1.232	nd	6.132
	15	nd	2.164	nd	nd	1.007	nd	nd	nd	nd	nd	0.603	0.430	7.231
	16	0.994	0.271	nd	0.809	0.916	1.252	0.996	0.119	0.716	nd	nd	nd	6.164
	17	0.855	1.01	nd	0.703	0.688	0.351	nd	nd	0.483	nd	nd	0.436	4.754
	18	2.1	1.061	nd	nd	nd	nd	nd	nd	1.237	0.996	1.257	nd	7.339
	19	nd	2.006	nd	nd	nd	nd	nd	nd	nd	nd	0.873	nd	2.879
	20	0.956	1.547	0.864	nd	nd	nd	nd	nd	0.779	nd	nd	nd	4.146

续表 3-6

河段	监测点编号	PCB77	PCB81	PCB105	PCB114	PCB118	PCB123	PCB126	PCB156	PCB157	PCB167	PCB169	PCB189	ΣPCBs
淮安—宿迁段	21	2.984	2.665	0.985	0.773	2.747	1.509	0.842	0.713	1.523	0.482	1.027	nd	16.250
	22	—	—	—	—	—	—	—	—	—	—	—	—	—
	23	2.041	1.003	0.997	1.114	0.902	nd	nd	0.553	1.008	nd	0.709	nd	8.327
	24	1.607	1.089	nd	0.854	0.662	nd	nd	nd	1.267	nd	nd	nd	5.479
	25	2.003	1.285	1.265	0.337	nd	nd	nd	nd	0.942	nd	nd	nd	5.832
	26	1.286	1.067	nd	1.223	nd	nd	nd	nd	1.547	nd	0.706	nd	5.829
徐州段	27	1.691	0.304	2.316	0.309	3.107	0.456	nd	0.873	1.597	nd	nd	nd	10.653
	28	1.504	0.638	7.076	0.673	12.13	0.657	0.231	0.953	0.335	0.291	0.169	0.077	24.734
	29	3.562	1.884	5.801	1.003	6.419	0.806	1.006	0.705	0.781	0.563	0.117	nd	22.647
	30	4.126	6.089	7.257	2.006	1.859	1.349		1.001	1.706	0.895	0.427	0.104	26.819
	31	1.341	1.164	4.943	0.444	7.852	0.467	0.105	0.608	0.229	0.293	0.088	0.061	17.595
	32	1.053	1.536	2.007	nd	2.843	nd	0.931	0.771	0.619	0.447	nd	nd	10.207
	33	1.229	0.997	2.532	0.505	2.533	0.551	nd	0.898	0.765	nd	nd	nd	10.010
	34	1.256	0.509	3.228	nd	5.886	nd	nd	0.507	0.622	0.717	nd	nd	12.725
	35	0.771	nd	2.845	0.327	5.332	0.336	nd	0.486	0.613	0.512	0.309	nd	11.531
	36	0.462	0.892	1.117	nd	1.273	nd	nd	0.339	0.248	nd	nd	nd	4.331
	37	0.589	nd	0.946	nd	1.238	nd	nd	nd	nd	0.606	0.452	nd	3.831
合计		53.893	38.962	61.577	22.366	68.402	9.902	4.496	9.449	19.042	12.544	22.74	2.696	326.069

注：nd 为未检出；—为无样本。

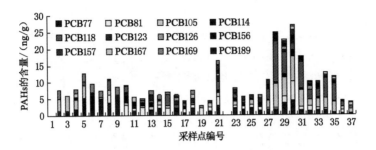

图 3-5　京杭大运河苏北段表层沉积物中 PCBs 含量分布图

1. 扬 州 段

从实验数据来看,扬州段表层沉积物中 PCBs 的含量介于 nd~12.850 ng/g 之间,平均含量为 8.018 ng/g。PCBs 浓度最高的是监测点 5 的二里铺渡口,该监测点位于扬州界首镇,并且靠近高邮湖的出湖口,在监测点 100 m 范围内有一水上加油站,水面有肉眼可见的浮油。

为了更直观清晰地反映京杭大运河苏北段表层沉积物中的 PCBs 的空间污染特征,本研究应用软件 SigmaPlot12.0① 绘制出运河不同河段的三维空间分布图来进一步说明其空间分布特征。

图中坐标轴 X 为监测点编号,坐标轴 Y 为 $PCBs$ 的 12 种同系物,坐标轴 Z 为沉积物中的 PCBs 浓度。

从三维网格和瀑布图(图 3-6)上可以明显看出,扬州段表层沉积物中的 PCBs 主要以低氯代联苯即四氯联苯和五氯联苯为主。并且低氯代联苯的空间分布呈现了马鞍形的分布特征,即在扬州段的中游均出现了各自的峰值,而在上下游的浓度则呈递减趋势。而六氯和七氯联苯则主要分布在扬州段的上游和下游,中游浓度较低。

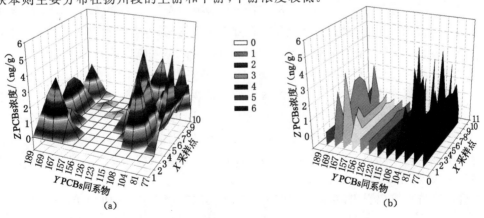

图 3-6　京杭大运河(扬州段)表层沉积物中 PCBs 空间分布图

(a) 三维网格图;(b) 三维瀑布图

---

① SigmaPlot12.0 是一款 LEADTOOLS,DUNDASSOFTWARE 公司、wpcubed GmbH(德国)、TE Sub System 和 Sax Software 等公司拥有版权的一款具有高级分析和绘图功能的软件,不仅可以进行基本的统计,还可以进行高级的数学计算分析,并且在数据的计算和动态连接的基础上可以进行精密的图型绘制,建立任何所需的图型,是一款最佳的科学绘图与资料处理的软件。

2. 淮安—宿迁段

淮安—宿迁段的 PCBs 的含量介于 2.879～16.250 ng/g,平均含量为 6.588 ng/g;PCBs 浓度最高的监测点为中石化码头 3 号桥,该监测点位于宿迁市境内,靠近中石化油库,并且往来运输船只较多,航运繁忙,水面肉眼可见浮油。

淮安—宿迁段沉积物中的 PCBs 同扬州段的情况类似,也是以低氯代的四氯联苯和五氯联苯为主,而六氯联苯和七氯联苯含量相对较低。结合网格图和瀑布图(图 3-7)分析发现,六氯联苯和七氯联苯在宿迁段有所增多,而在淮安段则含量非常低。在空间分布上,宿迁段的 PCBs 浓度明显高于淮安段的 PCBs 浓度。

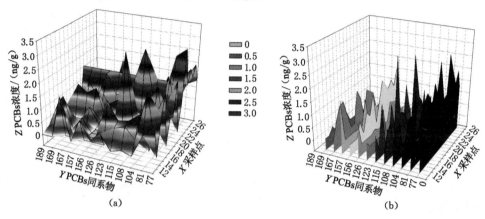

图 3-7　京杭大运河(淮安—宿迁段)表层沉积物中 PCBs 空间分布图
(a) 三维网格图;(b) 三维瀑布图

3. 徐州段

徐州段 PCBs 的含量介于 3.831～26.819 ng/g,平均含量为 14.098 ng/g;PCBs 浓度最高的监测点为洞山西,该监测点靠近徐州市北郊老工业区,且在此监测点运河自北向南流向转至自西向东流,有利于水体中的悬浮颗粒不断沉积在凸岸一侧。

徐州段沉积物中的 PCBs 的组分组成通过三维网格图和瀑布图(图 3-8)的对比,更明显地显示出是以低氯代的 PCBs 为主,六氯联苯和七氯联苯的含量远远低于四氯联苯和五氯联苯的含量。在空间分布上,呈现出了徐州段下游 PCBs 浓度的绝对优势,上游沉积物中的 PCBs 浓度则逐渐降低,这样的空间分布特征与徐州市的工业布局密切相关,京杭大运河(徐州段)下游流经徐州市的北区老工业区,曾经接纳了大量城市工业废水和生活污水,而上游则靠近微山湖,沿岸以农业为主,工业分布较少。

综合以上分析可以看出,京杭大运河苏北段表层沉积物中的 12 种 PCBs 的浓度在空间分布上呈现出了明显的由南至北,由下游至上游浓度逐渐升高的趋势,并且徐州段的平均含量高于扬州段和淮安—宿迁段的含量,且以低氯代 PCBs 的污染为主。

(二)表层沉积物中 PCBs 的组分特征

我国自行生产及进口的 PCBs 商业产品中的 PCBs 主要是以低氯代联苯为主,高氯代联苯含量较少,而来自冶炼、燃煤、市政垃圾焚烧等高温过程中的 PCBs 重高履带联苯占有一定的比例,因此对京杭大运河苏北段表层沉积物中的 PCBs 的组分进行分析,可以作为源解析探讨 PCBs 来源的参考依据。

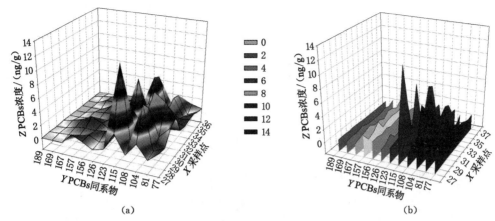

图 3-8　京杭大运河(徐州段)表层沉积物中 PCBs 空间分布图

(a) 三维网格图；(b) 三维瀑布图

1. 扬 州 段

表 3-7 列出了京杭大运河(扬州段)表层沉积物中 PCBs 各同系物的相对百分含量。从表 3-7 和图 3-9 可以看出,扬州段的 PCBs 中以同系物 PCB77、PCB105、PCB169 为主,这三种同系物的检出率分别为 70%、60% 和 60%。

以氯取代数计,从图 3-9 中可以看出京杭大运河(扬州段)表层沉积物中 PCBs 以五氯 PCBs 污染为主,平均贡献率为 37.45%,其次是四氯 PCBs,其贡献率为 30.74%,二者贡献率合计为 68.19%。

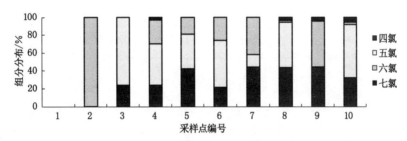

图 3-9　京杭大运河(扬州段)表层沉积物中 PCBs 的组成特征图

2. 淮安—宿迁段

表 3-8 是京杭大运河(淮安—宿迁段)表层沉积物中 PCBs 各同系物的相对百分含量。从表 3-8 和图 3-10 可以明显地看出,淮安—宿迁段的 PCBs 中是以同系物 PCB77、PCB81 和 PCB118 为主,这三种同系物的检出率分别为 75%、87.5% 和 56.3%。

以氯取代数计,从图 3-10 中可以看出京杭大运河(淮安—宿迁段)表层沉积物中 PCBs 是以四氯联苯的污染为主,平均贡献率为 42.27%,其次是五氯联苯,其贡献率为 32.49%,二者贡献率合计为 74.76%。

3. 徐 州 段

表 3-9 是京杭大运河(徐州段)表层沉积物中 PCBs 各同系物的相对百分含量。从表3-9 和图 3-11 可以明显看出,徐州段的 PCBs 中以同系物 PCB105 和 PCB118 为主,这两种同系物的检出率均为 100%。

表3-7　京杭大运河(扬州段)表层沉积物中 PCBs 同系物的百分含量　　　　%

编号		四氯联苯		五氯联苯					六氯联苯			七氯联苯	
		PCB77	PCB81	PCB105	PCB114	PCB118	PCB123	PCB126	PCB156	PCB157	PCB167	PCB169	PCB189
扬州段	1												
	2	24.21								16.47	50.26	33.27	
	3			75.79									
	4	24.19		35.57	10.5					13.00	13.81		
	5	40.72	1.55	27.09	1.11	10.56						18.96	2.93
	6	21.31			52.62							26.07	
	7	44.53		10.11				3.61				41.76	
	8	19.31	24.13	19.14		31.42				2.45			3.55
	9	44.31										51.44	4.25
	10		32.4	5.76	34.29	19.45					2.46		5.63
检出率/%		70	30	60	40	30		10		20	30	60	40
平均值		31.23	19.36	28.91	24.63	20.48		3.61		9.46	21.91	30.89	4.09
标准偏差		11.38	15.97	25.42	23.31	10.47		0		9.91	25.11	14.17	1.16

表 3-8　京杭大运河(淮安—宿迁段)表层沉积物中 PCBs 同系物的百分含量　　　　%

监测点编号	四氯联苯		五氯联苯					六氯联苯				七氯联苯
	PCB77	PCB81	PCB105	PCB114	PCB118	PCB123	PCB126	PCB156	PCB157	PCB167	PCB169	PCB189
11	23.03	15.51		2.23		10.34	3.9	16.2		28.8		
12	19.62	45.01	9.26	17.48	14.55						13.7	3.59
13		16.39	15.99	12.88	11.89	20.78					15.25	
14	34.36	29.93	20.21						8.95		20.09	5.95
15		4.40	11.52		44.27						8.34	
16	16.13	21.25		13.12	16.34	20.31	16.16	1.93	11.62			
17	17.98	14.46		14.79	19.27	7.38			10.16			9.17
18	28.61				9.37				16.86	13.57	17.13	
19		69.68									30.32	
20	23.06	37.31	20.84						18.79			
21	18.36	16.40	6.06	4.76	16.90	9.29	5.18	4.39	9.37	2.97	6.32	
22												
23	24.51	12.05	11.97	13.38	10.83			6.64	12.11		8.51	
24	29.33	19.88		15.59	12.08				23.12			
25	34.34	22.03	21.69	5.78					16.15			
26	22.06	18.31		20.98					26.53		12.11	
检出率/%	75.0	87.5	50.0	62.5	56.3	31.3	12.5	25.0	62.5	18.8	56.3	18.8
平均值	24.28	24.47	14.69	12.10	17.28	13.62	8.41	7.29	15.37	15.11	14.64	6.24
标准偏差	6.16	16.65	5.86	5.98	10.61	6.41	6.74	6.24	6.04	12.98	7.38	2.80

注：淮安—宿迁段

表 3-9　京杭大运河（徐州段）表层沉积物中 PCBs 同系物的百分含量　　　%

编号	PCB77	PCB81	PCB105	PCB114	PCB118	PCB123	PCB126	PCB156	PCB157	PCB167	PCB169	PCB189
	四氯联苯		五氯联苯					六氯联苯				七氯联苯
27	15.87	2.85	21.74	2.90	29.17	4.28		8.19	14.99			
28	6.08	2.58	28.61	2.72	49.04	2.66	0.93	3.85	1.35	1.18	0.68	0.31
29	15.73	8.32	25.61	4.43	28.34	3.56	4.44	3.11	3.45	2.49	0.52	
30	15.38	22.70	27.06	7.48	6.93	5.03		3.73	6.36	3.34	1.59	0.39
31	7.62	6.62	28.09	2.52	44.63	2.65	0.60	3.46	1.30	1.67	0.50	0.34
32	10.32	15.05	19.66		27.85		9.12	7.55	6.06	4.38		
33	12.28	9.96	25.29	5.04	25.30	5.50		8.97	7.64			
34	9.87	4.00	25.37		46.26			3.98	4.89	5.63		
35	6.69		24.67	2.84	46.24	2.91		4.21	5.32	4.44	2.68	
36	10.67	20.60	25.79		29.39			7.83	5.73			
37	15.37		24.69		32.32					15.82	11.8	
检出率/%	100.0	81.8	100.0	63.6	100.0	63.6	36.4	90.9	90.9	72.7	54.5	27.3
平均值	11.44	10.30	25.14	3.99	33.22	3.80	3.77	5.49	5.71	4.87	2.96	0.35
标准偏差	3.74	7.54	2.594	1.814	12.484	1.164	3.97	2.32	3.87	4.67	4.41	0.04

（注：编号 27～37 为徐州段）

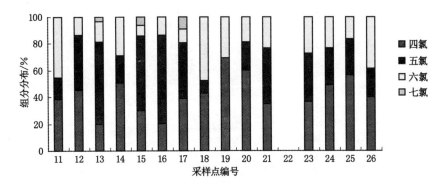

图 3-10　京杭大运河(淮安—宿迁段)表层沉积物中 PCBs 的组成特征图

以氯取代数计,从图 3-11 中可以看出京杭大运河(徐州段)表层沉积物中是以五氯联苯占绝对优势,平均贡献率为 64.70%。

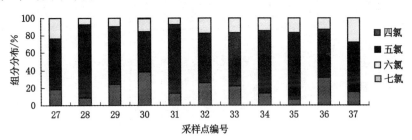

图 3-11　京杭大运河(徐州段)表层沉积物中 PCBs 的组成特征图

第二节　京杭大运河苏北段主航道表层沉积物中 PAHs 与 PCBs 的源解析

一、主航道表层沉积物中 PAHs 的源解析

(一)比值法

通常用菲/蒽(Phen/Ant)和荧蒽/芘(Fla/Pyr)来判断多环芳烃的来源[15,16]。当荧蒽/芘比值大于 1 或菲/蒽比值小于 10 时,认为 PAHs 主要来自化石燃料的不完全燃烧;荧蒽/芘比值小于 1 或菲/蒽比值大于 10,则来源自石油源。京杭大运河(苏北段)不同采样点位表层沉积物中的菲/蒽和荧蒽/芘的比值见表 3-10。

由表 3-10 可见,本次丰水期监测的 36 个京杭大运河(苏北段)表层沉积物样品中,监测点位的菲/蒽比值均小于 10、荧蒽/芘比值均大于 1,提示监测点位的 PAHs 来源于煤炭、石油等化石燃料的不完全燃烧。

京杭大运河(苏北段)水体中的多环芳烃主要来源于煤炭、木材及石油的不完全燃烧,机动船的燃油排放以及周边农田作物焚烧、生活燃柴、煤炭等人类活动的影响是京杭大运河(苏北段)多环芳烃的主要来源。

表3-10　京杭大运河(苏北段)表层沉积物中菲/蒽和荧蒽/芘的比值

化合物	采样点编号																	
	1#	2#	3#	4#	5#	6#	7#	8#	9#	10#	11#	12#	13#	14#	15#	16#	17#	18#
菲/蒽	1.86	2.64	3.51	1.61	1.50	1.92	2.30	1.89	2.33	2.13	1.17	1.36	1.02	1.01	1.36	1.30	1.08	1.01
荧蒽/芘	3.59	2.06	3.47	4.27	4.96	3.84	2.74	3.10	3.36	3.96	3.47	3.57	3.64	5.77	3.59	3.47	3.62	3.11

化合物	采样点编号																	
	19#	20#	21#	23#	24#	25#	26#	27#	28#	29#	30#	31#	32#	33#	34#	35#	36#	37#
菲/蒽	1.17	1.22	0.83	0.67	1.68	1.38	2.43	1.44	1.17	1.18	1.27	1.37	1.03	1.78	1.19	1.78	1.46	1.17
荧蒽/芘	4.27	1.97	4.01	1.54	4.14	2.15	4.31	1.14	1.03	1.05	1.08	1.05	1.18	1.29	1.41	1.13	1.39	1.02

（二）主因子分析/多元回归法

比值法可以定性地解释 PAHs 的污染源特点，但不能进行定量描述。通过对 PAHs 数据的因子分析和多元回归分析，可以半定量了解各种燃烧源 PAHs 对 PAHs 总量的贡献率。

用 SPSS11.5 软件对京杭大运河（苏北段）表层沉积物中的 PAHs 的数据进行主因子分析，所得结果如表 3-11 和表 3-12 所示。

表 3-11　　　　　　　　京杭大运河（苏北段）主因子特征根和方差贡献率

主因子	特征根	方差贡献/%	累计方差贡献/%
F_1	9.612	60.074	60.074
F_2	2.544	15.898	75.972
F_3	1.229	7.683	83.655

表 3-12　　　　　　　　　　京杭大运河（苏北段）主因子载荷

化合物	主　成　分		
	1	2	3
Nap	0.692	−0.223	0.394
Acy	−0.173	−0.163	0.885*
Ace	0.899*	−9.655E−02	−6.803E−02
Flu	0.755	6.797E−02	−7.109E−02
Phe	0.908*	−0.303	−2.465E−02
Ant	0.929*	−0.278	−6.765E−02
Fla	0.960*	−0.186	−1.433E−02
Pyr	0.946*	−0.235	−1.656E−02
BaA	0.754	0.438	−6.760E−03
Chr	0.900*	0.263	0.117
BbF	0.956*	3.970E−02	1.370E−02
BkF	0.961*	−0.124	1.633E−02
BaP	0.436	0.762	7.829E−02
DahA	0.725	0.403	0.252
BghiP	0.409	0.686	−0.333
IPY	−0.352	0.839*	0.285

注：* 表示单一 PAHs 在此主成分上有较大的载荷（>0.80）。

由于不同燃烧源产生不同的特征化合物，因此可以根据 16 种组分的因子载荷结果来判断 PAHs 的来源（详见第 1 章第 2 节）。

由表 3-12 可见，沉积物中主因子 1（F_1）主要由中、高环 PAHs 构成，按得分的高低分别为：BkF、Fla、BbF、Pyr、Ant、Phe、Chr 和 Ace，可以认为 F_1 主要代表燃煤与炼焦生产排放；主因子 2 主要由高环的 IPY 构成，可以认为 F_2 主要代表交通柴油的燃烧排放；主因子 3 主要由低环的 Acy 构成,可以认为 F3 主要代表木材的燃烧。据此,可以推断煤炭燃烧、生活燃柴、机动船的燃油排放以及周边城市的炼焦等工业活动影响是京杭大运河(苏北段)沉积物中多环芳烃的主要来源。

运用 SPSS11.5 软件对京杭大运河(苏北段)底泥中 PAHs 主因子分析所得结果进行多元回归统计,以 PAHs 总和的标准化分数为因变量,以各因子得分为自变量。采用多元回归的方法进行多元线性回归得:

$$\sum \text{PAHs} = 0.997F_1 - 0.036F_2 + 0.036F_3 (R = 0.998)$$

各因子的贡献率由以下公式计算:

$$因子贡献率 i = A_i / \sum A_i \times 100\%$$

由此可得京杭大运河(苏北段)沉积物 PAHs 中 3 个主因子的贡献率分别为 F_1(煤炭/炼焦):93.26%,F_2(交通柴油):3.37%,F_3(木材燃烧):3.37%。

结果表明,京杭大运河(苏北段)PAHs 主要来源有煤炭燃烧、生活燃柴、机动船的燃油排放以及周边城市的炼焦等工业活动,煤炭燃烧与炼焦生产的贡献率最大,达到 93%。

二、主航道表层沉积物中 PCBs 的源解析

沉积物是水体中 PCBs 的汇,同时也是其他多种污染物的汇,且 PCBs 的来源复杂,如大气和地表径流等,受到多种环境因素的影响,进行沉积物中 PCBs 的源解析是研究沉积物中 PCBs 污染特征的重要组成部分,也是进行污染防治的基础工作。

(一)特征化合物比值法

在 Aroclor 系列商业产品中,通常同系物 PCB118 和 PCB105 的含量普遍较高,而 PCB126 和 PCB169 的含量较少。但 PCB126 和 PCB169 在燃煤、有色金属冶炼及再生、工业与市政废弃物焚烧等高温过程[17]的副产物中相对含量较高。相关研究也表明[18],非邻位的 PCBs(PCB77、81、126、169)是燃煤、工业及市政废弃物燃烧的特征产物。

因此,对于京杭大运河苏北段表层沉积物中的 PCBs 来源首先可以使用 w(PCB126+PCB169)/w(PCB77+PCB126+PCB169)($A\%$)值来进行初步判断。在 PCBs 的商业产品中,A 值近似于 1%,而高温过程产生的 PCBs 副产物中 A 值约为 50%[19]。各监测点的 A 值列于表 3-13。

京杭大运河苏北段表层沉积物中的 A 值在不同河段呈现出了不同的特征,扬州段的 A 值更接近 50%,即沉积物中的 PCBs 主要是来自于高温过程,即燃煤、工业及市政废弃物等的燃烧;淮安—宿迁段的淮安境内河段 A 值较接近 50%,而宿迁段则 A 值逐渐降低,在一定程度上说明来自于商业产品中的 PCBs 开始逐渐增多;徐州段的 PCBs 主要来自于商业产品,其次是高温副产物。

综合分析认为,京杭大运河苏北段表层沉积物中的 PCBs 在上游河段(即徐州段)主要来源于 PCBs 的商业产品,而在下游河段高温过程产生的 PCBs 副产物逐渐占主导,成为主要污染源。并且,PCBs 高温次生来源对于位于城区河段中表层沉积物中的 PCBs 污染的贡献作用要明显高于乡村河段。

单纯一种分析方法尚不能对京杭大运河苏北段表层沉积物中的 PCBs 的来源作出清晰明确的判断,还需要辅助其他的源解析方法对其来源进行进一步的判断。

表 3-13　　大运河表层沉积物中 $w(PCB\ 126+PCB\ 169)/w(PCB\ 77+PCB\ 126+PCB\ 169)$ 的值

河段	监测点编号	A/%	河段	监测点编号	A/%
扬州段	1	—	淮安—宿迁段	20	0
	2	100		21	38.51
	3	0		22	—
	4	36.35		23	25.78
	5	31.77		24	0
	6	55.01		25	0
	7	50.47		26	35.44
	8	0		27	0
	9	53.72		28	21.01
	10	—		29	23.97
淮安—宿迁段	11	14.47	徐州段	30	9.38
	12	100		31	12.58
	13	43.74		32	46.93
	14	36.90		33	0
	15	100		34	0
	16	50.05		35	28.61
	17	0		36	0
	18	37.44		37	43.42
	19	100			

（二）主成分分析法

主成分分析（Principal Components Analysis，PCA）是一种在解析有机污染物来源时常用的受体模型，是可以将大量的变量经过线性变换之后筛选出较少个数的重要变量的一种多元统计分析方法[20-25]。

在处理实验数据时，过多的变量会使分析和解释问题更加困难。而且，每个变量所体现的权重并不完全相同，加之若干变量间还会存在一定的相关性，从而使得这些具有相关性的变量在反映问题上出现一定程度的重叠。主成分分析法就是通过降维的方式用尽可能少的新变量来反映原有众多变量所提供的绝大部分信息，并通过分析新变量实现解决问题的目的。

本研究利用 SPSS19.0① 分析大运河 37 个监测点的表层沉积物中 PCBs 污染的主要来源。PCBs 各同系物浓度采用主成分提取法提取因子，并配合使用最大方差法进行正交旋转，以保证各解释变量相互独立。对于未检出的同系物以 0 代替其实际浓度简化处理。

---

① SPSS 是世界上最早的统计分析软件，由美国斯坦福大学的三位研究生 Norman H. Nie、C. Hadlai（Tex）Hull 和 Dale H. Bent 于 1968 年研发成功，同时成立了 SPSS 公司。应用于自然科学、技术科学、社会科学的各个领域，可以进行自动统计绘图、数据的深入分析，具有使用方便和功能齐全等优势。

经主成分分析降维得到 5 个主成分,表明京杭大运河苏北段主航道表层沉积物中 PCBs 污染原因可以由 5 种化学途径来解释说明,主成分的变异数和碎石图分别如表 3-14 和图 3-12所示。5 个主成分的变异程度贡献率分别为 20.003%、17.2767%、12.886%、12.240%和11.011%,累计可以解释73.416%的总变异程度,即所得的 5 个主成分能够反映 12 个原始变量包含信息的73.416%。

表 3-14 主成分变异数分析表

成分	旋转平方和载入		
	合计	贡献率/%	累积贡献率/%
1	2.400	20.003	20.003
2	2.073	17.276	37.279
3	1.546	12.886	50.165
4	1.469	12.240	62.405
5	1.321	11.011	73.416

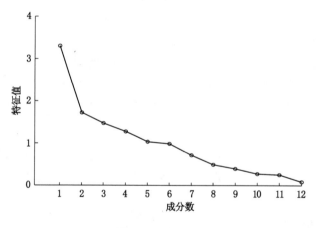

图 3-12 碎石图

提取方法:主成分;

旋转法:具有 Kaiser 标准化的正交旋转法。

a. 旋转在 6 次迭代后收敛。

表 3-15 为主成分因子载荷矩阵,图 3-13 为主成分因子在旋转空间中的成分图。对于主成分 1 的 PCB105、118 和 156,这 3 种同系物在 PCBs 的商业产品 Aroclor1254 和 Aroclor1260 中含量较高(图 3-14)。而在 20 世纪 70 年代生产的 PCBs 产品中 90%以上为 Aroclor1242、Aroclor1248、Aroclor1254 和 Aroclor1260。因此推断,京杭大运河苏北段表层沉积物中 PCBs 第一主成分的主要来源应该主要是以 Aroclor1254 和 Aroclor1260 为主的 PCB_5 和 PCB_6 商业产品。

表 3-15   5 个主成分旋转后的因子载荷表[a]

	成　分				
	PC1	PC2	PC3	PC4	PC5
PCB105	0.911	0.100	0.092	0.182	0.017
PCB118	0.883	0.059	−0.054	−0.155	−0.076
PCB156	0.684	0.492	0.019	−0.102	0.238
PCB126	0.126	0.741	−0.101	−0.023	−0.135
PCB123	0.292	0.630	0.308	0.101	−0.002
PCB81	0.158	0.259	0.749	−0.184	0.186
PCB114	−0.100	−0.005	0.674	0.302	−0.128
PCB189	0.005	−0.468	0.612	−0.246	−0.251
PCB169	−0.337	−0.311	−0.102	0.776	0.158
PCB77	0.265	0.348	0.093	0.773	−0.043
PCB167	0.042	−0.135	−0.097	0.071	0.865
PCB157	−0.036	0.591	0.106	−0.035	0.592

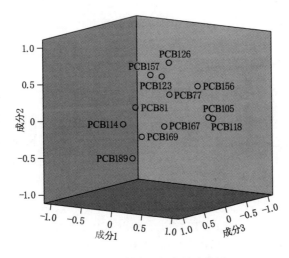

图 3-13　旋转空间中的成分图

    主成分 2 的 PCB126 和 PCB123，主成分 3 的 PCB81、PCB114 和 PCB189 以及主成分 4 的 PCB169、PCB77 在 PCBs 的商业产品中含量较低，而在燃煤、市政垃圾焚烧等高温过程排放的废气中含量相对较高，因此，京杭大运河苏北段主航道表层沉积物 PCBs 的第二、三、四主成分的来源应该是非故意排放源，即高温过程排放进入大气的工业废气中的 PCBs 通过干湿沉降最终进入至沉积物当中。

    而主成分 5 的 PCB167 和 PCB157 在 Aroclor 1254 和 Aroclor1260 中均有较高的比例，所以主成分 5 也更可能是来自于这两种商业产品的使用。

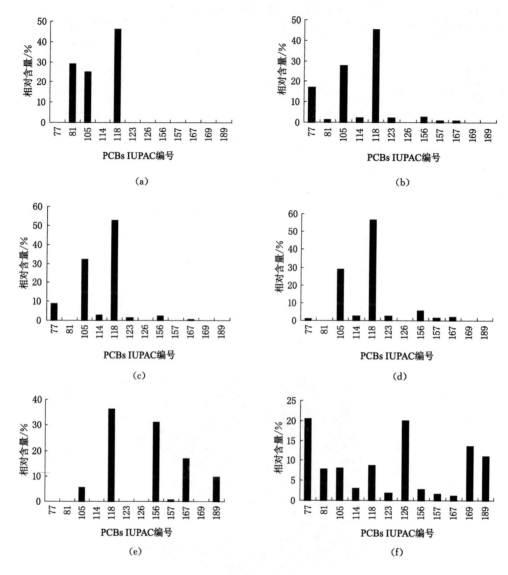

图 3-14　Aroclor 产品及焚烧废气中 PCBs 的相对百分含量

（a）Aroclor 1221 产品；（b）Aroclor 1242 产品；（c）Aroclor 1248 产品；

（d）Aroclor 1254 产品；（e）Aroclor 1260 产品；（f）市政与工业垃圾焚烧尾气

第三节　京杭大运河苏北段主航道表层沉积物中
PAHs 与 PCBs 的风险评价

一、主航道表层沉积物中 PAHs 的风险评价

用沉积物质量基准法（SQGs）评价京杭大运河（苏北段）表层沉积物中 PAHs 的生物毒性效应见表 3-16。

表 3-16　　京杭大运河(苏北段)表层沉积物中 PAHs 的质量基准评价表(干重)　　　　ng/g

PAHs	ERL	ERM	含量范围	RCF＝PAHs/ERL＞1 的点位编号
Nap	160	2100	39～710(34)	2,4,5,6,7,8,9,10,11,12,13,14,15,16,17,18,19,20,21,23,24,25,26,27,28,29,30,31,32,33,34,35,36,37
Ace	16	500	33～1963(26)	4,11,12,13,14,15,16,17,18,19,20,21,23,24,25,26,27*,28,29,30,31,32,33,34,35,36,37
Acy	44	640	107～584(34)	2,4,5,6,7,8,9,10,11,12,13,14,15,16,17,18,19,20,21,23,24,25,26
Flu	19	540	10～598(31)	4,5,6,7,8,9,10,11,13,14,15,16,17,18,19,20,21,23,24*,25,26,27,28,29*,30,31,32,33,34,35,36,37
Phe	240	1500	81～2218(28)	2,5,11,12,13,14,15,16,17,18,19,20,21,23,24,25,26,27,28,29*,30*,31*,32,33*,34*,35*,36,37
Ant	85.3	1100	23～1877(31)	2,4,5,6,10,11,12,13,14,15,16,17,18,19,20,21,23,24,25,26,27,28*,29*,30*,31*,32,33,34*,35,36,37
Fla	600	5100	25～988(6)	28,29,30,31,32,36
Pyr	665	2600	7～944(4)	28,29,30,31
BaA	261	1600	50～1058(24)	11,13,15,16,17,18,19,20,21,23,24,25,26,27,28,29,30,31,32,33,34,35,36,37
Chr	384	2800	79～879(21)	7,9,1015,20,21,23,24,25,26,27,28,29,30,31,32,33,34,35,36,37
BaP	430	1600	10～521(1)	26
DahA	63.4	260	32～624(35)	1,2,4,5,6,7,8,9,10,11,1213,14,15,16,17,18*,19,20,21*,23*,24*,25*,26*27*,28*,29*,30*,31*,32*,33,34*,35,36,37
PAHs	4022	40792	505～14403(16)	11,13,21,24,2627,28,29,30,31,32,33,34,35,36,37

注:括号内的数字代表超过 ERL 值的样点数.;带*的数字代表超过 ERM 值的样点。

　　根据风险评价标准可知,各采样点多环芳烃总量($\sum$ PAHs)均低于效应区间中值(ERM),这表明严重的多环芳烃生态风险在京杭大运河(苏北段)表层沉积物中不存在;同时表中也显示,京杭大运河(苏北段)很大一部分样点的相对污染系数结果大于 1,表明负面生物毒性效应会频繁发生,并且这些点位显示高、中、低分子量 PAHs 的负面毒性效应均较显著,各样品中 PAHs 含量超过 ERL 值的频率较高,表明沉积物中多环芳烃污染物对水生生物毒性效应较高,应查明来源,开展污染风险评估,确定整治要求并采取行动消除污染物进入途径;淮安—宿迁段 24# 样点的 Flu 及众多样点的 DahA、徐州段表层沉积物中众多样点的 Ace、Phe、Ant 和 DahA 的含量较高,均超过 ERM 值,发生生物毒性效应的概率很高,其中徐州段底泥中多种多环芳烃的量超过 ERM 值,应立即开展污染风险评估,确定整治要求并采取行动消除污染物进入途径。

二、主航道表层沉积物中 PCBs 的风险评价

　　本项目的研究对象为 12 种二噁英类 PCBs,具有类似于二噁英的生态毒性,这一点与其他的 PCBs 同系物的性质有所不同。因此该类 PCBs 在环境中对生态的影响,尤其是其所具有的潜在毒性会通过食物链进入生物体,经过生物富集和生物放大作用,最终进入人体,从而影响人类的身体健康。选择科学且便捷的生态风险评价方法对京杭大运河苏北段表层沉积物中的 PCBs 进行评价也是研究 PCBs 污染特征的一个重要组成部分。

（一）潜在生态危害指数法

对沉积物中 PCBs 的污染评价目前已有多种评价方法。其中瑞典科学家Hakanson[26-30]提出的潜在生态危害指数法是目前应用较多的一种评价方法,因为它既能反映沉积物中单一种类污染物的影响,也可反映多种污染物的综合影响,并通过定量方式对污染物的潜在生态风险程度进行描述,是一种相对简单、快捷的评价方法。本研究拟采用潜在生态危害指数法对京杭大运河苏北段表层沉积物中的 PCBs 进行初步的生态风险评估。

单一污染物的污染参数计算公式:

$$RI = T_r \times \frac{C_D^i}{C_R^i}$$

式中 C_D^i——PCBs 的实测浓度;

C_R^i——全球工业化前沉积物中 PCBs 含量,PCBs 取值为 10 ng/g;

T_r——PCBs 的毒性系数,PCBs 的毒性系数为 40。

单一污染物的潜在生态危害可划分为:$RI < 40$,轻微潜在生态危害;$40 \leqslant RI < 80$,中等潜在生态危害;$80 \leqslant RI < 160$,强潜在生态危害;$160 \leqslant RI < 320$,很强的潜在生态危害;$RI \geqslant 320$,极强的潜在生态危害。

从评价结果来看(表 3-17),扬州段除了二里铺渡口监测点呈现中等潜在生态危害之外,其余监测点均只呈现出轻微的潜在生态危害;淮安—宿迁段也同样是除了中石化码头 3 号桥监测点显示为中等潜在生态危害之外,其余监测点均只呈现轻微的潜在生态危害;而徐州段则只有位于靠近微山湖的两个监测点(四段渡口和高楼渡口)显示了轻微潜在生态危害,李楼村、蔺家坝船闸、八一桥、郑集沿湖渡口、马坡河渡渡口、五段渡口等 6 个监测点则为中等潜在生态危害,靠近徐州市区的解台闸、荆山桥、洞山西 3 个监测点呈现强潜在生态危害。

（二）毒性效应评价法

虽然潜在生态危害指数法可快捷地表征出污染物的潜在生态危害性,但是对于 PCBs 来说,在计算污染参数的模型中反映其污染的背景含量参数 C_R 和毒性系数 t^i 都是基于 209 种同系物提出的,而在本研究中只定量测试了 12 种 PCBs 同系物,因此采用以上评价方法有可能会导致低估实际的污染物的潜在生态风险。并且,环境中存在的 PCBs 通常都是以其混合物的形式存在的,而且其毒性一般是根据氯原子的取代数量和取代位置的不同而有所差异的,通常含有 1～3 个氯原子的被认为并无明显毒性。而潜在生态危害指数法应用的前提则是在认定所有目标物对生物体的毒性都一致的前提下进行的,因此该方法并不能真实的评价 PCBs 化合物,尤其是二噁英类 PCBs 对生物可能存在的真实毒性。

表 3-17　京杭大运河苏北段表层沉积物 PCBs 潜在生态危害指数评价结果表

河段	监测点编号	潜在生态危害指数	评价结论	河段	监测点编号	潜在生态危害指数	评价结论
扬州段	1	—		淮安—宿迁段	20	16.58	轻微
	2	30.34	轻微		21	65.00	中等
	3	23.68	轻微		22	—	
	4	32.34	轻微		23	33.31	轻微
	5	51.40	中等		24	21.92	轻微
	6	37.80	轻微		25	23.33	轻微
	7	18.05	轻微		26	23.32	轻微
	8	37.11	轻微	徐州段	27	42.61	中等
	9	19.29	轻微		28	98.94	强
	10	38.66	轻微		29	90.59	强
淮安—宿迁段	11	22.79	轻微		30	107.28	强
	12	20.64	轻微		31	70.38	中等
	13	30.40	轻微		32	40.83	中等
	14	24.528	轻微		33	40.040	中等
	15	28.924	轻微		34	50.900	中等
	16	24.656	轻微		35	46.124	中等
	17	19.016	轻微		36	17.324	轻微
	18	29.356	轻微		37	15.324	轻微
	19	11.516	轻微				

为了评价混合污染物的毒性,国际上通常采用毒性当量(Toxic Equivalent Quangtity, TEQ)这一概念,并通过毒性当量因子(Toxic Equivalency Factor,TEF)来定量描述[31],即将毒性最强的二噁英类化合物 2,3,7,8-TCDD 的 TEF 设为 1,将某 PCDDs 或 PCDFs 的毒性与 2,3,7,8-TCDD 的毒性相比得到的系数作为该 PCDDs 或 PCDFs 的 TEF,即将其他二噁英异构体的毒性折算成相应的相对毒性强度。那么,样品中 PCDDs 或 PCDFs 的质量浓度或质量分数与其对应的 TEF 的乘积,即为其毒性当量(TEQ)质量浓度或质量分数[32-35]。样品的毒性大小也就是样品中各化合物 TEQ 的总和。

对于具有强毒性的二噁英和二噁英类 PCBs 混合物,美国国家海洋大气管理局(NOAA)[36]制定了针对沉积物环境的毒性当量质量标准。标准中提出毒性当量的临界效应浓度值(TEL)、显著效应水平值(AET)和可能效应水平值(PEL)。该标准的临界效应浓度值为 0.85 pg/g,当沉积物样品的毒性当量低于此值时,认定为没有毒性;显著效应水平值为 3.6 pg/g,沉积物样品的毒性当量高于此值时,特定的指示性生物都会出现不良响应;可能效应水平值为 21.5 pg/g,沉积物样品的毒性当量若高于此值,暴露的生物体将受到严重威胁,会经常出现负效应结果[37]。本研究拟采用 NOAA 制定的沉积物毒性当量质量标准对京杭大运河苏北段表层沉积物中的 PCBs 作进一步的毒性效应评价。根据世界卫生组织 2005 年修订的二噁英类 PCBs 的毒性当量因子(WHO-TEF)[38]来计算京杭大运河苏北段表层沉积物中 PCBs 的毒性当量,见表 3-18 和图 3-15。

表 3-18 京杭大运河苏北段表层沉积物中 PCBs 毒性当量表

pg/g

河段	监测点编号	PCB77	PCB81	PCB105	PCB114	PCB118	PCB123	PCB126	PCB156	PCB157	PCB167	PCB169	PCB189	∑PCBs-TEQ
扬州段	1									0.037	0.114	75.690		75.842
	2	0.143		0.135										0.278
	3	0.196		0.086	0.025						0.032	33.510	0.007	33.856
	4	0.523	0.060	0.104	0.004	0.041						73.110		73.842
	5	0.201			0.149							73.890		74.241
	6	0.501		0.014				16.300				56.520		73.335
	7	0.379	0.672	0.053		0.087				0.007			0.010	1.208
	8	0.614										74.430	0.006	75.050
	9		0.939	0.017	0.099	0.056					0.007		0.016	1.135
	10	0.131	0.265		0.004		0.018	22.200	0.028		0.049			22.695
淮安—宿迁段	11		0.697	0.014	0.027	0.023						21.210		21.971
	12	0.211		0.037	0.029	0.021						34.770		35.068
	13	0.210	0.302		0.024	0.030				0.016		36.960		37.526
	14	0.099	0.649			0.027						18.090	0.008	18.873
	15	0.149	0.081	0	0.021			99.600	0.004		0.030		0.013	99.898
	16	0.086	0.303	0.036			0.038			0.014				0.475
	17		0.318	0.025		0.096	0.047			0.021		37.710	0.013	38.326
	18		0.602									26.190		26.792
	19						0.011			0.037				
	20	0.096	0.464	0.026						0.023				0.609

续表 3-18

河段	监测点编号	PCB77	PCB81	PCB105	PCB114	PCB118	PCB123	PCB126	PCB156	PCB157	PCB167	PCB169	PCB189	∑PCBs-TEQ
淮安—宿迁段	21	0.298	0.800	0.030	0.023	0.082	0.045	84.200	0.021	0.046	0.015	30.810		116.370
	22		0											
	23	0.204	0.301	0.030	0.033	0.027			0.017	0.030		21.270		21.912
	24	0.161	0.327		0.026	0.020				0.038				0.571
	25	0.200	0.386	0.038	0.010					0.028				0.662
	26	0.129	0.320		0.037				0.046	0.046		21.180		21.712
徐州段	27	0.169	0.091	0.069	0.009	0.093	0.014		0.026	0.048				0.520
	28	0.150	0.191	0.212	0.020	0.364	0.020	23.100	0.029	0.010	0.009	5.070	0.002	29.178
	29	0.356	.565	0.174	0.030	0.193	0.024	100.600	0.021	0.023	0.017	3.510		105.514
	30	0.413	1.827	0.218	0.060	0.056	0.040		0.030	0.051	0.027	12.810	0.003	15.535
	31	0.134	0.349	0.148	0.013	0.236	0.014	10.500	0.018	0.007	0.009	2.640	0.002	14.070
	32	0.105	0.461	0.060		0.085		93.100	0.023	0.019	0.013			93.867
	33	0.123	0.299	0.076	0.015	0.076	0.017		0.027	0.023	0.022			0.656
	34	0.126	0.153	0.097		0.177			0.015	0.019	0.015			0.607
	35	0.077	0	0.085	0.010	0.160	0.010		0.015	0.018	0	9.270		9.661
	36	0.046	0.268	0.034		0.038			0.010	0.007				0.403
	37	0.059		0.028		0.037					0.018	13.560	0.080	13.703
合计		6.289	11.690	1.846	0.668	2.052	0.297	449.600	0.284	0.568	0.377	682.2		1 155.957
贡献率 /%		0.544	1.011	0.159	0.058	0.178	0.026	38.89	0.025	0.049	0.033	59.016	0.007	100

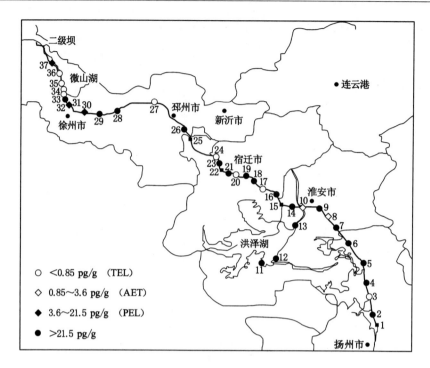

图 3-15 京杭大运河苏北段表层沉积物 PCBs 毒性效应水平分布图

通过对比评价结果发现,运堤路、姜桥村、张渡渡口、洋河大桥、李楼村、郑集沿湖渡口、马坡河渡渡口、四段渡口等 8 个监测点的毒性当量水平低于临界效应浓度值,即对生物无毒性;凌桥乡、洞山西、蔺家坝船闸、五段渡口和高楼渡口等五个监测点的毒性当量水平介于 AET 和 PEL 之间,即对特定的指示性生物会产生不良的影响;其余的监测点的毒性当量则高于 PEL 值,对生物有严重的生态威胁。从空间分布来看,扬州段监测点高于 PEL 值的监测点的比例为 66.7%,淮安—宿迁段为 62.5%,徐州段为 27.3%。从 PCBs 的组成成分来分析,对毒性当量贡献最大的分别是 PCB169,59.02% 和 PCB126,38.89%,其他十种同系物由于具有较低的毒性当量因子,因此对 $\sum$ PCBs-TEQ 的贡献率较低。

第四节 本章小结

京杭大运河苏北段主航道表层沉积物中 PAHs 的含量范围是 634～14 703 ng/g,平均含量为 5 239 ng/g,均处于中等污染水平;不同地段底泥中 PAHs 的含量由高到低排列:徐州段＞淮安—宿迁段＞扬州段,徐州段的 PAHs 的污染较为严重;总有机碳是影响 PAHs 在不同地段沉积物中分布的主要因素,PAHs 的含量与底泥中 TOC 的含量有显著的相关关系,相关系数 r^2 为 0.727 4;通过比值法与主成分因子分析法得知,煤炭燃烧与炼焦生产的排放对京杭大运河(苏北段)PAHs 的影响最大,贡献率达到 93%;严重的多环芳烃生态风险在京杭大运河(苏北段)沉积物中不存在,但淮安—宿迁段底泥中 DahA、徐州段底泥中 Ace、Phe、Ant 和 DahA 的含量较高(分别是 275 ng/g、1 187 ng/g、1 639 ng/g、1 228 ng/g 和 340 ng/g),均超过 ERM 值,发生生物毒性效应的概率较高;在京杭大运河(苏北段)河水中 BaP

的含量均远高于其生态基准值,存在潜在的生态风险且潜在风险很大。

丰水季节沉积物中 PAHs 的平均含量为 9 708 ng/g,高于枯水季节 PAHs 的平均含量(8 627 ng/g);水体悬浮颗粒物中 PAHs 的平均含量是沉积物中 PAHs 的平均含量的 4.41 倍。孔隙水与水体悬浮颗粒物作为水体环境中 PAHs 的重要中介和载体,在水环境 PAHs 的分布和迁移过程中发挥重要的作用。通过大气或沉积物的释放而进入水体中的部分低、中、高环的 PAHs 被悬浮颗粒物吸附,部分低环的 PAHs 则是通过水—气界面挥发到空气中,其余部分将存在于河水中。

京杭大运河苏北段主航道表层沉积物中 12 种 PCBs 同系物的含量介于 nd～26.819 ng/g 之间,平均值为 9.316 ng/g。PCBs 含量的峰值出现在运河的徐州段,而含量最低的监测点为淮安—宿迁段的高渡渡口。在空间分布上呈现出了明显的由南至北,由下游至上游浓度逐渐升高的趋势。37 个表层沉积物样品中除了邵伯、黑鱼旺污水处理厂(未采集到沉积物样本)外,均检出了 PCBs,检出率为 94.6%。

从 PCBs 的组成成分来分析,扬州段的 PCBs 主要以五氯联苯为主,其贡献率达到 37.45%;淮安—宿迁段的 PCBs 主要是以四氯联苯为主,贡献率为 42.27%;徐州段的 PCBs 主要则是五氯联苯占了绝对优势,贡献率为 64.70%。

结合特征化合物比值法和主成分分析法对沉积物中的 PCBs 进行的源解析后发现,京杭大运河苏北段主航道表层沉积物中的 PCBs 主要来自于 PCBs 的五氯和六氯商业产品,其次是燃煤、市政垃圾焚烧等高温过程。

利用潜在生态危害法和毒性效应评价法对京杭大运河苏北段主航道表层沉积物中的 PCBs 进行评价后发现,前者只能通过 PCBs 的总量反映其生态风险,而未考虑到 PCBs 同系物对生物毒性的区别。通过对比发现,毒性效应评价法对于评价二噁英类 PCBs 更能真实的反映对生物的生态风险水平。评价结果显示,虽然扬州段沉积物中的 PCBs 总量较低,但由于其同系物中毒性较大的 PCB126 和 PCB169 的含量相对较高,因此反而显示出了对生物较高的生态威胁;而徐州段则由于 PCB126 和 PCB169 含量相对较低,体现出对生物的生态威胁较为轻微。从空间分布来看,扬州段监测点高于可能效应水平值(PEL)的监测点的比例为 66.7%,淮安—宿迁段为 62.5%,徐州段为 27.3%。

参 考 文 献

[1]　WU YING,ZHANG JING,LI DAOJI,et al. Polycyclic aromatic hydro carbons in the sediments of the Yalujiang Estuary, North China[J]. Marine Pollution Bulletin, 2003,46(5):619-625.

[2]　ZENG Y E,VISTA C L. Organic pollutants in the coastal environment of San Diego, California. Source Identification and assessment compositional indices of polycyclic aromatic hydrocarbons[J]. Environmental Toxicology and Chemistry,1997,16(2): 179-188.

[3]　MAI B X, FU H M, SHENG G Y, et al. Chlorinared and Polycyclic aromatic hydrocarbons in riverine and estuarine sediment from Pearl River Delta[J]. Environ Pollut,2002,117:457-474.

［4］ OREN A, AIZENSHTAT Z, CHEFETZ B. Persistent organic pollutants and sedimentary organic Matter Properties：A case study in the Kishon River,Israel[J]. Environ Pollut,2006,141:265-274.

［5］ DOONG R A,LIN Y T. Characterization and distribution of Polycyclic aromatic hydrocarbons contaminations in surface sediment and water from Gao-Ping River, Taiwan[J]. Water Res,2004,38:1733-1744.

［6］ ZAKARIA, MOHAMAD PAUZI, TAKADA，et al. Distribution of Polycyclic aromatic hydrocarbons（PAHs）in rivers and estuaries in Malaysia：a widespread input of petrogenic PAHs[J]. Environmental Science and Technology,2002,36(9)： 1907-1918.

［7］ YANJU KANG, XUCHENWANG, MINHAN DAI, et al. Black carbon and polycyclic aromatic hydrocarbons（PAHs）in surface sediments of China's marginal seas[J]. Chinese Journal of Oceanology and Limnology,2009,27(2):297-308.

［8］ 李竺. 多环芳烃在黄浦江水体的分布特征及吸附机理研究[D]. 上海：同济大学,2007.

［9］ 周尊隆,卢媛,孙红文. 菲在不同性质黑炭上的吸附动力学和等温线研究[J]. 农业环境科学学报,2010,29(3):476-480.

［10］ MARUYA, KEITH A, RISEBROUGH, ROBERT W, et al. Partitioning of Polynuclear aromatic hydrocarbons between Sediments from San Francisco Bay and Their Porewaters [J]. Environmental Science and Technology, 1996, 30 (10): 2942-2947.

［11］ 冯精兰,牛军峰. 长江武汉段不同粒径沉积物中多环芳烃(PAHs)分布特征[J]. 环境科学,2007,28(7):1573-1577.

［12］ 吴启航,麦碧娴,彭平安,等. 不同粒径沉积物中多环芳烃和有机氯农药分布特征[J]. 中国环境监测,2004,20(5):1-6.

［13］ 王官勇,戴仕宝. 近50年来淮河流域水资源与水环境变化[J]. 安徽师范大学学报(自然科学版),2008,31(1):75-78.

［14］ 李军,张干,祁士华. 麓湖中具生物有效性多环芳烃的特征和季节变化[J]. 重庆环境科学,2003,25 (11):108-111.

［15］ YUNKER M B,MACDONALD R W,VINGARZAN R,et al. PAHs in the Fraser River Basin:a critical appraisal of PAH ratios as indicators of PAH source and composition[J]. Organic Geochemistry,2002,33(4):489-515.

［16］ WANG X C,SUN S,MA H Q,et al. Sources and distribution of aliphatic and polycyclic aromatic hydrocarbons in sediments of Jiaozhou Bay,Qingdao,China[J]. Marine Pollution Bulletin,2006,52:129-138.

［17］ CLAUDINE N, Q L P, RIALETP, et al. Dioxin-Like Chemicals In Soil And Sediment From Residential And Industria Areas In Central South Africa [J]. Chemosphere,2009,76:774-783.

［18］ HSIEN C K,BEEN C M,JI K S. Historical Trends Of PCDD/Fs And Dioxin-Like Pcbs In Sediments Buried In A Reservoir In Northern Taiwan[J]. Chemosphere,

2007,68:1733-1740.

[19] MASAO K, KIYOSHI I, NORIMICHI T, et al. Characteristics Of The Abundance Of Polychlorinated Dibenzo-P-Dioxin And Dibenzofurans, And Dioxin-Like Polychlorinated Biphenyls In Sediment Samples From Selected Asian Regions In Can Gio, Southern Vietnam And Osaka, Japan[J]. Chemosphere, 2010, 78:127-133.

[20] 王泰,黄俊,余刚.海河河口表层沉积物中 Pcbs 和 Ocps 的源解析[J].中国环境科学, 2009,29(7):722-726.

[21] 章一帆,薛斌,周珊珊,等.福建兴化湾沉积物中多氯联苯的残留和风险评价[J].湖南 科技大学学报(自然科学版),2011,26(3):120-124.

[22] 周婕成,毕春娟,陈振楼,等.上海崇明岛农田土壤中多氯联苯的残留特征[J].中国环 境科学,2010,30(1):116-120.

[23] 刘静;崔兆杰;范国兰,等.现代黄河三角洲土壤中多氯联苯来源解析研究[J].环境科 学,2007,28(12):55-62.

[24] 周春宏,柏仇勇,胡冠九,等.江苏省典型饮用水源地多氯联苯污染特性调查[J].化工 时刊,2005,19(3):22-25.

[25] ZITKO. Characterization Of Pcbs By Principal Component Analysis (PCA Of PCB) [J]. Marine Pollution Bulletin, 1989, 20(1):26-27.

[26] HAKANSON L. An Ecological Risk Index For Aquatic Pollution Control: A Sediment Ecological Approach[J]. Water Research, 1980, 8(14):975-1001.

[27] MVCAULEY D J, D G, LINTON T K. Sediment Quality Guidelines And Assessment: Overview And Research Needs[J]. Environmental Science And Policy, 2000(3):133-144.

[28] R L E, D M D, L S S, et al. Incidence Of Adverse Biological Effects With Ranges Of Chemical Concentrations In Marine And Estuarine Sediments[J]. Environmental Management, 1995, 1(19):81-97.

[29] 杨建丽,刘征涛,周俊丽,等.中国主要河口沉积物中 Pcbs 潜在生态风险研究[J].环 境科学与技术,2009,32(9):187-191.

[30] 计勇,陆光华,吴昊,等.太湖北部湾多氯联苯分布特征及生态风险评价[J].生态环境 学报,2009,18(3):839-843.

[31] RAQUEL DUARTE-DAVIDSON, STUART J. HARRAD, SUSAN ALLEN, et al. The Relative Contribution Of Individual Polychlorinated Biphenyls (Pcbs), Polychlorinated Dibenzo-P-Dioxins (Pcdds) And Polychlorinated Dibenzo-P-Furans (Pcdfs) To Toxic Equivalent Values Derived For Bulked Human Adipose Tissue Samples From Wales, United Kingdom [J]. Archives Of Environmental Contamination And Toxicology, 1993, 24(1):100-107.

[32] ANDREAS GIES, GÜNTHER NEUMEIER, MARIANNE RAPPOLDER, et al. Risk Assessment Of Dioxins And Dioxin-Like Pcbs In Food-Comments By The German Federal Environmental Agency[J]. Chemosphere, 2007, 67(9):344-349.

[33] DONALD G PATTERSON JR, WAYMAN E TURNER, SAMUEL P CAUDILL,

et al. Total TEQ Reference Range (Pcdds,Pcdfs,Cpcbs,Mono-Pcbs) For The US Population 2001-2002[J]. Chemosphere,2008,73(1):261-277.

[34] YOON-SEOK CHANG,SAET-BYUL KONG,MICHAEL GIKONOMOU. Pcbs Contributions To The Total TEQ Released From Korean Municipal And Industrial Waste Incinerators[J]. Chemosphere,1999,39(15): 2629-2640.

[35] ELJARRAT E,CAIXACH J,RIVERA J. A Comparison Of TEQ Contributions From Pcdds,Pcdfs And Dioxin-Like Pcbs In Sewage Sludges From Catalonia,Spain [J]. Chemosphere,2003,51(7):595-601.

[36] JOSÉL. SERICANO,ELLIOT L ATLAS,TERRY L. WADE,et al. NOAA'S Status And Trends Mussel Watch Program: Chlorinated Pesticides And Pcbs In Oysters (Crassostrea Virginica) And Sediments From The Gulf Of Mexico,1986-1987[J]. Marine Environmental Research,1990,29(3):161-203.

[37] RANGA R K. Assessment Of Environmental Pollution And Community Health In Northwest Florida[R]. [s. l.]:Pensacola:University Of West Florida,2009.

第四章　京杭大运河苏北段过水湖泊表层沉积物中 PAHs 与 PCBs 的污染特征研究

第一节　过水湖泊表层沉积物中 PAHs 与 PCBs 的分布特征

京杭大运河(苏北段)有三个重要的过水湖泊,由北向南分别是南四湖、骆马湖和微山湖,它们与运河的关系见图 4-1。

图 4-1　洪泽湖、骆马湖和微山湖与京杭大运河(苏北段)关系示意图
1——洪泽湖;2——骆马湖;3——微山湖

京杭大运河(苏北段)的水源供给基本上是以泗阳为界,泗阳以北主要由南四湖和骆马湖供水,泗阳以南主要由洪泽湖送水,运河全年的基本流向是自北向南,但是流速缓慢,水面坡降较小。

南四湖分为上级湖和下级湖(即微山湖),承受东、西、北三面,鲁、苏、豫、皖四省三十二个县、市、区的来水,流域面积 31 700 平方公里,入湖主要河流有 47 条,多数集中在其上级湖流域内,其中流域面积 1 000 平方公里以上的主河道有泗河、梁济运河、白马河、洙赵新河、老万福河、复兴河、城郭河、东鱼河、洮府河、新薛河、新万福河共 11 条,主要出湖口有两个,分别是山东省微山县境内的韩庄闸和伊家河闸以及江苏境内的蔺家坝闸。

骆马湖地跨徐州、宿迁两市,西连中运河,平均湖宽 13 公里,湖泊总面积为 375 平方公里。骆马湖水多来自沂蒙山洪和天然雨水,沿湖无重大的工业污染,常年水体清澈透明,水质较好。位于骆马湖西大堤上的皂河抽水站是国家特大水利工程,出水口通入骆马湖,进水口接连邳洪河,在皂河闸下接转中运河。骆马湖地区地势总体上自西北向东南倾斜,虽然大部分湖区分布在宿迁市,但入湖河流均自北方流经徐州境内入湖,出湖河流均在宿迁市一侧。

洪泽湖是一个浅水型湖泊,水深通常在 4 m 以内,最大水深 5.5 m,湖泊面积 2 069

平方公里,为我国五大淡水湖中的第四大淡水湖。湖水的来源除大气降水外,主要靠河流进水。流入洪泽湖的河流大多数集中在湖的西部,有淮河、濉河、汴河和安河等,其中淮河是最大的入湖河流,其入水量占入湖总流量的70%以上。出湖河道中三河和苏北灌溉总渠是洪泽湖分泄入长江和入海的主要河道,三河是最大的排水河道,其出水量占洪泽湖总出水量的60%~70%。

作为南水北调东线工程重要的蓄水湖泊,其水质将对南水北调东线水体的质量产生重要的影响,鉴于此,本研究对这三个湖泊的PAHs也做了详细的调查研究。

一、过水湖泊表层沉积物中 PAHs 的分布特征

（一）洪泽湖表层沉积物中 PAHs 的分布特征

洪泽湖表层沉积物中 PAHs 的含量见表 4-1,空间分布见图 4-2。

表 4-1   洪泽湖表层沉积物中 PAHs 的含量   ng/g

化合物	采样点编号										
	H_1	H_2	H_3	H_4	H_5	H_6	H_7	H_8	H_9	H_{10}	平均
Nap	158	113	67	70	54	87	176	96	96	114	103
Acy	44	16	10	13	15	16	66	12	10	15	22
Ace	33	53	35	46	21	38	68	48	70	65	48
Flu	70	69	69	73	49	79	82	59	89	72	71
Phe	90	79	52	67	37	77	144	68	54	80	75
Ant	54	35	30	26	21	32	80	27	54	32	39
Fla	49	38	24	34	21	29	43	35	36	31	34
Pyr	17	10	22	19	11	14	20	18	16	19	17
BaA	37	24	17	23	20	21	41	19	20	24	24
Chr	64	29	25	32	25	30	32	23	37	31	33
BbF	19	12	13	11	8	16	24	10	16	17	15
BkF	41	30	31	29	11	37	36	21	25	29	29
BaP	10	24	18	27	29	29	24	23	23	29	23
DahA	50	31	18	22	13	29	49	21	45	37	31
BghiP	nd	39	42	57	25	60	55	56	nd	57	49
IPY	19	10	nd	nd	10	8	11	11	14	8	11
PAHs	753	611	475	549	368	596	950	547	603	659	611

注:nd 代表未检测出。

由表 4-1 和图 4-2 可见,洪泽湖沉积物中 PAHs 的含量范围在 368~950 ng/g 之间,平均值为 611 ng/g,处于低等污染水平;PAHs 较高值出现在 H_1、H_7、H_{10} 号点,沉积物中 PAHs 浓度分别为 753 ng/g、950 ng/g 和 658.9 ng/g,H_1 点位于高良涧,靠近苏北灌溉总渠出湖口,是洪泽湖与苏北运河的融汇处,高良涧避风港生活着大量渔民,船只来往频繁,生活污水直排水中,造成此处多环芳烃浓度较高;H_7 点位于老子山乡,近处有淮河的入湖口,淮河是洪泽湖最大的入湖河流,入湖水量占入湖总流量的70%以上,淮河带来大量的淮南、

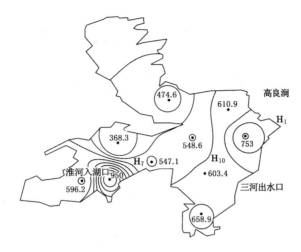

图 4-2 洪泽湖中 PAHs 含量及其空间分布

蚌埠的工业及生活污水,河上船只穿梭不停,造成此处多环芳烃的浓度最高;H₁₀点在蒋坝附近,临近洪泽湖最大的入江水道——三河,其出水量占总出湖水量的 60%～70%,此处水面狭小,出湖湖水携带而来的物质在此处有沉积,故而此处多环芳烃的含量较湖区也有所升高;而位于湖区的点位 $\sum$PAH 浓度均较低。

洪泽湖的上游(湖的西部)受蚌埠闸等的控制,下游(湖的东部)受到二河闸、三河闸等的控制,一方面可以保证了洪泽湖持有较高的水位,另一方面又使淮河下泄的污水由三河闸导向下游出水口,减轻了西部的入湖流水对洪泽湖的污染。通常蚌埠闸在开闸放水时多以小流量的方式进行,污水在由淮河主干道流向洪泽湖的过程中,充分利用河流的自净能力,减少入湖污水对洪泽湖的污染负荷。从图 4-2 可见,淮河入湖水流带来的 PAHs 在入湖口处沉积下来,使得该处水体中 PAHs 的含量较高,随着湖水的流动,湖区 PAHs 的含量迅速下降,而在出湖口处,因出湖湖水带来的泥沙颗粒在此沉降,使得出湖口表层沉积物中 PAHs 的含量又有所升高。

(二)骆马湖表层沉积物中 PAHs 的分布特征

骆马湖表层沉积物中 PAHs 的含量见表 4-2,空间分布见图 4-3。

表 4-2　　　　　　　　　　骆马湖表层沉积物中 PAHs 的含量　　　　　　　　　ng/g

化合物	采样点编号									
	L₁	L₂	L₃	L₄	L₅	L₆	L₇	L₈	L₉	平均
Nap	111	37	58	30	49	61	127	86	77	71
Acy	22	9	13	7	9	11	18	14	15	13
Ace	33	21	32	15	26	31	59	27	28	30
Flu	88	30	41	25	38	51	98	91	67	59
Phe	70	48	57	34	40	59	79	67	56	57
Ant	33	16	22	8	18	18	31	23	19	21
Fla	40	12	29	10	27	31	40	33	28	28

化合物	采样点编号									
	L_1	L_2	L_3	L_4	L_5	L_6	L_7	L_8	L_9	平均
Pyr	29	9	12	8	13	18	35	22	26	19
BaA	28	19	20	8	15	19	31	20	21	20
Chr	47	18	29	10	21	29	50	38	33	30
BbF	11	6	8	4	6	9	12	10	9	8
BkF	17	nd	7	nd	nd	nd	7	15	17	12
BaP	47	21	35	15	20	20	39	34	29	29
DahA	28	7	13	5	11	8	30	nd	nd	14
BghiP	67	25	33	11	21	38	71	46	52	40
IPY	nd	nd	nd	nd	nd	nd	nd	nd	nd	nd
PAHs	670	277	409	189	312	403	726	524	477	443

注:nd 代表未检测出。

由表 4-2 可见,骆马湖沉积物不同采样点位的 PAHs 的含量范围在 189～726 ng/g,平均值为 443 ng/g,处于低等污染水平。PAHs 较高值出现在 L_1 号点和 L_7 号点,沉积物中 PAHs 浓度分别为 670 ng/g 和 726 ng/g,L_1 号取样点和 L_7 号取样点位于京杭大运河穿过骆马湖的区域,来往船只较多,造成其 $\sum$ PAH 浓度显著高于湖区的监测点位,尽管 L_8 与 L_9 号取样点也位于京杭大运河的航道上,但它们靠近皂河抽水站,皂河抽水站位于骆马湖西大堤上,是国家特大水利工程,出水口通入骆马湖,有效降低了 L_8 与 L_9 号取样点中 PAHs 的含量;而位于湖区的点位 PAHs 浓度均较低。

由图 4-3 可知,骆马湖水体中自西北向东南倾斜,入湖河流均自北方流经徐州境内入湖,PAHs 含量较高的位于骆马湖的西线,此处是京杭大运河的航道,随着水流向东南,PAHs 的含量呈下降趋势,虽然大部分湖区分布在宿迁市,但出湖河流均在宿迁市一侧。

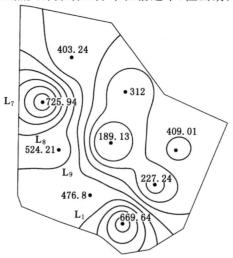

图 4-3　骆马湖中 PAHs 含量及其空间分布

（三）微山湖表层沉积物中 PAHs 的分布特征

微山湖表层沉积物中 PAHs 的含量见表 4-3，空间分布见图 4-4。

表 4-3　　　　　　　　　　　**微山湖表层沉积物中 PAHs 的含量**　　　　　　　　ng/g

化合物	采样点编号										
	W_1	W_2	W_3	W_4	W_5	W_6	W_7	W_8	W_9	W_{10}	平均
Nap	185	115	119	126	192	149	127	157	123	229	152
Acy	nd	9	13	7	nd	nd	7	7	7	37	12
Ace	53	24	62	59	179	31	59	157	59	225	91
Flu	70	45	70	68	91	51	69	130	67	160	82
Phe	90	140	133	134	166	119	79	206	155	358	158
Ant	13	31	29	21	73	13	31	85	34	96	43
Fla	18	17	29	14	33	8	10	97	21	126	37
Pyr	13	13	5	8	13	1	7	17	20	33	13
BaA	24	19	14	21	83	6	18	12	13	11	22
Chr	34	31	11	15	nd	40	13	38	13	53	28
BbF	9	30	nd	nd	33	9	nd	26	nd	nd	21
BkF	nd	nd	33	24	31	nd	36	nd	32	35	32
BaP	47	24	nd	nd	312	10	nd	43	nd	nd	87
DahA	28	nd	25	38	115	nd	30	nd	31	81	50
BghiP	54	128	17	41	31	38	71	191	16	133	72
IPY	nd	9	nd	nd	nd	nd	nd	8	nd	nd	8
PAHs	637	633	561	575	1 352	476	556	1 173	589	1 577	813

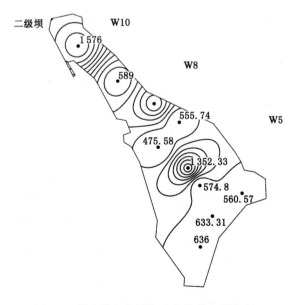

图 4-4　微山湖中 PAHs 含量及其空间分布

微山湖沉积物不同采样点位的 PAHs 总含量见表 4-3，由表 4-3 可见，所测定的样品中 $\sum$ PAH 含量范围在 476～1 577 ng/g 之间，平均值为 813 ng/g，处于低—中等污染水平。PAHs 高值出现在 W_5、W_8、W_{10} 号点，沉积物中 PAHs 浓度分别为 1 352 ng/g、1 173 ng/g 和 1 577 ng/g。W_5 点靠近微山岛，微山岛有人居住，生产生活污水基本上未经过处理，直接排入湖中；W_8 点位于十字河与薛河的河口附近，流经微山、枣庄两市，接纳部分工业和生活污水；W_{10} 点位于南四湖最窄处，紧邻二级坝，水坝的拦截使得上级湖湖水携带来的泥沙颗粒物极易在此处堆积，造成其 $\sum$ PAH 浓度显著高于湖区的监测点位；而位于湖区的点位 PAH 浓度均较低。

从微山湖表层沉积物中 PAHs 浓度的空间分布（图 4-4）来看，微山湖中 PAHs 浓度受到人为活动和入湖河流的影响较大，湖水从北部的二级坝向南流动，水体中的 PAHs 含量有逐步降低的趋势，而微山岛附近人类的生产生活频繁，十字河与薛河的入湖河水带来的多环芳烃在河口处沉积下来，使得微山岛和的十字河与薛河河口附近水体中 PAHs 浓度相应呈现出较高的水平。

二、过水湖泊表层沉积物中 PCBs 的分布特征及组分特征

（一）洪泽湖

1. 分布特征

本次研究在洪泽湖共布设 10 个监测点采集沉积物样品，并在淮河入湖河口附近加大了监测点密度。沉积物样品按照第二章第三节所述方法进行前处理，并按照第二章第四节所述方法进行分析测试其中 12 种 PCBs 同系物含量，测试结果见表 4-4。

表 4-4　　　　　　　　　　洪泽湖表层沉积物样品中 PCBs 的含量　　　　　　　　ng/g（干重）

监测点编号 PCBs	H_1	H_2	H_3	H_4	H_5	H_6	H_7	H_8	H_9	H_{10}
77	1.922	0.806	0.993		1.112	2.087	1.899	1.546	0.782	1.876
81	0.987	1.323	1.007	1.181	0.945	2.436	1.984	1.060	0.661	1.042
105	1.001	1.852	1.201	0.745	1.434	2.413	2.007	1.527	1.085	0.844
114	1.259	0.946	0.766		1.202	1.274	1.458	0.984	0.539	
118	0.985	2.041	1.585	1.927	1.857	1.908	1.622	1.253	0.910	0.979
123	0.533			0.787	0.989	1.028	0.783	0.741		0.513
126					0.233	0.305				
156			0.978	1.062	0.991	0.807	1.002	1.358		1.417
157			0.461	0.805		1.010	1.375		0.899	1.679
167	1.431	0.473			0.577	1.459	0.994	1.003	1.546	
169	0.221		0.447			0.811	0.746			
189		0.422				0.609	0.420	0.346		
$\sum$ PCBs	8.339	7.863	7.438	6.507	9.340	16.147	14.29	9.818	6.422	8.35

　　借助 Surfer 9.0① 绘制出洪泽湖、骆马湖和微山湖的表层沉积物中的 PCBs 含量的等值线图(图 4-5),可以更直观地反映湖泊中 PCBs 的含量分布。

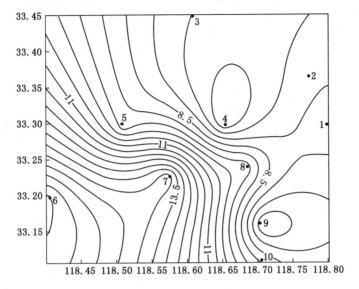

图 4-5　洪泽湖沉积物中 PCBs 分布等值线图

　　从表 4-4 和图 4-5 可清楚地看出,洪泽湖表层沉积物中 PCBs 的总量范围在 6.422～16.147 ng/g之间,平均值为 9.451 ng/g。在洪泽湖的 10 个监测点中,PCBs 含量较高的值出现在监测点 H_6、H_7 和 H_8,这 3 个监测点位于宿迁市的老子山镇,并且靠近淮河进入洪泽湖的入湖河口。淮河作为洪泽湖最大的入湖河流,入湖水量占入湖总流量的 70% 以上,是洪泽湖的主要来水水源,其水质直接影响洪泽湖的水质。淮河水入湖之后水流速度降低,导致淮河水中从上游携带的大量的工业废水及生活污水中的污染物在入湖河口附近沉积,这样的水力特征导致出现了在淮河入湖河口附近的监测点 PCBs 浓度较高的现象。湖区其他监测点的 PCBs 浓度相对较为均衡,表现出临近淮河入湖口的监测点 PCBs 浓度偏高,而且其他监测点的浓度低于平均值水平的分布特征。

　　2. 组分特征

　　PCBs 是有 1～10 个氯原子取代的联苯化合物,不同的氯取代数具有不同的理化性质,同时来源也各不相同。因此在分析 3 个湖泊表层沉积物中的 PCBs 总量的基础上,有必要从氯代数的角度研究其中的 PCBs 组分特征,也是进行源解析和生态风险评价的基础研究。

　　表 4-5 列出了洪泽湖表层沉积物中 PCBs 各同系物的相对百分含量。从表 4-5 和图 4-4可以看出,洪泽湖中的 PCBs 主要是以同系物 PCB118、PCB77、PCB105 和 PCB81 等低氯代的 PCBs 为主,这四种同系物的检出率分别为 100%、90%、100% 和 100%。这四种同系物在 PCBs 的商业产品中也是较为常见的,如 Aroclor 1242 等。

　　①　Golden Software Surfer 9.0 是由美国 Golden Software 公司开发的一款绘图软件,可以制作基面图、数据点位图、分类数据图、等值线图、线框图、地形地貌图、趋势图、矢量图以及三维表面图等;提供 11 种数据网格化方法;提供各种图形图像文件格式的输入输出接口以及各大 GIS 软件文件格式的输入输出接口。

表4-5　洪泽湖表层沉积物中 PCBs 同系物的百分含量　　　　%

监测点编号		PCB77	PCB81	PCB105	PCB114	PCB118	PCB123	PCB126	PCB156	PCB157	PCB167	PCB169	PCB189
		四氯联苯		五氯联苯					六氯联苯				七氯联苯
扬州段	1	23.05	11.84	12.00	15.10	11.81	6.39				17.16	2.65	
	2	10.25	16.83	23.55	12.03	25.96					6.02		5.37
	3	13.35	13.54	16.15	10.30	21.31			13.15	6.20		6.01	
	4		18.15	11.45		29.61	12.09		16.32	12.37			
	5	11.91	10.12	15.35	12.87	19.88	10.59	2.49	10.61		6.18		
	6	12.93	15.09	14.94	7.89	11.82	6.37	1.89	4.99	6.26	9.04	5.02	3.77
	7	13.29	13.88	14.04	10.20	11.35	5.48		7.01	9.62	6.96	5.22	2.94
	8	15.75	10.80	15.55	10.02	12.76	7.55		13.83		10.22		3.52
	9	12.18	10.29	16.90	8.39	14.17				14.00	24.07		
	10	22.47	12.48	10.11		11.72	6.14		16.97	20.11			
检出率/%		90	100	100	80	100	70	20	70	60	70	40	40
平均值		15.02	13.30	15.00	10.85	17.04	7.80	2.19	11.84	11.43	11.38	4.73	3.90
标准偏差		4.63	2.74	3.73	2.38	6.71	2.53	0.42	4.54	5.30	6.79	1.48	1.04

以氯取代数计,从图 4-6 中可以看出洪泽湖表层沉积物中的 PCBs 以五氯联苯污染为主,其平均贡献率为 46.62％,其次是四氯联苯,其贡献率为 26.82％,两者贡献率合计为73.44％,而六氯和七氯联苯含量较少。

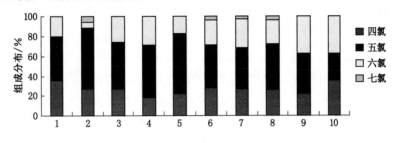

图 4-6　洪泽湖表层沉积物中 PCBs 的组成特征图

（二）骆马湖

1. 分布特征

本次研究在骆马湖共布设 9 个监测点采集沉积物样品,这些监测点主要分布在主要的出湖、入湖口及湖的中心区。沉积物样品按照第二章第三节所述方法进行前处理,并按照第二章第四节所述方法进行分析测试其中 12 种 PCBs 同系物含量,测试结果见表 4-6,并据此绘制出 PCBs 的等值线图,见图 4-7。

表 4-6　　　　　　　　骆马湖表层沉积物样品中 PCBs 的含量　　　　　　　　ng/g（干重）

PCBs　＼　监测点编号	L_1	L_2	L_3	L_4	L_5	L_6	L_7	L_8	L_9
77	0.324	0.601	0.552	0.209	0.444	0.993	0.883	0.847	0.37
81		0.447		0.341	0.286		1.459	0.705	0.527
105	0.997	0.746	0.521	0.76	0.362	1.028	1.378	0.891	0.501
114	0.513		0.411			0.841	0.716	0.422	
118	0.649	0.409	0.637	0.408	0.607	1.001	0.564		0.895
123	0.405								
126							0.305		
156	0.328	0.358		0.233	0.319		0.422	0.438	0.473
157	0.407	0.259	0.352				0.604	0.594	
167							0.399	0.203	
169	0.391						0.428	0.341	
189	0.371								
∑ PCBs	4.385	2.82	2.473	1.951	2.018	3.863	7.158	4.441	2.766

由表 4-6 和图 4-7 可知,骆马湖表层沉积物中 PCBs 的总量范围在 1.951～7.158 ng/g 之间,平均值为 3.542 ng/g。在骆马湖的 9 个监测点中,PCBs 浓度最高的监测点是 L_7,该监测点设置在京杭大运河与骆马湖的汇合处,即骆马湖中的京杭大运河航道上。该水域往来船只较多,且临近京杭大运河进入骆马湖的入湖口,这些因素都是该点 PCBs 浓度较高的原因。除了 L_7 之外,L_1 和 L_8 的浓度相对来说也较高,该监测点也位于京杭大运河的航道上,与 L_7 情况基本相同。L_9 也位于航道之上,但由于靠近皂河抽水站的骆马湖出水口,大量新鲜来水对 PCBs 起到稀释和冲刷作用,因此位于航道上的监测点 L_9 并未显示出高浓度。位于非航道上的湖区监测点的 PCBs 浓度均较低,没有表现出明显的浓度差异。

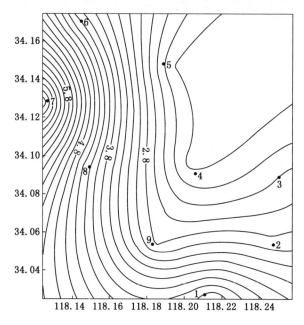

图 4-7　骆马湖沉积物中 PCBs 分布等值线图

2. 组分特征

表 4-7 列出了骆马湖表层沉积物中 PCBs 各同系物的相对百分含量。从表中可以看出,骆马湖中 PCBs 是以同系物 PCB105、PCB118、PCB77 为主,这 3 种同系物的检出率分别为 100%、88.9% 和 100%。

以氯取代数计,从图 4-7 中可以看出骆马湖表层沉积物中 PCBs 以五氯联苯为主,平均贡献率达到 52.52%,其次是四氯联苯,其贡献率为 29.52%,两者贡献率合计为 82.04%。

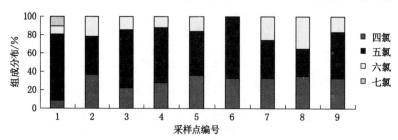

图 4-8　骆马湖表层沉积物中 PCBs 的组成特征图

表 4-7　骆马湖表层沉积物中 PCBs 同系物的百分含量

%

监测点编号		四氯联苯		五氯联苯					六氯联苯				七氯联苯
		PCB77	PCB81	PCB105	PCB114	PCB118	PCB123	PCB126	PCB156	PCB157	PCB167	PCB169	PCB189
扬州段	1	9.03		27.79	14.30	18.09	11.29		9.14				10.34
	2	21.31	15.85	26.45		14.50			12.70	9.18			
	3	22.32		21.07	16.62	25.76				14.23			
	4	10.71	17.48	38.95		20.91			11.94				
	5	22.00	14.17	17.94		30.08			15.81				
	6	32.86		34.02		33.12							
	7	12.26	20.26	19.13	9.94	7.83	4.86		5.86	8.39	5.54	5.94	
	8	19.07	15.87	20.06	9.50				9.86	13.38	4.57	7.68	
	9	13.43	19.13	18.19		32.49			17.17				
检出率/%		100	100	44.4	88.9	22.2		77.8	44.4	22.2	22.2	11.1	
平均值		18.11	24.84	5.60	20.31	1.79		9.16	5.02	1.12	1.51	1.15	
标准偏差		7.54	7.55	6.96	11.43	3.91		6.20	6.22	2.24	3.03	3.45	

（三）微山湖

1. 分布特征

本次研究在微山湖江苏境内的下级湖共布设 10 个监测点采集沉积物样品,因微山湖呈狭长分布,故监测点也主要呈纵向分布,并在主要的出湖、入湖河口及微山岛附近布设监测点。沉积物样品按照第二章第三节所述方法进行前处理,并按照第二章第四节所述方法进行分析测试其中 12 种 PCBs 同系物含量,见表 4-8,并据此绘制出 PCBs 的等值线图,见图4-9。

表 4-8　　　　　　　　　　　微山湖表层沉积物样品中 PCBs 的含量　　　　　ng/g（干重）

监测点编号 Pcbs	W_1	W_2	W_3	W_4	W_5	W_6	W_7	W_8	W_9	W_{10}
77			0.659		1.246		0.48	0.908	0.581	1.023
81	0.659	0.549	0.581	0.459	0.662	0.507	0.268	1.811		0.871
105	0.701	0.51	0.667	0.501	0.987	0.703	0.587	1.201	0.706	1.035
114	0.211		0.218	0.907	0.604			0.889		0.927
118	0.352	0.607	0.427	0.447	0.563	0.252	0.693	1.029	0.651	1.345
123						0.319				
126					0.274			0.107		
156		0.443		0.311	1.349		0.402		0.397	1.487
157	0.229	0.328	0.417	0.209	0.881	0.426		1.606	0.452	0.691
167	0.297		0.205		1.006		0.371			
169	0.344									0.326
189					0.281					0.259
$\sum$ PCBs	2.793	2.437	3.174	2.834	7.853	2.207	2.801	7.551	2.787	7.964

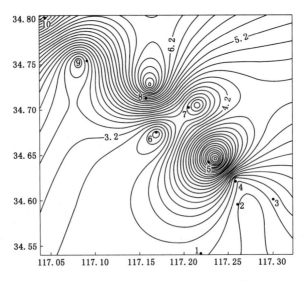

图 4-9　微山湖沉积物中 PCBs 空间分布等值线图

结合表 4-8 和图 4-9 可以看出,微山湖表层沉积物中 PCBs 的总量范围在 2.207~7.964 ng/g 之间,平均值为 4.240 ng/g。在微山湖的 10 个监测点中,12 种 PCBs 同系物浓度较高的点位分别为 W_5、W_8 和 W_{10} 3 个监测点。其中 W_5 位于微山岛附近,微山岛面积约 9 平方公里,岛上常住居民约 1.6 万人,生活污水及目前旅游业发展等产生的污水直排进入微山湖,导致该监测点的 PCBs 浓度明显高于其他监测点。W_8 监测点位于新薛河、大沙河和小沙河三条河流的入湖河口,这三条河流是《南水北调东线治污规划》中薛城小沙河控制单元内的主要河流,也是微山湖污染较严重的三条河流[177]。河流所携带的污染物在入湖河口附近沉降,导致了该监测点 PCBs 浓度较高。W_{10} 位于微山湖湖面最狭窄处,临近二级坝,二级坝的拦蓄作用使得湖水中悬浮的颗粒物在大坝附近沉降淤积,颗粒物所携带的污染物也随之沉降,因此导致 W_{10} 的 PCBs 浓度成为全湖的最高值。

2. 组分特征

表 4-9 列出了微山湖表层沉积物中 PCBs 各同系物的相对百分含量。从表 4-6 可看出,微山湖中的 PCBs 以同系物 PCB105、PCB81、PCB77 和 PCB118 为主,这四种同系物的检出率分别为 100%、90%、60% 和 100%。

以氯取代数计,从图 4-10 可以看出微山湖表层沉积物中的 PCBs 则是以五氯联苯为主,其平均贡献率达到了 46.52%,四氯联苯和六氯联苯的平均贡献率分别为 25.60% 和 27.20%。

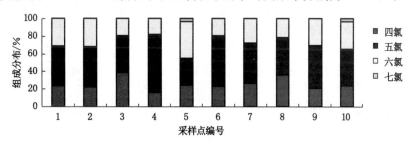

图 4-10　微山湖表层沉积物中 PCBs 的组成特征图

第二节　过水湖泊表层沉积物中 PAHs 与 PCBs 的源解析

一、过水湖泊表层沉积物中 PAHs 的源解析

(一)比值法

过水湖表层沉积物中菲/蒽和荧蒽/芘的比见表 4-10。由表 4-10 可见,本次监测的 3 个过水湖泊所有的监测点位的菲/蒽比值均小于 10、荧蒽/芘比值均大于 1,提示监测点位的 PAHs 来源于煤炭、石油等化石燃料的不完全燃烧。

(二)主因子分析/多元回归法

用 SPSS11.5 软件对京杭大运河(苏北段)过水湖泊表层沉积物中的 PAHs 的数据进行主因子分析。

1. 洪泽湖的主因子分析

用 SPSS11.5 软件对洪泽湖表层沉积物中的 PAHs 的数据进行主因子分析,所得结果如表 4-11 和表 4-12 所示。

表 4-9　微山湖表层沉积物中 PCBs 同系物的百分含量　%

监测点编号		四氯联苯		五氯联苯					六氯联苯				七氯联苯
		PCB77	PCB81	PCB105	PCB114	PCB118	PCB123	PCB126	PCB156	PCB157	PCB167	PCB169	PCB189
扬州段	1		23.59	25.10	7.55	12.60				8.20	10.63	12.32	
	2		22.53	20.93		24.91			18.18	13.46			
	3	20.76	18.30	21.01	6.87	13.45				13.14	6.46		
	4		16.20	17.68	32.00	15.77			10.97	7.37			
	5	15.87	8.43	12.57	7.69	7.17		3.49	17.18	11.22	12.81		3.58
	6		22.97	31.85		11.42	14.45			19.30			
	7	17.14	9.57	20.96		24.74			14.35		13.25		
	8	12.02	23.98	15.91	11.77	13.63		1.42		21.27			
	9	20.85		25.33		23.36			14.24	16.22			
	10	12.85	10.94	13.00	11.64	16.89			18.67	8.68		4.09	3.25
检出率/%		90	100	60	100	10	20	60	90	30	20	20	
平均值		16.58	20.43	12.92	16.39	14.45	2.46	15.60	13.21	10.79	8.21	3.42	
标准偏差		3.77	5.98	9.59	6.07	1.46	1.46	2.95	4.94	3.10	5.82	0.23	

表 4-10 京杭大运河(苏北段)过水湖泊表层沉积物中菲/蒽和荧蒽/芘的比值

化合物	洪 泽 湖									
	H_1	H_2	H_3	H_4	H_5	H_6	H_7	H_8	H_9	H_{10}
菲/蒽	1.65	2.26	1.73	2.63	1.75	2.42	1.80	2.52	1.01	2.53
荧蒽/芘	2.84	3.95	1.09	1.82	1.88	2.15	2.09	1.93	2.30	1.63

化合物	骆 马 湖								
	L_1	L_2	L_3	L_4	L_5	L_6	L_7	L_8	L_9
菲/蒽	2.15	3.04	2.54	4.03	2.25	3.19	2.58	2.94	2.89
荧蒽/芘	1.39	1.37	2.34	1.34	2.01	1.75	1.15	1.46	1.1

化合物	微 山 湖									
	W_1	W_2	W_3	W_4	W_5	W_6	W_7	W_8	W_9	W_{10}
菲/蒽	7.18	4.57	4.56	6.29	2.26	9.17	2.58	2.42	4.54	3.73
荧蒽/芘	1.47	1.35	6.02	1.82	2.47	7.50	1.37	5.70	1.04	3.82

表 4-11 洪泽湖主因子特征根和方差贡献率

主因子	特征根	方差贡献/%	累计方差贡献/%
F_1	8.841	55.257	55.257
F_2	2.669	16.680	71.937
F_3	1.515	9.469	81.406
F_4	1.330	8.312	89.717

表 4-12 洪泽湖主因子载荷

化合物	主 成 分			
	1	2	3	4
Nap	0.955*	2.440E−02	−9.986E−04	0.221
Acy	0.845*	4.659E−02	−0.209	0.416
Ace	0.484	0.560	0.531	−0.220
Flu	0.603	0.383	0.329	−0.543
Phe	0.840	0.409	−0.105	0.325
Ant	0.918*	9.767E−02	0.135	1.987E−02
Fla	0.870*	−0.201	3.424E−02	4.228E−02
Pyr	0.306	0.432	−0.565	−0.389
BaA	0.896*	−3.311E−02	−0.165	0.354
Chr	0.685	−0.603	−0.131	−0.190
BbF	0.905*	0.298	4.205E−02	−6.921E−02
BkF	0.764	9.599E−02	−0.383	−0.298
BaP	−0.510	0.579	0.471	0.304

化合物	主成分			
	1	2	3	4
DahA	0.941*	$-3.676E-02$	0.274	-0.152
BghiP	-0.238	0.827*	-0.273	0.290
IPY	0.585	-0.564	0.409	0.226

注:* 表示单一 PAHs 在此主成分上有较大的载荷(>0.80)。

由于不同燃烧源产生不同的特征化合物,因此可以根据 16 种组分的因子载荷结果来判断 PAHs 的来源(详见第一章第二节)。由表 4-12 可见,洪泽湖沉积物中主因子 1(F_1)主要由中、高环 PAHs 构成,按得分的高低,分别为 Nap、DahA、Ant、BbF、BaA、Fla、Acy 和 Phe,可以认为 F_1 主要代表交通柴油与天然气的燃烧以及煤炭燃煤源;主因子 2 主要由高环 PAHs 构成,主要是 BghiP,可以认为 F_2 主要代表汽油燃烧源;主成分 3 与 4 可能代表了挥发性高,水溶性大的 PAHs,它通过水—气交换形式进入水体并最终进入沉积物。据此,可以推断洪泽湖沉积物中 PAHs 主要来源于交通柴油与天然气的燃烧、燃煤和汽油燃烧。

运用 SPSS11.5 软件对洪泽湖底泥中 PAHs 主因子分析所得结果进行多元回归统计,以 PAHs 总和的标准化分数为因变量,以各因子得分为自变量。采用逐步回归的方法进行多元线性回归得:

$$\sum PAHs = 0.951F_1 + 0.273F_2 + 0.017F_3 + 0.132F_4 \quad (R=0.998)$$

各因子的贡献率由以下公式计算:因子贡献率 $i = A_i / \sum A_i \times 100\%$。

由此可得洪泽湖沉积物 PAHs 中 4 个主因子的贡献率分别为 F_1(柴油燃烧/煤炭):69.26%,F_2(汽油燃烧):19.88%,F_3(其他):1.24%,F_4(其他):9.61%。

结果表明,洪泽湖底泥中 PAHs 主要来源有柴油与天然气燃烧源、燃煤源和汽油燃烧源,柴油燃烧和煤炭燃烧排放的 PAHs 的贡献率最大,为 62.92%,交通汽油的燃烧排放居次,贡献率为 19.88%;洪泽湖湖水中 PAHs 主要来源有秸秆煤炭的燃烧、交通柴油与天然气的燃烧和汽油燃烧,秸秆燃烧与交通排放的 PAHs 的贡献率最大,为 87.09%,交通汽油的燃烧排放居次,贡献率为 11.85%。

2. 骆马湖的主因子分析

用 SPSS11.5 软件对骆马湖表层沉积物中的 PAHs 的数据进行主因子分析,所得结果如表 4-13 和表 4-14 所示。

表 4-13　　　　　　　　　骆马湖主因子特征根和方差贡献率

主因子	特征根	方差贡献/%	累计方差贡献/%
F_1	12.511	83.409	83.409
F_2	1.196	7.970	91.379

由于不同燃烧源产生不同的特征化合物,因此,可以根据 16 种组分的因子载荷结果来判断 PAHs 的来源(详见第一章第二节)。由表 4-14 可见,骆马湖底泥中主因子 1(F_1)主要

由低、中、高环 PAHs 构成,按得分的高低分别为:Chr、Nap、BghiP、Ant、Phe、Acy、BbF、Pyr、BaA、Flu、Fla 和 Ace,可以认为 F_1 主要代表燃煤源、交通汽柴油与天然气的燃烧以及秸秆燃烧;主因子 2 未出现有较大载荷的多环芳烃种类。据此,可以推断骆马湖中 PAHs 主要来源于煤炭的燃烧、交通汽柴油与天然气的燃烧以及秸秆燃烧。

表 4-14 骆马湖主因子载荷

化合物	主 成 分 沉 积 物	
	1	2
Nap	0.986*	9.224E−03
Acy	0.952*	−5.650E−02
Ace	0.829*	0.442
Flu	0.933*	−0.207
Phe	0.955*	−2.513E−03
Ant	0.963*	9.801E−02
Fla	0.919*	8.457E−03
Pyr	0.946*	−7.455E−02
BaA	0.945*	0.163
Chr	0.996*	−3.480E−02
BbF	0.952*	−6.734E−02
BkF	0.686	−0.684
BaP	0.912*	−0.114
DahA	0.661	0.649
BghiP	0.981*	−7.107E−02

注:* 表示单一 PAHs 在此主成分上有较大的载荷(>0.80)。

运用 SPSS11.5 软件对骆马湖底泥中 PAHs 主因子分析所得结果进行多元回归统计,以 PAHs 总和的标准化分数为因变量,以各因子得分为自变量。采用逐步回归的方法进行多元线性回归得:

$$\sum PAHs = 0.998F_1 - 0.003F_2 (R = 0.998)$$

各因子的贡献率由以下公式计算:

$$因子贡献率 i = A_i / \sum A_i \times 100\%$$

由此可得骆马湖底泥 PAHs 中 2 个主因子的贡献率分别为 F_1(煤炭秸秆燃烧/交通排放):99.7%,F_2(其他):0.3%。

结果表明,骆马湖底泥中 PAHs 主要来源是煤炭秸秆的燃烧和交通排放,其他来源的贡献率是微乎其微的,骆马湖的 PAHs 的来源比较单一。

3. 微山湖的主因子分析

用 SPSS11.5 软件对微山湖表层沉积物中的 PAHs 的数据进行主因子分析,所得结果如表 4-15 和表 4-16 所示。

表 4-15　　　　　　　　　　微山湖的主因子特征根和方差贡献率

主因子	沉　积　物		
	特征根	方差贡献/%	累计方差贡献/%
F_1	8.155	50.970	50.970
F_2	4.487	28.041	79.011
F_3	1.324	8.273	87.284
F_4	1.177	7.356	94.640

表 4-16　　　　　　　　　　微山湖主因子载荷

化合物	主　成　分			
	沉　积　物			
	1	2	3	4
Nap	0.793	$-2.013E-03$	0.563	-0.217
Acy	0.851*	-0.352	-0.147	0.112
Ace	0.976*	$-4.473E-02$	$-8.705E-03$	$1.893E-02$
Flu	0.961*	$-6.169E-03$	$2.217E-02$	$3.504E-02$
Phe	0.958*	$-7.272E-02$	-0.122	$-6.850E-02$
Ant	0.938*	0.134	-0.260	$9.160E-02$
Fla	0.973*	0.127	$-7.275E-02$	$2.648E-03$
Pyr	0.867*	$-4.544E-02$	$7.676E-02$	0.245
BaA	-0.323	$4.665E-02$	0.479	0.803*
Chr	0.688	0.435	0.317	-0.409
BbF	$3.858E-03$	0.969*	-0.172	$7.579E-02$
BkF	0.209	-0.892	-0.274	0.246
BaP	$1.074E-02$	0.840*	0.455	$9.995E-02$
DahA	0.617	-0.698	0.271	0.196
BghiP	0.645	0.674	-0.162	0.197
IPY	0.110	0.863*	-0.386	0.278

注：* 表示单一 PAHs 在此主成分上有较大的载荷（>0.80）。

由于不同燃烧源产生不同的特征化合物，因此，可以根据 16 种组分的因子载荷结果来判断 PAHs 的来源（详见第一章第二节）。由表 4-16 可见，微山湖沉积物主因子 1(F_1)主要由中、低环 PAHs 构成，按得分的高低分别为：Ace、Fla、Flu、Phe、Ant、Pyr 和 Acy，可以认为 F_1 主要代表炼焦排放以及燃煤木材的燃烧排放；主因子 2(F_2)主要由中、高环 PAHs 构成，主要是 BbF、IPY 和 BaP，可以认为 F_2 主要代表焦炉源和柴油燃烧与天然气的燃烧；主因子 3 未出现有较大载荷的多环芳烃种类，可能代表了挥发性高,水溶性大的 PAHs,它通过水—气交换形式进入水体并最终进入沉积物；主成分 4 主要由 BaA 构成,可

以认为 F_4 主要代表柴油燃烧与天然气的燃烧。据此，可以推断微山湖沉积物中 PAHs 主要来源于焦炉的炼焦生产、煤炭燃烧和交通排放。

运用 SPSS11.5 软件对微山湖底泥中 PAHs 主因子分析所得结果进行多元回归统计，以 PAHs 总和的标准化分数为因变量，以各因子得分为自变量。采用逐步回归的方法进行多元线性回归得：

$$\sum PAHs = 0.991F_1 + 0.111F_2 + 0.012F_3 + 0.050F_4 (R = 0.999)$$

各因子的贡献率由以下公式计算：

$$因子贡献率 i = A_i / \sum A_i \times 100\%$$

由此可得微山湖底泥 PAHs 中 4 个主因子的贡献率分别为 F_1（焦炉源/木材煤炭燃烧）：85.14%，F_2（交通排放）：9.54%，F_3（其他）：1.03%，F_4（柴油燃烧与天然气的燃烧）：4.3%。

结果表明，微山湖中 PAHs 主要来源是焦炉的炼焦生产和煤炭燃烧排放，其对微山湖 PAHs 的贡献率达到了 80%。

二、过水湖泊表层沉积物中 PCBs 的源解析

通过对京杭大运河苏北段主航道表层沉积物中 PCBs 的源解析发现其中的 PCBs 主要来自于商业产品，尤其是低氯代的商业产品。洪泽湖、骆马湖和微山湖是京杭大运河苏北段上的重要蓄水湖泊，与运河水质息息相关，研究三个湖泊表层沉积物中的 PCBs 的来源对于治理和预防京杭大运河苏北段 PCBs 的污染是不可缺少的组成部分。

（一）特征化合物比值法

运用特征化合物比值法对京杭大运河苏北段三个过水湖泊表层沉积物中的 PCBs 进行源解析，所得结果见表 4-17。将所得结果与 PCBs 的商业产品和高温副产物的特征值进行对比后发现，洪泽湖表层沉积物中的 A 值均低于 50%，平均值为 13.52%，说明洪泽湖表层沉积物中的 PCBs 应该主要是来自于 PCBs 的商业产品，而非燃煤等高温过程，这与洪泽湖大量接纳淮河来自上游的工业及生活污水的现状相符。骆马湖的监测点 L_1 和 L_7 的特征化合物比值接近 50%，说明这两个监测点的 PCBs 可能主要源于燃煤、废弃物焚烧等高温过程，这两个监测点位于京杭大运河的航道上并靠近人口稠密的村镇，往来船只多，因此 PCBs 来自于高温过程的可能性较其他监测点要高。微山湖表层沉积物的特征化合物比值显示 PCBs 主要来自于 PCBs 的商业产品的使用，而并非是高温作用所产生的。

（二）主成分分析法

利用 SPSS19.0 的主成分分析功能分别解析京杭大运河苏北段三个过水湖泊表层沉积物中 PCBs 的主要来源。PCBs 各同系物浓度采用主成分提取法提取因子，并配合使用最大方差法进行正交旋转，以保证各解释变量相互独立。主成分分析时对于各监测点未检出的同系物以 0 代替其实际浓度做简化处理。

（1）洪泽湖

经主成分分析降维得到 4 个主成分（表 4-18），表明洪泽湖表层沉积物中 PCBs 的来源可以由 4 种途径来解释，主成分的变异数和碎石图分别如表 4-19 和图 4-11 所示。4 个主成分的变异程度贡献率分别为 34.976%、19.744%、17.204% 和 15.045%，累计可以解释86.969%的总变异程度，即所得的 4 个主成分能够反映 12 个原始变量所包含信息的 86.969%。

表 4-17 京杭大运河苏北段过水湖泊表层沉积物中
$w(PCB\ 126+PCB\ 169)/w(PCB\ 77+PCB\ 126+PCB\ 169)$ 的值

湖泊	监测点编号	A/%	湖泊	监测点编号	A/%	湖泊	监测点编号	A/%
洪泽湖	H_1	10.31	骆马湖	L_1	54.69	微山湖	W_1	1
	H_2	0		L_2	0		W_2	—
	H_3	31.04		L_3	0		W_3	0
	H_4	—		L_4	0		W_4	—
	H_5	17.32		L_5	0		W_5	18.03
	H_6	34.84		L_6	0		W_6	—
	H_7	28.20		L_7	45.39		W_7	0
	H_8	0		L_8	28.70		W_8	10.54
	H_9	0		L_9	0		W_9	0
	H_{10}	0					W_{10}	24.17

表 4-18 四个主成分旋转后的因子载荷表[a]

	成分			
	PC1	PC2	PC3	PC4
PCB105	0.953	0.204	−0.008	0.123
PCB189	0.868	0.113	0.142	0.142
PCB81	0.860	0.293	0.391	0.102
PCB118	0.839	0.106	−0.427	−0.280
PCB169	0.694	0.190	0.471	0.173
PCB114	0.580	0.376	−0.294	0.494
PCB123	0.227	0.948	0.124	0.075
PCB126	0.438	0.656	−0.192	0.007
PCB156	−0.022	0.552	0.333	−0.670
PCB157	0.066	−0.043	0.897	−0.212
PCB77	0.124	0.613	0.655	0.202
PCB167	0.112	0.166	0.059	0.931

注:提取方法:主成分。旋转法:具有 Kaiser 标准化的正交旋转法。上标 a 表示旋转在 6 次迭代后收敛。

表 4-19 为主成分因子载荷矩阵图,图 4-12 为主成分因子在旋转空间中的成分图。对于主成分 1(PC1),同系物 PCB105、PCB189、PCB81、PCB118、PCB114 和 PCB169 具有较大的正载荷,其余组分的因子载荷不大。这 6 种同系物在 Aroclor1260,Aroclor1221 中含量较高,由此推断洪泽湖中 PCBs 的第一主成分的来源主要是此类 PCBs 的商业产品。

表 4-19	洪泽湖表层沉积物中 PCBs 主成分变异数分析表		
成分	旋转平方和载入		
	合计	贡献率/%	累积贡献率/%
1	4.197	34.976	34.976
2	2.369	19.744	54.720
3	2.064	17.204	71.924
4	1.805	15.045	86.969

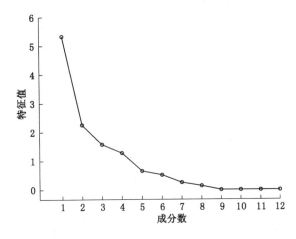

图 4-11 碎石图

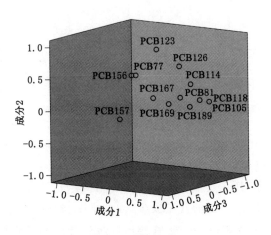

图 4-12 旋转空间中的成分图

主成分 2 的 PCB123、PCB126,尤其是其中的 PCB126 一般不存在于商业产品中,而只存在于高温生产的副产物中,因此主成分 2 的主要来源应是燃煤等高温过程。主成分 3 的 PCB157、PCB77 和主成分 4 的 PCB156、PCB167 则应是来自于 Aroclor1242 和 Aroclor1254 等 PCB_3 和 PCB_5 等商业产品。

（2）骆马湖

骆马湖表层沉积物中的 PCBs 的含量经主成分分析降维后得到 4 个主成分，表明骆马湖表层沉积物中 PCBs 的来源可以由 4 种途径来解释，主成分的变异数和碎石图分别如表 4-20 和图 4-13 所示。4 个主成分的变异程度贡献率分别为 40.638%、23.469%、14.478% 和 14.063%，累计可以解释 92.648% 的总变异程度，即所得的 4 个主成分能够反映 12 个原始变量所包含信息的 92.648%。

表 4-20　　　　　　　　　　骆马湖表层沉积物中 PCBs 主成分变异数分析表

成分	旋转平方和载入		
	合计	贡献率/%	累积贡献率/%
1	4.877	40.638	40.638
2	2.816	23.469	64.107
3	1.737	14.478	78.585
4	1.688	14.063	92.648

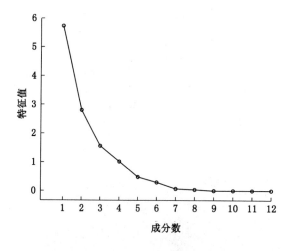

图 4-13　碎石图

表 4-21 为主成分因子载荷矩阵，图 4-14 为主成分因子在旋转空间中的成分图。对于主成分 1（PC1），同系物 PCB167、PCB105、PCB126、PCB114、PCB169、PCB157、PCB77 和 PCB81 具有较大的正载荷，其余组分的因子载荷不大。这 8 种同系物中的 PCB126、PCB169 一般在 Aroclor 商业产品中的含量极少，因此推断骆马湖中 PCBs 的第一主成分的来源主要是来自非故意排放源，即燃煤、焚烧市政垃圾等高温过程产生的废气，而 PCBs 的商业产品对其影响较小。

主成分 2 的 PCB123、PCB189，主成分 3 的 PCB156 和主成分 4 的 PCB118，则在 Aroclor 商业产品中较为常见，如 Aroclor1242、Aroclor1248、Aroclor1254 和 Aroclor1260 等四氯代～六氯代 PCBs 商业产品，因此主成分 2，3 和 4 的主要来源应四氯代～六氯代的 PCBs 商业产品。

表 4-21　　　　　　　　　　　　　　四个主成分旋转后的因子载荷表[a]

	成分			
	PC1	PC2	PC3	PC4
PCB167	0.881	−0.193	0.330	0.250
PCB105	0.877	0.194	−0.032	−0.020
PCB126	0.872	−0.137	0.349	−0.144
PCB114	0.772	0.384	0.032	0.350
PCB169	0.734	0.488	0.250	0.360
PCB157	0.699	0.229	0.051	0.631
PCB77	0.694	−0.408	−0.397	0.085
PCB81	0.671	−0.349	0.638	0.137
PCB123	0.029	0.995	−0.013	−0.008
PCB189	0.029	0.995	−0.013	−0.008
PCB156	0.112	0.081	0.904	0.242
PCB118	−0.042	0.094	−0.236	−0.932

注:提取方法:主成分。旋转法:具有 Kaiser 标准化的正交旋转法。上标 a 表示旋转在 5 次迭代后收敛。

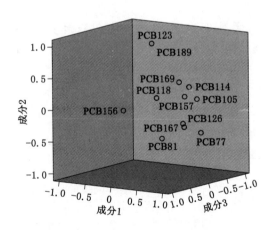

图 4-14　旋转空间中的成分图

（3）微山湖

微山湖表层沉积物中的 PCBs 的含量经主成分分析降维后得到 4 个主成分,表明微山湖表层沉积物中 PCBs 的来源可以由 4 种途径来解释,主成分的变异数和碎石图分别如表 4-22 和图 4-15 所示。4 个主成分的变异程度贡献率分别为 38.879%、19.044%、15.962% 和 12.064%,累计可以解释 85.949% 的总变异程度,即所得的 4 个主成分能够反映 12 个原始变量所包含信息的 85.949%。

表 4-22　　　　　微山湖表层沉积物中 PCBs 主成分变异数分析表

成分	旋转平方和载入		
	合计	贡献率/%	累积贡献率/%
1	4.665	38.879	38.879
2	2.285	19.044	57.923
3	1.915	15.962	73.885
4	1.448	12.064	85.949

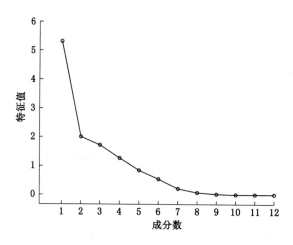

图 4-15　碎石图

　　表 4-23 为主成分因子载荷矩阵,图 4-16 为主成分因子在旋转空间中的成分图。对于主成分 1(PC1),同系物 PCB114、PCB105、PCB118、PCB77、PCB81、PCB157 和 PCB169 具有较大的正载荷,其余组分的因子载荷不大。这其中的 6 种同系物是 Aroclor1242 商业产品的主要成分,由此可以认为微山湖中 PCBs 的第一主成分的来源主要是来自于 Aroclor1242 等 PCB_3 商业产品。

表 4-23　　　　　四个主成分旋转后的因子载荷表[a]

	成分			
	PC1	PC2	PC3	PC4
PCB114	0.948	0.118	0.284	0.012
PCB105	0.941	−0.065	0.077	0.097
PCB118	0.763	0.571	−0.118	−0.086
PCB77	0.749	0.321	0.280	−0.181
PCB81	0.741	−0.187	0.200	0.106
PCB157	0.658	0.028	−0.576	0.398
PCB169	0.621	0.589	−0.238	0.147
PCB156	−0.180	0.966	0.092	−0.030
PCB126	0.244	−0.023	0.954	0.053

	成分			
	PC1	PC2	PC3	PC4
PCB189	0.456	0.516	0.590	0.159
PCB167	−0.200	−0.273	−0.157	−0.815
PCB123	−0.180	−0.426	−0.132	0.716

注:提取方法:主成分。旋转法:具有 Kaiser 标准化的正交旋转法。上标 a 表示旋转在 8 次迭代后收敛。

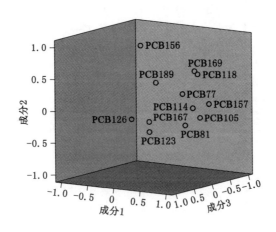

图 4-16　旋转空间中的成分图

主成分 2 的 PCB156 是大部分 Aroclor 商业产品中的组分,因而主成分 2 也是由于 Aroclor 商业产品的污染所造成的。

主成分 3 的 PCB126 和 PCB189 和主成分 4 的 PCB167 和 PCB123,尤其是 PCB126 则在 Aroclor 商业产品中较为少见,因此主成分 3 和 4 应是高温过程产生的副产物的污染造成的。

第三节　过水湖泊表层沉积物中 PAHs 与 PCBs 的风险评价

一、过水湖泊表层沉积物中 PAHs 的风险评价

（一）沉积物质量基准法

用沉积物质量基准法（SQGs）评价洪泽湖、骆马湖和微山湖表层沉积物中 PAHs 的生物毒性效应见表 4-24,其中列出 12 种 PAHs 的 ERL 和 ERM 值。根据风险评价标准可知,各采样点每一种多环芳烃和多环芳烃总量远低于效应区间高值（ERM）,这表明严重的多环芳烃生态风险在洪泽湖、骆马湖和微山湖的沉积物中不存在。同时表中也显示,洪泽湖、骆马湖和微山湖的相对污染系数结果大于 1,即负面生物毒性效应会偶尔发生,并且这些点位显示低分子量 PAHs 的负面毒性效应显著,表层沉积物尤以芴（Flu）和苊（Ace）为重,微山湖 W5 和 W10 样中 PAHs 含量超过 ERL 值的频率较高,表明这两个区域发生 PAHs 生物毒性效应的概率较高。

表4-24　京杭大运河（苏北段）过水湖泊表层沉积物中PAHs的质量（干重）基准评价表

ng/g

PAHs	ERL	ERM	洪泽湖		骆马湖		微山湖	
			含量范围	RCF>1的点位编号	含量范围	RCF>1的点位编号	含量范围	RCF>1的点位编号
Nap	160	2 100	54~176(1)	7	29~127		115~229(3)	1,5,10
Ace	16	500	21~70(10)	1,2,3,4,5,6,7,8,9,10	15~59(8)	1,2,3,5,6,7,8,9	24~225(10)	1,2,3,4,5,6,7,8,9,10
Acy	44	640	10~70(2)	1,7	7~22		7~37	
Flu	19	540	49~89(10)	1,2,3,4,5,6,7,8,9,10	25~98(9)	1,2,3,4,5,6,7,8,9	45~160(9)	1,2,3,4,5,6,7,8,9,10
Phe	240	1 500	37~144		34~79		90~358(1)	10
Ant	85.3	1 100	21~80		8~33		13~96(1)	10
Fla	600	5 100	21~49		10~40		8~126	
Pyr	665	2 600	10~20		8~35		1~33	
BaA	261	1 600	17~41		8~31		6~83	
Chr	384	2 800	25~63		9.9~50		11~53	
BaP	430	1 600	10~29		15~47		24~312	
DahA	63.4	260	13~50		5~30		25~85(2)	5,10
PAHs	4 022	40 792	368~950		189~726		476~1 577	

注：括号内的数字代表超过ERL值的样点数。

（二）过水湖泊对京杭大运河苏北段主航道中 PAHs 含量影响的分析

作为京杭大运河（苏北段）的重要过水湖泊，洪泽湖、骆马湖和微山湖对南水北调东线工程的水质同样有重大的影响，总结京杭大运河（苏北段）与过水湖泊表层沉积物中 PAHs 的含量见表 4-25，过水湖泊中 PAHs 的含量与京杭大运河（苏北段）中 PAHs 的含量与比值见图 4-17 和图 4-18。

表 4-25　　　　京杭大运河（苏北段）与过水湖泊表层沉积物中 PAHs 的含量　　　　　　ng/g

PAHs	洪泽湖	骆马湖	微山湖	苏北运河
Nap	103	71	152	375
Acy	22	13	12	292
Ace	48	30	91	613
Flu	71	59	82	237
Phe	75	57	158	728
Ant	39	21	43	549
Fla	34	28	37	264
Pyr	17	19	13	199
BaA	24	20	22	473
Chr	33	30	28	452
BbF	15	8	21	231
BkF	29	12	32	222
BaP	23	29	87	119
DahA	31	14	50	268
BghiP	49	40	72	348
IPY	11	nd	8	168
总量	611	443	813	5 239

注：nd 代表未检测出。

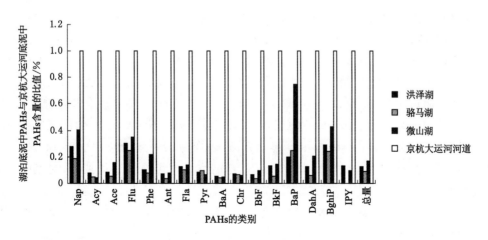

图 4-17　湖泊底泥中 PAHs 含量与京杭大运河（苏北段）底泥中 PAHs 含量的比值

从表 4-25 可见,京杭大运河(苏北段)不同蓄水湖泊中 PAHs 的含量由高到低排列:微山湖＞洪泽湖＞骆马湖,底泥中 $\sum$ PAHs 的含量分别为:813 ng/g ,611 ng/g 和 443 ng/g 分别处于低—中、低等、低等污染水平。

从表 4-25、图 4-17 和图 4-18 可见,过水湖泊底泥与湖水中 PAHs 的含量远远小于京杭大运河(苏北段)底泥与河水中 $\sum$ PAHs 的含量,只有微山湖底泥的 BaP 达到了京杭大运河(苏北段)底泥中 BaP 含量的 73.5%,而其余 PAHs 均未达到杭大运河(苏北段)底泥中 PAHs 含量的 50%。

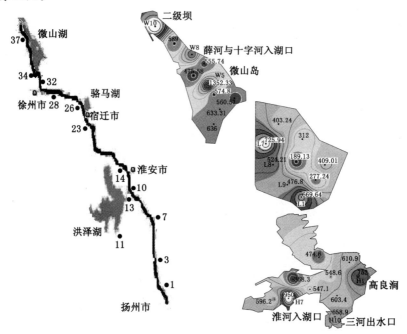

图 4-18　京杭大运河(苏北段)与过水湖泊水体底泥中 PAHs 含量的分布图

正常情况下,京杭大运河(苏北段)的河水自然条件下自北向南缓慢流动,而沿途所经过的三个蓄水型湖泊必然会对苏北运河的水质产生影响。

自北向南,顺着水流的方向可发现蓄水湖泊对京杭大运河(苏北段)的 PAHs 含量上所产生的影响。37# 样点靠近微山湖的二级坝,南四湖上级湖的 11 条入湖河流带来 PAHs 顺泥沙南下,在狭窄的二级坝处积累,使得此处的 PAHs 的含量较高,底泥的含量为 8 762 ng/g,在整个微山湖航道,京杭大运河(苏北段)底泥中 PAHs 的含量并未有较大的变化,34# 采样点底泥的含量为 7 575 ng/g,(见表 3-1 的 33#～36# 样点),进入徐州市区与船闸等航运交通枢纽后,底泥中 PAHs 的浓度逐渐升高,表现为 32#、31#、30#、29# 和 28# 5 个样点的 PAHs 的含量底泥均超过了 10 000 ng/g,随着离开市区及交通繁忙处,底泥中 PAHs 的浓度逐渐降低,进入骆马湖的入口窑湾处(26#),底泥的含量为 5 798 ng/g,进入骆马湖后,因骆马湖水多来自沂蒙山洪和天然雨水,沿湖又无工业污染,故此湖区 PAHs 的含量较低,底泥的平均含量为 443 ng/g,而靠近入口处的骆马湖湖区内的京杭大运河航道采样点(L_7)受入湖河水的影响较大,底泥平均含量为 725.94 ng/g,为骆马湖湖区中浓度最高处,此处是京杭大运河的航道,随着水流向东南,水体中 PAHs 的含量呈下降趋势,经过骆马湖的稀释作用,京杭大运河(苏北段)在出了骆马湖航道后,底泥中的 PAHs 进一步降低,23# 采样点为 3 862 ng/g,随水流继续南下,苏北运河中的 PAHs 的含量逐渐降低,至 14# 采样点处,底泥中 PAHs 的含量为 2 694 ng/g;洪泽湖作为京杭大运河(苏北段)最大的蓄水湖,其对水质的影响也极为重要。淮河是洪泽湖最大的入湖河流,占入湖总流量的 70% 以上,在靠近淮河入口处的老子山乡设立采样点 H7#,其底泥中 PAHs 的含量为 950 ng/g,靠近三河出水口的 H10# 采样点,其底泥中 PAHs 的含量为 659 ng/g,靠近高良涧附近苏北灌溉总渠的 H1# 采样点,其底泥中 PAHs 的含量为 753 ng/g,三河与苏北灌溉总渠是洪泽湖主要的排水河道,淮河入湖水流带来的 PAHs 在入湖口处沉积下来,入湖口处水体 PAHs 的含量较高,随着湖水的流动,湖区水体中 PAHs 的含量迅速下降,而在出湖口处,因湖水带来的泥沙颗粒在此沉降,使得出湖口水体中 PAHs 的含量又有所升高。从此处再向南行(10#~1# 采样点),底泥的含量整体呈现逐渐降低的趋势,7# 采样点处,底泥的含量为 2 646 ng/g,3# 采样点处,底泥的含量为 634 ng/g(水源保护地),1# 采样点处底泥的含量为 1 743 ng/g。

可见,过水湖泊并未加重京杭大运河(苏北段)中 PAHs 的污染水平,相反过水湖泊的存在可有效降低京杭大运河(苏北段)中 PAHs 的含量。经过过水湖泊的层层稀释,京杭大运河(苏北段)中 PAHs 的含量由北向南逐渐降低。

二、过水湖泊表层沉积物中 PCBs 的风险评价

洪泽湖、骆马湖和微山湖 3 个过水湖泊表层沉积物中 PCBs 的含量明显低于主航道的 PCBs 含量,但对于生态环境的影响不能够从浓度直接判断,必须结合评价方法和相关的标准来分析其对水体及周边生态环境的潜在风险。

(一)潜在生态危害指数法

利用潜在生态危害指数法对京杭大运河苏北段三个过水湖泊的表层沉积物中的 PCBs 进行生态风险评价,结果见表 4-26。根据评价标准,三个湖泊的大部分监测点的表层沉积物中 PCBs 的生态风险均较轻微,不会对生态环境造成明显的生态危害,只有洪泽湖的 H6 和 H7 两个监测点的生态风险呈现出了中等的生态危害。

(二)毒性效应评价法

根据世界卫生组织 2005 年确定的二噁英类 PCBs 的毒性当量因子(WHO-TEF)来计算京杭大运河苏北段三个过水湖泊的表层沉积物中 PCBs 毒性当量,并结合美国国家海洋大气管理局(NOAA)关于沉积物环境的毒性当量质量标准对其生态风险进行评价,评价结果见表 4-27。根据毒性当量值,借助 Surfer9.0 和 SigmaPlot12.0 绘制出 3 个湖泊的毒性当量分布图,分别见图 4-19、图 4-20、图 4-21,将各自的生态风险用不同的颜色加以区分,颜色越深代表生态风险越高。

将洪泽湖 10 个监测点的 12 种 PCBs 同系物的毒性当量结果与 NOAA 关于沉积物环境的毒性当量质量标准进行对比之后,结合图 4-19 可以看出,H5 和 H6 的毒性当量高于 PEL 值,即这两个监测点的 PCBs 将会使生物体受到严重的威胁,并可能导致负效应;H3 和 H7 的毒性当量介于 AET 和 PEL 之间,即对特定的指示性生物会有不良影响;其他的 6 个监测点的毒性当量均低于 AET 值,即可认为对生物没有毒性或毒性不会对生物造成不良影响。

表 4-26　　　**京杭大运河苏北段过水湖泊表层沉积物 PCBs 潜在生态危害指数评价结果表**

湖泊	监测点编号	潜在生态危害指数	评价结论	湖泊	监测点编号	潜在生态危害指数	评价结论	湖泊	监测点编号	潜在生态危害指数	评价结论
洪泽湖	H_1	33.36	轻微	骆马湖	L_1	17.54	轻微	微山湖	W_1	11.17	轻微
	H_2	31.45	轻微		L_2	11.28	轻微		W_2	9.75	轻微
	H_3	29.75	轻微		L_3	9.89	轻微		W_3	12.70	轻微
	H_4	26.03	轻微		L_4	7.80	轻微		W_4	11.34	轻微
	H_5	37.36	轻微		L_5	8.07	轻微		W_5	31.41	轻微
	H_6	64.59	中等		L_6	15.45	轻微		W_6	8.83	轻微
	H_7	57.16	中等		L_7	28.63	轻微		W_7	11.20	轻微
	H_8	39.27	轻微		L_8	17.76	轻微		W_8	30.20	轻微
	H_9	25.69	轻微		L_9	11.06	轻微		W_9	11.15	轻微
	H_{10}	33.40	轻微						W_{10}	31.86	轻微

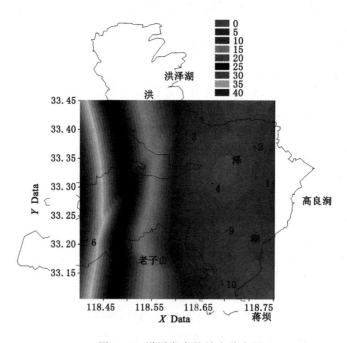

图 4-19　洪泽湖毒性效应分布图

表 4-27　京杭大运河苏北段过水湖泊表层沉积物中 PCBs 毒性当量表

单位：pg/g

湖泊	监测点编号	PCB77	PCB81	PCB105	PCB114	PCB118	PCB123	PCB126	PCB156	PCB157	PCB167	PCB169	PCB189	$\sum$ PCBs-TEQ
洪泽湖	H_1	0.192	0.099	0.10	0.630	0.099					0.014	2.210		3.397
	H_2	0.081	0.132	0.185	0.473	0.204	0.053			0.231	0.005		0.422	1.502
	H_3	0.099	0.101	0.120	0.383	0.159			0.489			4.470		6.052
	H_4	0.118	0.118	0.075		0.193	0.079		0.531	0.403				1.399
	H_5	0.111	0.095	0.143	0.601	0.186	0.099	23.300	0.496		0.006			25.037
	H_6	0.209	0.244	0.241	0.637	0.191	0.103	30.500	0.404	0.505	0.015	8.110	0.609	41.768
	H_7	0.190	0.198	0.201	0.729	0.162	0.078		0.501	0.688	0.010	7.460	0.420	10.637
	H_8	0.155	0.106	0.153	0.492	0.125	0.074		0.679		0.010		0.346	2.140
	H_9	0.078	0.066	0.109	0.270	0.091				0.450	0.015			1.079
	H_{10}	0.188	0.104	0.084		0.098	0.051		0.709	0.840				2.074
	合计	1.303	1.263	1.411	4.215	1.508	0.537	53.8	3.809	3.117	0.075	22.25	1.797	95.085
	贡献率/%	1.37	1.33	1.48	4.43	1.59	0.56	56.6	4.00	3.28	0.08	23.40	1.89	100
骆马湖	L_1	0.032		0.100	0.257	0.065	0.041		0.164	0.204		3.910	0.037	4.810
	L_2	0.060	0.048	0.075		0.041			0.179	0.130				0.533
	L_3	0.055		0.052	0.206	0.064				0.176				0.553
	L_4	0.021	0.034	0.076		0.041			0.117					0.289
	L_5	0.044	0.029	0.036		0.061			0.160					0.33
	L_6	0.099		0.103	0.421	0.100								0.723
	L_7	0.088	0.146	0.138	0.358	0.056		30.500	0.211	0.302	0.004	4.280		36.083
	L_8	0.085	0.053	0.089	0.211				0.219	0.297	0.002	3.410		4.384
	L_9	0.037	0.071	0.050		0.090			0.237					0.467
	合计	0.521	0.381	0.719	1.453	0.518	0.041	30.500	1.287	1.109	0.006	11.6	0.037	48.172
	贡献率/%	1.08	0.79	1.49	3.02	1.08	0.09	63.31	2.67	2.30	0.01	24.08	0.08	100

续表 4-27

湖泊	监测点编号	PCB77	PCB81	PCB105	PCB114	PCB118	PCB123	PCB126	PCB156	PCB157	PCB167	PCB169	PCB189	Σ PCBs-TEQ
微山湖	W_1		0.066	0.070	0.106	0.035				0.115	0.003	3.440		3.835
	W_2		0.055	0.051		0.061			0.222	0.164				0.553
	W_3	0.066	0.058	0.067	0.109	0.043				0.209	0.002			0.554
	W_4		0.046	0.050	0.454	0.045			0.156	0.105				0.856
	W_5	0.125	0.066	0.099	0.302	0.056		27.400	0.675	0.441	0.010		0.028	29.202
	W_6		0.051	0.070		0.025	0.032			0.213				0.391
	W_7	0.048	0.027	0.059		0.069			0.201		0.004			0.408
	W_8	0.091	0.181	0.120	0.445	0.103		10.700	0	0.803				12.443
	W_9	0.058		0.071		0.065			0.199	0.226				0.619
	W_{10}	0.102	0.087	0.104	0.464	0.135			0.744	0.346	0.019	3.260		5.242
合计		0.490	0.637	0.761	1.88	0.637	0.032	38.100	2.197	2.622	0.019	6.700	0.028	54.103
贡献率/%		0.91	1.17	1.41	3.47	1.18	0.06	70.42	4.06	4.85	0.04	12.38	0.05	

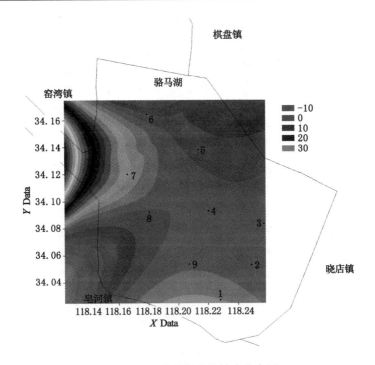

图 4-20 骆马湖毒性效应分布图

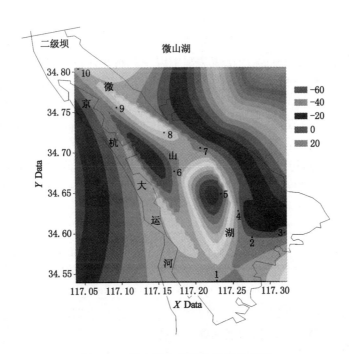

图 4-21 微山湖泊的毒性效应分布图

将骆马湖的 9 个监测点的毒性当量进行同样的比对之后发现,骆马湖中心湖区的 L_2、L_3、L_4、L_5、L_6 和 L_9 等 6 个监测点的毒性当量均低于 TEL 值,即可认定为没有毒性;L_1 和 L_8 这两个监测点的毒性当量介于 AET 和 PEL 之间,即对特定的指示性生物会有不良影响;而 L_7 的毒性当量大于 PEL 值,即代表这一监测点的 PCBs 的毒性将会使生物体受到严重的威胁,并可能导致负效应。

微山湖的整体情况与骆马湖类似,其中的 W_2、W_3、W_4、W_6、W_7 和 W_9 等 6 个监测点的毒性当量小于 TEL 值,即可认为对生物没有毒性;W_1、W_8 和 W_{10} 的毒性当量则介于 AET 和 PEL 之间,即对特定的指示性生物会有不良影响;而监测点 W_5 的 PCBs 的毒性则会对生物体造成严重的威胁,并可能导致负效应。

利用两种评价方法对京杭大运河苏北段三个过水湖泊的表层沉积物中的 PCBs 的生态风险进行评价后可以发现,潜在生态危害指数法的评价是基于所有 PCBs 同系物的毒性一致的前提下进行的评价,因此评价结果是正比于 PCBs 的含量,并不能真实的反映 PCBs 对生物可能存在的生态风险,而只是对潜在的风险进行初步的判断。而毒性效应评价法则是以 PCBs 的毒性作为风险评价的因子,对 12 种 PCBs 同系物的毒性进行归一化后定量描述出 PCBs 对生物的潜在影响。两种评价方法的结论结合起来分析,骆马湖和微山湖表层沉积物中 PCBs 的潜在生态风险较小,对生物的影响较小,而洪泽湖表层沉积物中的 PCBs 的生态毒性在三个湖泊中是最高的,这主要与随淮河进入洪泽湖的上游来水有密切的关系,应引起高度重视。

第四节 本 章 小 结

京杭大运河苏北段不同蓄水湖泊表层沉积物中 PAHs 的含量由高到低排列:微山湖>洪泽湖>骆马湖,底泥中 PAHs 的含量分别为 813 ng/g、611 ng/g 和 443 ng/g,分别处于低—中、低等、低等污染水平。运用比值法和主因子分析法对三个湖泊进行了源解析,发现尽管三者的源解析不完全相同,但其主要来源均是湖面船只的燃油排放与湖区人们的生活排放。其中柴油燃烧和煤炭对洪泽湖沉积物中多环芳烃的贡献率分别为 69.26%;煤炭秸秆燃烧和交通排放对骆马湖中多环芳烃的贡献率均超过了 98%;焦炉源和木材煤炭燃烧对微山湖中多环芳烃的贡献率超过了 80%。

利用沉积物质量基准法(SQGs)和商值法(HQ)对过水湖泊中 PAHs 的风险评价表明,严重的多环芳烃生态风险在过水湖泊沉积物中不存在,负面生物毒性效应会偶尔发生,风险主要来源于低环的多环芳烃,以芴(Flu)和苊(Ace)为主。

过水湖泊底泥中 PAHs 的含量远远小于京杭大运河(苏北段)底泥中 PAHs 的含量,只有微山湖底泥的 BaP 的含量较高,达到了京杭大运河(苏北段)底泥中 BaP 含量的 73.5%,而其余 PAHs 均未达到杭大运河(苏北段)底泥中 PAHs 含量的 50%。

过水湖泊并未加重京杭大运河(苏北段)中 PAHs 的污染水平,相反,过水湖泊的存在可有效降低京杭大运河(苏北段)中 PAHs 的含量。经过过水湖泊的层层稀释,京杭大运河(苏北段)中 PAHs 的含量由北向南逐渐降低。

京杭大运河苏北段三个主要过水湖泊的表层沉积物中均检出了 PCBs,其中洪泽湖,骆马湖和微山湖的平均含量分别为 9.451 ng/g、3.542 ng/g、4.240 ng/g,从含量上来看,洪泽湖>微山湖>骆马湖。在空间分布上显示出靠近入湖河口、航道、人口稠密的地区的表层沉积物中 PCBs 浓度较高,而主湖区的浓度较低。三个湖泊中,只有洪泽湖表层沉积物中 PCBs 的平均浓度接近于主航道中的平均值,而骆马湖和微山湖的平均浓度远低于主航道的平均值。这种分布特征说明,三个过水湖泊对主航道不仅可以起到调节水量的作用,也可以同时调节其水质,使主航道中的 PCBs 部分沉降到湖泊中,从而起到调节水质的作用,湖泊中的 PCBs 则不会对主航道中的 PCBs 产生较大影响。

三个湖泊中的 PCBs 从组成成分来分析,主要是以低氯代联苯为主,高氯代联苯的贡献率较低。其中,洪泽湖、骆马湖和微山湖均以五氯联苯为主,贡献率分别为 46.62%,2.52% 和 46.52%。洪泽湖和骆马湖中的六氯联苯和七氯联苯含量均较微小,微山湖中的六氯联苯较高,贡献率达到 27.20%。三个湖泊中的 PCBs 组成成分与主航道中的组成成分非常接近,主要以五氯联苯为主。这一现象进一步说明,湖泊中的 PCBs 在一定程度上应该是受到了京杭大运河主航道的影响。

对比两种源解析方法的结论可以推断出,洪泽湖中的 PCBs 主要来自于 PCBs 的商业产品;骆马湖中的 PCBs 则主要来自于高温过程的副产物;而微山湖中的 PCBs 主要来自于以 Aroclor1242 等为主的 PCBs 的商业产品。

利用潜在生态危害指数法和毒性效应评价法对三个湖泊表层沉积物中的 PCBs 进行风险评价。对比两种评价方法的评价结论发现:三个湖泊中的 PCBs 的潜在生态毒性总体来说均较轻微,即对生态不会构成严重的威胁。将三个湖泊的评价结论相比较,洪泽湖表层沉积物中的 PCBs 的生态毒性在三个湖泊当中是最高的,而骆马湖和微山湖表层沉积物中 PCBs 的潜在生态风险较小,对生物的影响较轻微。从空间分布上分析,京杭大运河主航道和三个过水湖泊的生态风险呈现在上游较小,逐渐到下游生态风险有增大的趋势。

第五章　京杭大运河苏北段表层沉积物中 PAHs 与 PCBs 释放动力学研究

京杭大运河(苏北段)是典型的平原河网水系,具有流速慢、水体浅、逆流频繁等特点,河流的自净能力差、底泥容易沉积。20 世纪 70 年代以来,随着两岸城市的发展及两岸工业的兴起,大量城市污水和工业废水直接排入运河,运河的污染逐渐加重,80 年代以来,京杭大运河(苏北段)的污染问题受到国家和省市政府的重视,开展了一系列污染治理研究和污染治理工程措施。南水北调工程开工后,为确保调水的水质问题,《南水北调工程总体规划》规划了"清水廊道工程"、"用水保障工程"和"水质保障工程"三大工程,对调水的外部环境污染问题给予了极大的关注,但对于京杭大运河(苏北段)内源污染问题重视不足。虽然这些工程在一定程度上改善了京杭大运河(苏北段)污染状况,但作为航道,京杭大运河(苏北段)的频繁航运使底泥的再悬浮作用强烈,仅靠引水、截污等方法难以从根本上解决运河的污染问题,还必须了解并解决京杭大运河(苏北段)底泥的内源污染问题。

由于黄河以南输水河道均有堤防,调水期间的河道水位均高于周边地区,受到面污染影响的区域为洪泽湖、骆马湖和南四湖地区。据近几年水质实测资料评价,骆马湖水质均优于Ⅲ类,其中大多数指标达到Ⅱ类水质标准,可满足饮用水水源水质要求[201];洪泽湖的上游受蚌埠闸等的控制,下游受到二河闸、三河闸等控制,即保证了洪泽湖持有较高的水位,又使淮河下泄的污水由三河闸导向下游出水口,减轻了对洪泽湖的污染,且蚌埠闸开闸放水时尽量以小流量的方式进行,污水在由淮河主干道流向洪泽湖的过程中可以充分利用河流的自净能力,减少入湖污水对洪泽湖的污染负荷。考虑到调水工程实施后,湖泊的运行水位将抬高,水量交换时间缩短,水体自净能力将会得到显著的提高,且进入洪泽湖和骆马湖的支流多有水闸控制,因此,可能受面污染影响的区域为南四湖地区。南四湖直接入湖河流有 53条之多,且基本集中在上级湖。新中国成立以来,经过不同程度的治理和大量水利工程的修建,南四湖入湖径流的控制程度很高。该区域以农业为主,农业生产缺水很严重,非汛期的污废水基本上都积蓄在河道内用于灌溉。目前,影响南四湖水质的主要污染源仍然是工业废水和生活污水。根据山东省环境保护科学研究设计院的研究,山东省境内南水北调区域面污染源 COD 的入河量占总量的 15.2%,南四湖流域面污染源 COD 的入河量占总量的11.4%,而且主要集中在汛期[1]。由于南水北调东线调水工程的调水期以非汛期为主,加之南四湖堤防和河道水闸对水流的控制作用,可以认为作为南四湖下级湖的微山湖的面污染源对调水工程水质的影响很小。主要的污染应是京杭大运河(苏北段)底泥中的释放所致。

从长江调出的洁净江水,进入调水水道后,将改变水体的自流方向,由自北而南的自然水流变为在逐渐提水的条件下的自南而北的流向。同时,大量洁净水体调入,将打破京杭大运河(苏北段)水体原本的平衡状态,促使长久积存于底泥中的物质向水体中释放,从而达到新的动态平衡,在这种状况下,河流底泥扮演着"源"的角色,会源源不断地向水中释放PAHs 与 PCBs,从而改变 PAHs 与 PCBs 在原有水体和底泥中的分布规律,恶化南水北调的水质,底泥中历年所积累的污染物将对调水水质的好坏产生重大的影响。为此研究京杭大运河(苏北段)底泥 PAHs 与 PCBs 污染的释放规律有十分重要的意义。本章将对不同 pH 值、不同温度、不同水动力条件、不同有机质含量的底泥等因素影响下的京杭大运河(苏北段)底泥 PAHs 与 PCBs 的释放做系统研究,以期得到底泥污染物 PAHs 与 PCBs 在不同条件下的释放规律,为正确选择治理京杭大运河苏北段沉积物中 PAHs 与 PCBs 内源释放的措施提供依据。

作为河流污染物的主要蓄积库,底泥不仅可以直接反映水体的污染历史,而且在一定条件下会向上覆水体释放各种污染物,是影响河流水质的重要二次污染源[2-4]。瑞典的 Järnsjön 湖[5]和美国的 Hudson 河[6]都曾出现过 PCBs 的内源性释放导致的水体污染,在点源污染得到有效控制以后,底泥就成为河流水体污染的重要内源。

被污染的底泥是水体潜在的污染源,对于由于底泥污染物的释放而引起的水体污染问题,较早引起了国内外学者的关注。大量的研究指出外源污染物进入湖泊水体后,大部分将积累在湖泊底泥上,一旦流入水体的污染物数量减少,造成水中污染物的浓度降低,那么积累在湖泊底泥中的污染物将再次释放进入水体,构成水体的二次污染[7,8]。对于影响底泥释放的因素,大量的研究结果认为影响污染底泥释放污染物的主要因素有 4 个,即溶解氧、pH 值、温度和扰动[9-11]。其研究成果归结起来主要有:高溶解氧条件下有利于抑制底泥释放,而厌氧条件下将加速沉积物中污染物释放;在中性条件下,磷释量最小,pH 值升高或降低时释磷量倍增;环境温度升高,使得各种物理、化学、生物反应(如扩散、有机质矿化等)的速率加快,从而导致底泥污染物的释放明显增加;扰动将增加底泥中污染物向水体的释放,扰动越大,这种影响越明显。

解岳等、姜永生等对沉积物中有机污染物释放过程的研究发现:污染物自身的理化性质、沉积物的结构和物理化学性质以及温度、水力扰动、pH 值等外界因素都将影响底泥有机物向上覆水体的释放[12,13]。解岳等研究发现:相同污染负荷下,含油废水直接排放(吸附后)对河流水质造成的污染要比污染沉积物中石油类的释放产生的污染更为严重[14]。应时理等对宁波邻近海域沉积物释放有机物的研究结果表明,沉积物中有机物的释放量与沉积物有机物的含量成正相关关系[15]。李彬等研究发现,底泥污染物释放扩散受到底泥本身物理性质和上覆水体水动力特性的共同作用[16]。郭建宁等对低溶解氧(DO)状态下不同类型沉积物各形态氮(N)的释放规律做了研究,结果表明,低 DO 状态下,不同上覆水条件能明显影响沉积物—水系统中 N 迁移转化[17]。张坤、解岳等的研究表明:流速、温度、pH 及固相的结构特征是影响水溶性有机物释放速率的重要因素。流速加快,pH 上升均导致释放加快,温度过低和过高则不利于释放[13,18]。

沉积物的污染物释放试验可以采用多种方法进行,如静态摇瓶法[19]、流动柱法[20]、连续清洗法[21]等。国内外大多数学者的研究多以静水实验为主,大多是关于氮、磷等物质释放的研究;而且实验也多是在烧杯、锥形瓶等小容器中进行,且实验时间较短[22-24]。从水动力学角度,考虑上覆水体的水动力特性对底泥污染物释放扩散影响的研究尚少,且这些工作基本上是研究沉积物中重金属,有机耗氧物质及 N、P 等营养盐的释放规律,有关沉积物中 PAHs 与 PCBs 的释放尚未见相关报道。

基于此,本研究做了不同条件下底泥中 PAHs 与 PCBs 释放规律的探讨。在实验过程中,PAHs 中二环的萘(Nap)、三环的二氢苊(Ace)和苊(Acy)有较大的挥发性,极易在实验过程中通过水—气界面的挥发进入空气,从而造成监测数据不准确,而六环的 PAHs 在实验的过程中,因沉积物中含量较低和人为误差的缘故,在实验数据的监测中,未能形成有效的数据系列,故此本章选择芴(Flu)、菲(Phe)、芘(Pyr)、苯并(a)蒽(BaA)、苯并(b)荧蒽(BbF)和苯并(k)荧蒽(BkF)作为低、中、高环 PAHs 的代表;PCBs 以在前期水样中检出率较高的同系物是 PCB118、114 和 126 作为研究对象。根据自制装置,对不同环境条件下,底泥沉积物中的 PAHs 与 PCBs 向上覆水体释放的规律进行了柱状水槽机理的初步研究,以期得到底泥污染物 PAHs 与 PCBs 在不同环境及动水条件下的释放规律,为正确选择治理京杭大运河(苏北段)沉积物中 PAHs 与 PCBs 内源释放的措施提供依据。实验所选择的 6 种 PAHs 与 3 种 PCBs 的基本理化性质如表 5-1 和表 5-2 所示。

表 5-1 释放实验所选 PAHs 的物理化学性质

PAHs	分子量	环数	沸点/℃	溶点/℃	生物富集因子	土壤(沉积物)有机碳吸附系数
Flu	166	3	276	119	1.0	10
Phe	178	3	326	136	1.5	19
Pyr	202	4	369	166	3.4	55
BaA	228	4	400	177	12	284
BbF	252	5	461	209	27	820
BkF	252	5	430	194	39	667

表 5-2 释放实验所选 PCBs 同系物的基本理化性质

同系物	氯取代数	分子量	含氯量	熔点/℃	亨利常数 (atm-m³/mol)	水溶性 /(ug/L)	Lg Kow	极性与否
PCB114				98~99	6.90E-05	2.58	6.65	非极性
PCB118	5	326.43	54.30	111~113	8.50E-05	1.59	7.12	非极性
PCB126				160~161	5.40E-05	1.03	6.89	极性

第一节　沉积物样品的选取与处理

一、PAHs 释放实验中沉积物的采集和处理

选择京杭大运河徐州段幸福新村作为释放实验的研究样本,该地位于徐州市金山桥开发区,紧靠中能硅业的排水沟,船只过往频繁,是省水质监测点。

在进行沉积物中 PAHs 释放影响因子试验之前,先测定沉积物的含水率,然后取部分沉积物样品除去碎石、败叶等,经自然风干,捣碎后过 100 目孔径筛,测其 pH 值、电导率和有机质含量等基本理化性质,结果见表 5-3。

表 5-3 沉积物的基本理化性质

含水率/%	pH 值	电导率/(mS/cm)	总有机碳(TOC)
71.81±0.03	7.8	10.32±0.02	14.8

二、PCBs 释放实验中沉积物的采集和处理

PCBs 释放实验所用的沉积物样品选择的原则是沉积物中 PCBs 的含量较高,各同系物的检出率高,位于运河的典型河段且易得。因此结合前期实验的数据,最终选择了京杭大运河(徐州段)洞山西监测点附近河段作为释放实验沉积物样品的采集点。该河段位于徐州市北郊的金山桥开发区,区内工业企业较为密集,有啤酒厂、制药厂、垃圾焚烧厂等,采样点紧临保利协鑫(徐州)再生能源发电厂(垃圾焚烧发电厂)和江苏协鑫硅材料科技发展有限公司,且紧邻京福高速。将采集的样品按第二章第三节和第四节方法前处理净化后,分析沉积物样品中的 PCBs、TOC 及粒径分布,结果见表 5-4。

表 5-4　　　释放实验用沉积物中 PCBs、TOC 及颗粒粒径分布一览表

PCBs 同系物	含量	PCBs 同系物	含量	TOC 含量/%	粒径	粒径分布/%
PCB77	1.57	PCB126	0.42		$<75\ \mu m$	20.83
PCB81	0.25	PCB156	1.07			
PCB105	5.01	PCB157	0.38	2.95	$75\sim200\ \mu m$	71.31
PCB114	0.79	PCB167	0.31			
PCB118	11.51	PCB169	0.27		$>200\ \mu m$	7.86
PCB123	0.78	PCB189	0.20			

第二节　底泥中 PAHs 释放实验的设计

国内外学者[1-3]的研究多以静水实验为主,实验多是在烧杯、锥形瓶等小容器中进行,实验时间较短。为更好地研究底泥中 PAHs 的释放,特设计了一组实验装置,以期能贴切的模拟底泥中 PAHs 的释放。实验装置如图 5-1 所示。

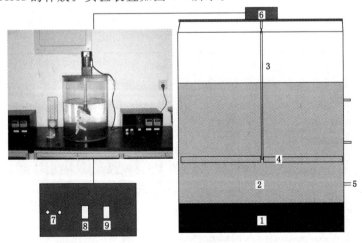

图 5-1　释放装置简图

1——底泥;2——上覆水;3——可伸缩调节杆;4——垂直叶片;5——取样口;6——低速马达;

7——电源开关;8——时间设置开关;9——转速调节开关

此装置为有机玻璃材质,直径 55 cm,高度 60 cm,其中底泥厚度 10 cm,上覆水 22 L,高度 30 cm,泥水总高度 40 cm,中部均匀设计有 3 个水样采集孔。不锈钢垂直叶片可在底泥与水面高度之间任意调节,时间可任意设置停止与打开的时间,低速马达的调节范围较大,可在 5~200 r/min 的范围内任意调节。

实验设计:装置如图 5-1 所示,在实验装置中均匀铺设 10 cm 的新鲜沉积物,密封静置 15 d,使其自然沉淀,达到污染物分布平衡。用虹吸装置,结合吸管,完全去除上层清水,通过虹吸管非常缓慢地向桶内注入 22 L 加入 NaN₃(0.3 g/L)的去离子水,尽量不扰动沉积物。

采样时间:分别于去离子水注入大桶后 1 d、2 d、3 d、4 d、6 d、9 d、12 d、15 d、18 d、21 d、26 d、31 d、38 d、45 d、52 d 取样 100 mL,取样后补充所损失的水分。

因所取水样与整体比较极少(0.1 L/22 L),故不考虑取样对水体 PAHs 释放的影响。第一天采样时间因间隔时间较短,故也不考虑水分的蒸发损失。从第二日开始,取一烧杯,放入去离子水,测定烧杯与水的总重,每天测其重量,以差值作为水分的蒸发损失,同步做水分蒸发量的测定。测定结果见表 5-5。每天补充采样与蒸发所致的水量的减少。

表 5-5 水分的蒸发量

日期	相对湿度/%	烧杯总质量/g	蒸发量/g	蒸发量百分比/%
1 d	71	198.567 2	0	0
2 d	62	196.724 0	1.843 8	0.93
3 d	62	194.020 6	2.703 4	1.37
4 d	60	189.328 0	4.892 6	2.52
5 d	72	187.538 0	1.790 0	0.95
6 d	60	184.864 9	2.693 1	1.44
9 d	35	178.044 4	6.820 5	3.69
14 d	76	169.785 3	5.125 2	2.88
21 d	60	156.086 8	13.698 5	8.07
31 d	68	136.422 1	19.664 7	12.59
41 d	65	119.588 6	16.833 5	12.34

由表 5-5 可见,每日水分的蒸发量有限,且每天均补充所蒸发的水量,所测数据对实验结果不会有太大的影响,故以后实验均不再考虑水分损失所带来的实验误差问题。

水样中 PAHs 的测定方法详见第二章第二节。

第三节 底泥中 PAHs 与 PCBs 释放的影响因素研究

一、底泥中 PAHs 释放的影响因素研究

有关沉积物中 PAHs 的分布人们已经做了大量的研究,众多的研究表明水体沉积物中 PAHs 的吸附与有机质的含量有极大的关系,Prahl 和 Carpenter 的研究表明 PAHs 更倾向于分布到低含量、大粒径的部分上去[25],Simpsom 也发现大粒径的颗粒(300~1 180 μm 和 >1 180 μm)上分布着高浓度的 PAHs[26]。鉴于此,本研究做了不同粒径沉积物上 6 种

PAHs 的含量与 TOC 的关系,以期更好地明白水体沉积物中 PAHs 的分布特征。

众多研究指出一旦流入水体的污染物减少,积累在水体底部的污染物将再次释放进入水体,构成二次污染,影响污染底泥释放的因素主要有 4 个,即溶解氧、pH 值、温度和扰动[5-11]。解岳等、曹军等的研究发现:污染物自身的理化性质、沉积物的结构和物理化学性质以及温度、水力扰动、pH 值等外界因素都将影响底泥有机物向上覆水体的释放[11,12]。从长江调出的洁净江水,进入调水水道后,将改变水体的自流方向,由自北而南的自然水流变为在逐渐提水的条件下的自南而北的流向,同时,大量洁净水体的调入,将打破京杭大运河(苏北段)水体原本的平衡状态,促使长久积存于底泥中的物质向水体中释放,从而达到新的动态平衡。河水流向的改变,航行船只的扰动,清洁水体的冲洗等因素的改变将会对底泥中 PAHs 的释放产生重大的影响,鉴于此,本研究选择了 pH 值、温度、扰动、不同底泥有机质含量和换水清洗这几个影响因子,研究这些不同的因素对底泥中 PAHs 释放的影响。

(一)不同粒径沉积物中 6 种单体 PAHs 的分布特征

1. 不同粒径沉积物中 6 种单体 PAHs 的含量

由于沉积物的组成高度不均匀,我们将采集来的部分沉积物样品用不同孔径的分析筛湿筛分离成不同粒径部分,分别为:不分,$>250~\mu m$,$125\sim250~\mu m$,$62\sim125~\mu m$ 和 $<62~\mu m$ 的样品,$62\sim125~\mu m$ 和 $<62~\mu m$ 的样品使用离心法取得(6 000 rpm,30 min),所有样品离心除去水分后,冷冻保存,称取 10 g 沉积物,提取并测定其中 PAHs 的含量,方法详见第二章第二节,测定结果见表 5-6 和图 5-2。

表 5-6　　　　　　　　　　　不同粒径沉积物中 6 种单体 PAHs 的含量

粒径 PAHs	$<62~\mu m$	$62\sim125~\mu m$	$125\sim250~\mu m$	$>250~\mu m$	不分
Flu	2 323	2 223	3 884	4 100	3 177
Phe	2 910	2 691	13 458	17 051	11 544
Pyr	1 141	1 114	1 905	2 933	1 468
BaA	2 907	2 717	6 504	9 321	4 301
BbF	1 359	1 234	3 868	5 345	2 519
BkF	1 323	1 251	6 269	11 141	3 178
总量	11 964	11 230	35 888	49 890	26 185
TOC	3.1	2.9	19.4	24.5	14.8

从表 5-6 和图 5-2 可见,不同粒径沉积物中 6 种 PAHs 都被检测出,浓度有相似的分布规律,以三环的 Phe 和四环的 BaA 含量为高。6 种 PAHs 在不同粒径沉积物中分布规律基本相同,但无论是对单个 PAH,还是 PAHs,其浓度却相差甚远,不同粒径沉积物中 6 种 PAHs 浓度如表 5-3 所示,范围为 11 230～49 890 ng/g。PAHs 浓度最高的是最大粒径组分($>250~\mu m$),为 40 890 ng/g,其次是 $125\sim250~\mu m$ 粒径,PAHs 浓度为 35 888 ng/g,其他依次为 $<62~\mu m$、$62\sim125~\mu m$,PAHs 浓度分别为 11 964 ng/g 和 11 230 ng/g,这两者并没有较大的区别。未分级沉积物中 PAHs 为 26 185 ng/g,介于不同粒径沉积物之间。从表 5-3 和图 5-1 可见,不同粒径沉积物中 PAHs 的含量和粒径大小具有一定的相关性,随着粒

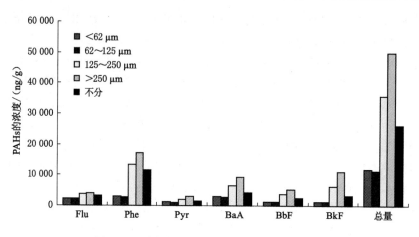

图 5-2　不同粒径沉积物中 6 种 PAHs 的分布

径的增大,PAHs 的浓度呈现增大的趋势。粒径大小是造成 PAHs 在不同粒径之间分布差异的原因之一。

2. 不同粒径沉积物中有机碳含量对 PAHs 分布的影响

不同粒径沉积物中 PAHs 浓度和 TOC 含量见表 5-6 和图 5-3。由表 5-6 和图 5-3 可见,不同粒径沉积物中 PAHs 浓度随着粒径沉积物中 TOC 含量的增大而增大。TOC 含量最高的是>250 μm 的沉积物部分,其 TOC 含量为 24.5%,PAHs 浓度为 49 890 ng/g;TOC 含量最低的沉积物部分粒径为 62~125 μm,其 TOC 含量是 2.9%,PAHs 浓度为 11 230 ng/g。不同粒径沉积物中单种 PAH 的浓度与 TOC 的含量变化保持高度的一致性,对单种 PAH 的浓度与 TOC 含量进行相关分析,结果(图 5-3)表明各种 PAHs 在不同粒径沉积物中浓度与相应的 TOC 含量均呈现显著的相关性(r^2 分别为 0.908 3,0.945 2,0.871 8,0.862 9,0.936 4,0.766 3,0.890 7,$p<0.01$)。PAHs 是疏水性有机物,所测试的 6 种 PAH 的 lg K_{OC} 的值都大于 3,易与有机碳作用而富集在水体沉积物中。因此,不同粒径沉积物中 PAHs 的分布与相应粒径有机碳的含量有显著的相关性,沉积物中 TOC 的含量是影响不同粒径沉积物中 PAHs 分布的主要因素。

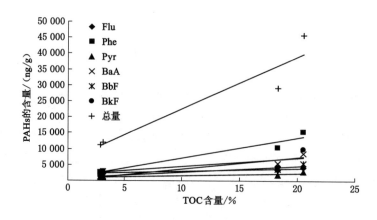

图 5-3　不同粒径颗粒物中 PAHs 含量与 TOC 含量的关系

3. 有机质性质对 PAHs 分布的影响

不同粒径沉积物中 TOC 含量范围为 2.9%～24.5%(表 5-6),分析表明(图 5-4),沉积物中 TOC 的含量和沉积物的粒径大小呈显著的正相关(相关系数 r^2 为 0.874 9, $p < 0.01$),>250 μm 沉积物中 TOC 最高,为 24.5%,62～125 μm 与 <62 μm 粒度沉积物中 TOC 低,比较接近,分别为 2.9% 和 3.1%。造成不同粒径沉积物中 TOC 含量差异的主要原因是,粒径 >250 μm 的沉积物中含有大量富含有机质的木炭、植物碎屑、残体等物质[27,28],而粒径较小的 62～125 μm 和 <62 μm 沉积物中,其主要成分为焦炭、炭黑以及无定形有机质(腐殖质等)[28]。通常植物碎屑、残体、焦炭、炭黑类有机质对 PAHs 的富集能力比无定形有机质高一两个数量级[29],因为这些有机质同 PAHs 之间亲和力不同,故可能对 PAHs 在不同粒径沉积物间的分布产生影响。

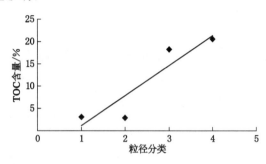

图 5-4　粒径大小与 TOC 含量的关系

由上可知,不同粒径沉积物中的 PAHs 的含量各不相同,其含量与粒径的大小成正比;而不同粒径沉积物中 TOC 的含量是影响 PAHs 在不同粒径沉积物中分布的主要因素,不同粒径沉积物中 PAHs 浓度与 TOC 显著相关($r^2 = 0.841\ 9, p < 0.01$)。此外,沉积物中有机质类型和结构也对 PAHs 分布具有一定程度的影响。

(二) pH 值对底泥中 PAHs 释放的影响

1. 实验设计

① 叶片转速 7 r/min,速度极慢,并未引起底泥及底层水的扰动。另于去离子水注入大桶后 1.5 d、2.5 d、3.5 d、5 d、7 d、10 d、13 d、16 d、19 d、23 d、28 d、33 d、40 d、47 d、54 d 取样 100 mL,预备做释放模型的检验。

② 水体 pH 值的控制,使用磷酸缓冲液调节水体的 pH 值分别为 4、7 和 8。

2. 结果与讨论

不同 pH 条件下 Flu,Phe,Pyr,BaA,BbF 和 BkF 的释放见表 5-7 与图 5-5。

从表 5-7 和图 5-5 可以看出,在释放进行的第一天,三种 pH 水体中 Flu 的浓度迅速增加,在第 15～18 天基本达到最高峰;偏碱性水体中 Phe 的浓度迅速增加,在第 12 天时达到最高峰,酸性及中性水体中 Phe 的浓度在第 18 天和第 15 天左右基本达到最高峰;随后略有下降,至第 21～26 天基本达到平衡,随后一直保持在这个状态。当去离子水加入大罐时,引起孔隙水与底泥表层沉积物中 Flu 和 Phe 的迅速释放,很快达到高值,而随着时间的持续,维持水体、孔隙水与底泥表层 Flu 和 Phe 的平衡,吸附作用加强,从而使得水体中 Flu 与 Phe 的浓度略有下降,直至平衡。

表 5-7　不同 pH 条件下 Flu，Phe，Pyr，BaA，BbF 和 BkF 的释放

ng/L

PAHs	pH值	1 d	2 d	3 d	4 d	6 d	9 d	12 d	15 d	18 d	21 d	26 g	31 d	38 d	45 d	52 d
Flu	7	367	546	806	918	952	978	1 015	1 057	1 010	998	987	985	981	983	982
	4	295	475	733	827	885	938	965	983	987	932	905	914	908	910	910
	8	308	540	835	928	974	1 028	1 084	1 135	1 174	1 104	1 103	1 093	1 109	1 099	1 107
Phe	7	1 251	2 374	3 036	3 685	3 972	4 104	4 359	5 010	4 817	4 629	4 501	4 254	4 308	4 175	4 220
	4	1 195	2 039	2 569	2 749	3 059	3 276	3 574	3 958	4 104	3957	3 573	3 478	3 561	3 486	3 503
	8	1 466	2 486	3 087	3 904	4 298	4 533	4 864	4 726	4 901	4577	4 630	4 564	4 609	4 584	4 590
Pyr	7	128	197	238	275	327	352	336	346	333	353	369	328	332	320	321
	4	114	180	208	254	275	289	298	301	296	292	287	288	287	286	286
	8	115	198	215	261	291	303	327	336	316	321	317	313	312	312	311
BaA	7	244	363	474	585	649	684	718	749	752	785	769	755	747	751	749
	4	208	310	408	516	613	674	724	697	713	703	700	678	685	685	684
	8	255	349	430	557	702	721	787	757	800	713	708	713	710	710	711
BbF	7	126	210	293	314	364	335	347	336	311	325	331	319	330	316	320
	4	91	169	237	276	302	346	331	327	313	315	309	311	310	311	311
	8	148	193	284	306	408	356	335	342	316	322	319	315	317	315	315
BkF	7	137	257	349	424	379	419	442	414	387	394	401	405	390	403	395
	4	149	214	303	386	409	407	406	398	395	396	396	397	395	398	395
	8	124	249	319	409	478	421	398	388	393	395	402	398	392	391	391

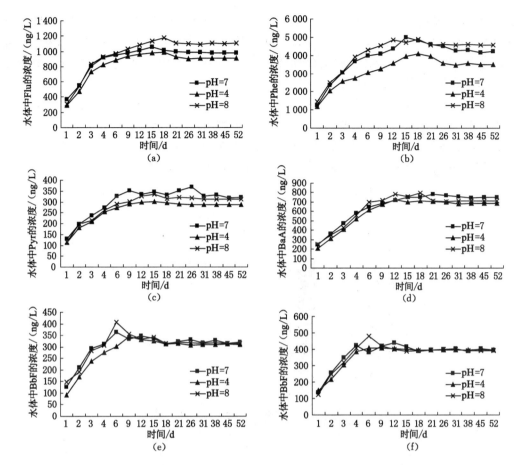

图 5-5　不同 pH 条件下 Flu，Phe，Pyr，BaA，BbF 和 BkF 的释放曲线
(a) Flu；(b) Phe；(c) Pyr；(d) BaA；(e) BbF；(f) BkF

　　在释放进行的第 15 天，酸性与偏碱性水体中 Pyr 释放基本达到最高峰，随后略有下降，在第 18 天基本达到了释放平衡，三种水体中 BaA 的释放一直在缓慢上升，略有调整后在第 31 天时进入平衡状态，中性水体中 Pyr 释放出现了两个小高峰，在第 38 天时才进入平衡状态。

　　在释放过程中，酸性水体中 BbF 和 BkF 的浓度逐渐上升，第 18 天后基本维持平衡状态，而在释放进行的前 6 天，偏碱性和中性水体中 BbF 的浓度迅速增加，在第六天出现了一个小高峰，随后略有下降，第 18 达到平衡；而在释放进行的第 6 天，偏碱性水体中 BkF 的浓度出现高峰，随后略有下降，第 15 天达到平衡状态；而中性水体中的 BkF 历经数次波动后在第 21 天基本达到平衡状态。

　　在偏碱性条件下(pH=8)，底泥释放三环多环芳烃最多，酸性条件下(pH=4)底泥所释放的三环多环芳烃最少。偏碱性、酸性和中性条件下，Flu 的释放量分别是 1 107 ng/L、910 ng/L 和982 ng/L，与中性水体相比，分别增加 12.74% 和降低 7.27%；Phe 的释放量分别是 4 590 ng/L、3 503 ng/L 和 4 220 ng/L，与中性水体相比，分别增加 8.78% 和降低 16.98%。水体的 pH 值对三环的 Flu 和 Phe 的释放有影响，随着 pH 值的增加，水体中 Flu 的释放有增加的趋势。

　　在中性条件下(pH=7)，底泥释放 Pyr 和 BaA 最多，酸性与偏碱性条件下(pH=4 和pH=8)，底泥所释放的 Pyr 和 BaA 有所减少，但三者的差别很小。偏碱性、酸性和中性条件下,Pyr 的释放量分别是 311 ng/L、286 ng/L 和 321 ng/L,BaA 的释放量分别是 711 ng/L、684 ng/L 和 749 ng/L。与中性水体相比,偏碱性、酸性条件下,Pyr 的释放量分别降低 2.87% 和 10.72%,BaA 的释放量分别降低 5.15% 和 8.74%。水体的 pH 值对四环的 Pyr 和 BaA 的释放有影响,但影响较小。

不同 pH 条件下,底泥所释放的 BbF 和 BkF 有所不同,但三者的差别极小,BbF 的释放量分别是 320 ng/L、311 ng/L 和 315 ng/L,BkF 的释放量分别是 395 ng/L、395 ng/L 和 391 ng/L。水体的 pH 值对五环的 BbF 和 BkF 的释放基本无影响。

第 52 日释放大致平衡后,水体中各单体 PAH 的浓度见图 5-6。

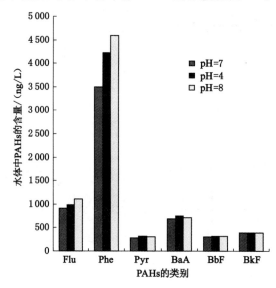

图 5-6 不同 pH 条件下第 52 日 PAHs 的释放

从图 5-6 可见,pH 值对低环 PAHs 的释放有一定的影响,Flu 和 Phe 在水体的释放量随着 pH 值的升高,释放量也逐步增加,这是因为随着 pH 值的增大,底泥中有机质分子构型中疏水性位点消失,对 Flu 和 Phe 的亲和力下降,吸附 Flu 和 Phe 的能力降低,从而使得水体底泥中 Flu 和 Phe 的释放量增加;而底泥中四环的 Pyr 在酸性条件下(pH=4)释放量略有降低,在中性及偏碱性的条件下,释放量基本无变化;中、高环的 BaA、BbF 和 BkF 的释放所受到的水体 pH 值的影响极小,基本上可以忽略不计,这是因为多环芳烃分子量越大,水溶解度越低,其水相迁移能力越差,土壤(沉积物)有机碳吸附系数也随之大幅度提高,更易于吸附到悬浮物和沉积物上,因此 pH 的改变对其释放影响有限。

(三)温度对底泥中 PAHs 释放的影响

1. 实验设计

装置同第五章第三节,只是水体不再调节 pH,采用注入去离子水至所需量即可,pH 值在 7 左右。实验时间为 2010 年 1 月 10 日至 2010 年 3 月 6 日,时值冬季,温度极低,温度基本在 5 ℃,另两组设备置于生化培养箱,分别调节温度在 15 ℃ 和 25 ℃。

采样时间:同第五章第三节。

2. 结果与讨论

不同温度条件下 Flu,Phe,Pyr,BaA,BbF 和 BkF 的释放见表 5-8 与图 5-7。

表 5-8　不同温度条件下 Flu,Phe,Pyr,BaA,BbF 和 BkF 的释放

ng/L

PAHs	温度/℃	1 d	2 d	3 d	4 d	6 d	9 d	12 d	15 d	18 d	21 d	26 g	31 d	38 d	45 d	52 d
Flu	5	367	646	758	875	958	1 093	1 050	1 057	1 010	998	987	985	981	983	982
	15	484	727	1 028	1 038	1 150	1 073	1 228	1 285	1 121	1 099	1 106	1 093	1 084	1 091	1 090
	25	495	741	986	1 033	1 079	1 114	1 175	1 259	1 202	1 229	1 198	1 186	1 195	1 186	1 186
Phe	5	1 251	2 136	3 018	4 386	4 240	5 009	5 152	4 856	4 817	4 629	4 501	4 254	4 308	4 175	4 220
	15	1 338	2 517	4 289	4 538	4 831	5 196	5 313	5 020	4 954	4 716	4 452	4 510	4 467	4 415	4 416
	25	1 363	2 794	3 989	4 839	4 958	5 939	5 616	5 185	5 293	5 137	5 047	4 995	4 976	4 980	4 979
Pyr	5	128	205	259	287	303	332	336	346	333	353	369	328	332	320	321
	15	134	207	284	304	346	365	399	359	346	347	334	330	331	330	330
	25	135	222	309	330	358	385	362	392	350	358	348	353	349	352	351
BaA	5	184	266	412	548	639	712	802	818	752	787	756	765	762	754	749
	15	251	382	541	693	758	875	924	869	784	769	765	764	772	765	765
	25	254	406	554	737	779	847	954	919	840	806	794	805	814	805	804
BbF	5	126	210	240	275	305	335	347	336	311	325	331	319	330	316	320
	15	132	219	268	325	378	352	384	354	339	333	339	330	329	328	328
	25	149	247	301	348	407	401	399	346	357	345	351	339	344	340	340
BkF	5	127	197	269	324	359	419	422	414	387	394	401	405	390	403	395
	15	142	219	310	373	398	429	437	407	397	402	409	405	400	403	403
	25	176	268	348	418	381	457	436	426	420	417	419	422	417	417	418

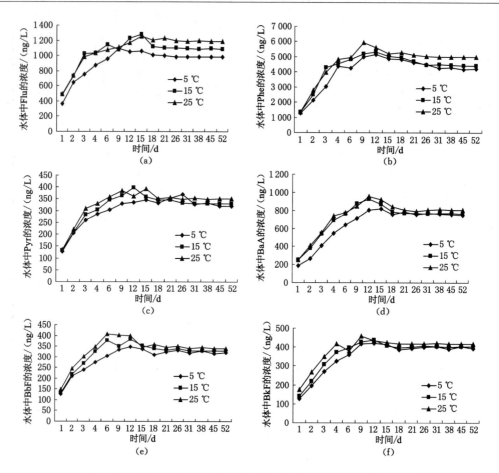

图 5-7　不同温度条件下 Flu,Phe,Pyr,BaA,BbF 和 BkF 的释放曲线

(a) Flu;(b) Phe;(c) Pyr;(d) BaA;(e) BbF;(f) BkF

从图 5-7 可以看出,随着温度的升高,水体中 Flu 的释放峰值也随之增加,温度升高,各种物理、化学、生物反应(如扩散、有机质矿化等)的速率加快,导致底泥中污染物的释放有所加强,5 ℃、15 ℃和 25 ℃条件下 Flu 的释放量分别为 982 ng/L、1 089 ng/L 和 1 186 ng/L,以 5 ℃的释放量为基础,15 ℃和 25 ℃条件下的释放量分别增加 11％和 20.8％,温度对 Flu 的释放有影响。

Phe 的释放情况与 Flu 比较接近,在第 21～26 天时三种温度条件下的释放基本达到平衡,浓度变化很小,5 ℃、15 ℃和 25 ℃条件下 Flu 的释放量分别为 4 220 ng/L、4 416 ng/L 和 4 979 ng/L,以 5 ℃的释放量为基础,15 ℃和 25 ℃条件下的释放量分别增加 4.64％和 17.98％,温度对 Phe 的释放有影响。

前 4 个小时内,随着温度的升高,水体中 Pyr 和 BaA 的释放迅速增加,于第 12 天左右达到最高,随后略有下降,维持在一定范围内波动,三种温度条件下的释放总量变化很小。5 ℃、15 ℃和 25 ℃条件下,Pyr 的释放量分别为 321 ng/L、330 ng/L 和 351 ng/L,BaA 的释放量分别为 749 ng/L、765 ng/L 和 804 ng/L。以 5 ℃的释放量为基础,15 ℃和 25 ℃条件下,Pyr 的释放量分别增加 3.06％和 9.5％,BaA 的释放量分别增加 2.07％和 7.33％,温度对四环的 Pyr 和 BaA 的释放有影响,但影响较小。

随着温度的升高,水体中 BbF 和 BkF 的释放迅速增加,随后略有下降,分别于第 21 天后和第 26 天后基本达到平衡,维持在一定范围内波动,三种温度条件下的释放总量基本无变化,BbF 的释放量分别为 320 ng/L、328 ng/L 和 340 ng/L,BkF 的释放量分别为 395 ng/L、403 ng/L 和 418 ng/L。以 5 ℃ 的释放量为基础,15 ℃ 和 25 ℃ 条件下,BbF 的释放量分别增加 2.49％ 和 6.2％,BkF 的释放量分别增加 2.18％ 和 5.83％。温度对五环的 BbF 和 BkF 的释放有影响,但影响较小。

随着温度的升高,水体中 PAHs 的释放峰值也随之增加,温度升高,各种物理、化学、生物反应(如扩散、有机质矿化等)的速率加快,导致底泥中污染物的释放有所加快,第 52 日释放大致平衡后,水体中各单体 PAH 的浓度见图 5-8。从图 5-8 可以看出,除 25 ℃ 条件下 Flu 和 Phe 的释放较 5 ℃ 条件下的释放有较大程度的提高,温度对各单体 PAHs 的释放影响都很小,或是因为温度的设置差别较小,故没能显出明显的差异。

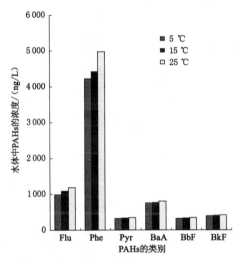

图 5-8　不同温度条件下第 52 日 PAHs 的释放

（四）扰动对底泥中 PAHs 释放的影响

京杭大运河的通航里程为 1 442 km,其中全年通航里程为 877 km,主要分布在黄河以南的山东、江苏和浙江三省。京杭大运河(苏北段)作为主要的航运线路,经近年分段拓宽,已可通航 500～1 000 t 级以上拖带船队。船只在京杭大运河(苏北段)的航行中,极易引起河水的扰动与表层沉积物颗粒的悬浮,改变水中原有物质的平衡状态,引起物质在水体中的重新分布,故此设计了底层水静止与表层沉积物悬浮两种水动力条件下底泥中 PAHs 的释放的实验,以了解水体扰动对底泥中 PAHs 释放的影响。

1. 实验设计

装置同第三节,调节垂直叶片的速率,叶片转速 7 r/min,速度极慢,并未引起底泥及底层水的扰动;叶片转速 150 r/min,速度较快,引起底层水的扰动和表层沉积物的悬浮。

采样时间:同第三节,但采样只进行到 38 天。另于去离子水注入大桶后 1.5 d、2.5 d、3.5 d、5 d、7 d、10 d、13 d、16 d、19 d、23 d、28 d、33 d、40 d 取样 100 mL,预备做释放模型的检验。

2. 结果与讨论

不同扰动条件下 Flu,Phe,Pyr,BaA,BbF 和 BkF 的释放见表 5-9 与图 5-9。

表 5-9　不同扰动条件下 Flu, Phe, Pyr, BaA, BbF 和 BkF 的释放

ng/L

PAHs	状态	1 d	2 d	3 d	4 d	6 d	9 d	12 d	15 d	18 d	21 d	26 d	31 d	38 d
Flu	静止	367	646	758	875	958	1 093	1 050	1 057	1 010	998	987	985	981
Flu	扰动	678	1 291	1 398	1 494	1 580	1 697	1 621	1 574	1 550	1 480	1 442	1 445	1 443
Phe	静止	1 251	2 136	3 018	4 386	4 240	5 009	5 152	4 856	4 817	4 629	4 501	4 254	4 308
Phe	扰动	2 232	5 237	6 053	7 330	6 993	6 476	6 385	6 130	5 879	5 730	5 732	5 731	5731
Pyr	静止	128	205	259	287	303	332	336	346	333	353	369	328	332
Pyr	扰动	186	256	317	361	452	401	383	391	376	370	371	368	369
BaA	静止	184	266	412	548	639	712	802	818	752	787	801	785	762
BaA	扰动	230	403	656	788	960	1 135	895	848	816	814	815	818	816
BbF	静止	126	210	240	275	305	335	347	336	311	325	331	319	330
BbF	扰动	187	275	327	398	365	477	411	396	373	367	350	347	348
BkF	静止	127	197	269	324	359	419	422	414	387	394	401	405	390
BkF	扰动	198	309	384	435	469	516	479	432	441	425	410	412	411

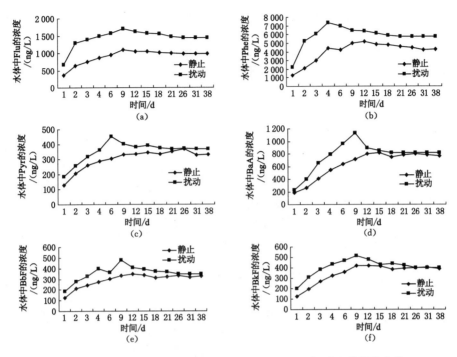

图 5-9　不同扰动条件下 Flu,Phe,Pyr,BaA,BbF 和 BkF 的释放曲线
(a) Flu;(b) Phe;(c) Pyr;(d) BaA;(e) BbF;(f) BkF

由图 5-9 可以看出,扰动使得水体中 Flu 和 Phe 含量的峰值增加,且最终平衡时扰动状态下水体中 Flu 和 Phe 含量显著高于静止状态,Flu 和 Phe 在扰动状态下的平衡浓度分别为 1 443 ng/L 和 5 731 ng/L,较静止状态下的平衡浓度(分别为 981 ng/L 和 4 308 ng/L)分别增加 47.1%和 33.1%,扰动对水体中三环的 Flu 和 Phe 的释放有显著的影响。

扰动使得水体中 Pyr 含量的峰值提前出现,且水体中 Pyr 和 BaA 含量的峰值较静止时高,然而随着扰动时间的延续,平衡时扰动状态下水体中 Pyr 和 BaA 含量略高于静止状态,Pyr 和 BaA 在扰动状态下的平衡浓度分别为 369 ng/L 和 816ng/L,较静止状态下的平衡浓度(分别为 332 ng/L 和 762 ng/L)分别增加 11.36%和 7.1%,扰动对水体中四环的 Pyr 和 BaA 的释放有影响,但影响较小。

扰动使得水体中 BbF 和 BkF 的含量较静止时高,最终平衡时扰动状态下水体中 BbF 和 BkF 含量略高于静止状态,BbF 和 BkF 在扰动状态下的平衡浓度分别为 348 ng/L 和 411 ng/L ,较静止状态下的平衡浓度(分别为 330 ng/L 和 390 ng/L)分别增加 5.49%和 5.36%。扰动对水体中五环的 BbF 和 BkF 的释放有影响,但影响较小。

第 38 日释放大致平衡后,水体中各单体 PAHs 的浓度见图 5-10。

从图 5-10 可见,扰动对三环 PAHs 的释放有一定的影响,Flu 和 Phe 在水体的释放量在扰动条件下增加,四、五环的 Pyr、BaA、BbF 和 BkF 则变化较小,这是因为扰动对底泥中污染物的释放影响是一种物理过程,扰动将增加污染物向水体的释放,扰动使得最表面的沉积物悬浮在水体中,增加与水体的接触面,又使得表面下的沉积物也得到与水体接触的概率,通过孔隙水和解析作用向水体中短时间内释放大量的单体 PAH,从而使得在扰动条件下,水体中各单体 PAH 的含量较静止状态下迅速增加;而扰动会带来大量的悬浮颗粒物,

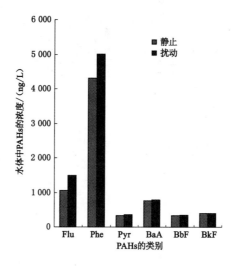

图 5-10　不同扰动条件第 38 日时 PAHs 的释放

扰动的颗粒对水体中的 PAHs 具有吸附作用,这些疏水性有机污染物(单体 PAH)一旦进入水环境后,其中很大一部分会以吸附作用迅速进入悬浮颗粒物和沉积物界面。Shi 等研究发现,多环芳烃分子量越大,水溶解度越低,其水相迁移能力越差,土壤(沉积物)有机碳吸附系数也随之大幅度提高[30],更易于吸附到悬浮物和沉积物上,使得水体中低环的 Flu 和 Phe 的释放较静止时大,而中、高环的 Pyr、BaA、BbF 和 BkF 虽然刚开始的释放量也增大,但最终其释放量较静止并无明显的变化。

(五)底泥有机质含量对底泥中 PAHs 释放的影响

由 5.2 可知,TOC 是影响 PAHs 在不同粒径沉积物中分布的主要因素,不同粒径沉积物中 PAHs 浓度与 TOC 显著相关,TOC 是影响 PAHs 在沉积物中分布的主要因素,因此选择两种不同 TOC 含量的沉积物,在相同的条件下做释放实验,以了解底泥中 TOC 的含量对水体沉积物中 PAHs 释放的影响。

1. 实验设计

实验设计同第三节,叶片转速 7 r/min,速度极慢,并未引起底泥及底层水的扰动。

有机质含量对底泥中 PAHs 释放影响的材料选择:幸福新村与姜桥村,两个样本沉积物最初的 6 种 PAHs 与 TOC 的含量如表 5-10 所示。

采样时间:同第一节。

表 5-10　　　　　　　　　样本沉积物 6 种 PAH 与 TOC 的含量　　　　　　　　　　ng/g

样本	Flu	Phe	Pyr	BaA	BbF	BkF	总量	TOC/%
幸福新村	3 177	11 544	1 468	4 301	2 519	3 178	26 185	14.8
姜桥村	113	287	21	488	66	65	1 040	3.2

2. 结果与讨论

不同底泥有机质含量条件下 Flu,Phe,Pyr,BaA,BbF 和 BkF 的释放见表 5-11、表 5-12 与图 5-11。

表 5-11　不同有机碳条件下 Flu,Phe,Pyr,BaA,BbF 和 BkF 的释放

ng/L

PAHs	有机碳含量	1 d	2 d	3 d	4 d	6 d	9 d	12 d	15 d	18 d	21 d	26 g	31 d	38 d	45 d	52 d
Flu	低(3.217%)	7.64	14.15	19.09	22.65	24.19	26.35	27.86	28.07	27.53	27.82	27.71	27.56	27.7	27.55	27.56
	高(14.8%)	483.7	726.5	1 028.4	1 037.5	1 149.6	1 073.4	1 227.5	1 285.1	1 120.6	1 099.3	1 105.7	1 093.02	1 083.7	1 091.2	1 089.5
Phe	低(3.217%)	12.1	20.7	29.33	32.79	35.46	37.26	38.12	36.99	37.21	37.38	37.29	37.31	37.34	37.35	37.35
	高(14.8%)	1 338.1	3 316.6	4 288.5	4 537.5	4 830.7	5 195.8	5 312.5	5 019.6	4 953.5	4 715.9	4 451.6	4 509.6	4 466.8	4 415.3	4 415.7
Pyr	低(3.217%)	nd	nd	0.595	0.87	1.23	1.37	1.42	1.39	1.37	1.36	1.38	1.37	1.39	1.38	1.39
	高(14.8%)	133.5	206.8	284.4	303.5	345.7	364.7	398.5	359.32	346.424	346.9	333.8	329.7	330.6	329.9	330.4
BaA	低(3.217%)	10.05	14.78	18.36	21.7	22.6	24.95	25.3	24.9	24.79	24.88	24.79	24.85	24.87	24.86	24.87
	高(14.8%)	251.2	382.1	540.8	692.6	758.3	874.6	923.7	868.5	783.5	769.3	765.3	764.2	771.5	765.3	764.7
BbF	低(3.217%)	nd	nd	1.03	1.46	1.57	1.64	1.81	1.76	1.71	1.72	1.71	1.7	1.72	1.71	1.71
	高(14.8%)	131.8	219.1	268.4	324.8	377.9	351.6	383.5	354.2	338.5	332.6	338.9	329.7	328.6	327.9	328.3
BkF	低(3.217%)	nd	0.98	1.59	2.15	2.58	2.83	2.94	2.73	2.71	2.7	2.69	2.7	2.71	2.7	2.7
	高(14.8%)	141.9	218.7	309.8	372.9	397.5	428.9	436.9	407.3	396.7	402.3	408.6	405.3	399.7	402.9	403.3

注:nd 代表未检测出。

表5-12　不同有机碳条件下 Flu，Phe，Pyr，BaA，BbF 和 BkF 的释放量与底泥含量的比值

PAHs	有机碳含量	1 d	2 d	3 d	4 d	6 d	9 d	12 d	15 d	18 d	21 d	26 g	31 d	38 d	45 d	52 d
Flu	低(3.217%)	0.068	0.126	0.170	0.201	0.215	0.234	0.248	0.249	0.245	0.247	0.246	0.245	0.246	0.245	0.245
	高(14.8%)	0.152	0.229	0.324	0.327	0.362	0.338	0.386	0.405	0.353	0.346	0.348	0.344	0.341	0.344	0.343
Phe	低(3.217%)	0.042	0.072	0.102	0.114	0.123	0.129	0.133	0.129	0.129	0.130	0.129	0.129	0.130	0.130	0.130
	高(14.8%)	0.116	0.287	0.372	0.393	0.418	0.450	0.460	0.435	0.429	0.409	0.386	0.391	0.387	0.382	0.383
Pyr	低(3.217%)	0.000	0.000	0.029	0.042	0.060	0.067	0.069	0.068	0.067	0.066	0.067	0.067	0.068	0.067	0.068
	高(14.8%)	0.091	0.141	0.194	0.207	0.236	0.249	0.272	0.245	0.236	0.236	0.227	0.225	0.225	0.225	0.225
BaA	低(3.217%)	0.021	0.030	0.038	0.045	0.046	0.051	0.052	0.051	0.051	0.051	0.051	0.051	0.051	0.051	0.051
	高(14.8%)	0.058	0.089	0.126	0.161	0.176	0.203	0.215	0.202	0.182	0.179	0.178	0.178	0.179	0.178	0.178
BbF	低(3.217%)	0.000	0.000	0.016	0.022	0.024	0.025	0.027	0.027	0.026	0.026	0.026	0.026	0.026	0.026	0.026
	高(14.8%)	0.052	0.087	0.107	0.129	0.150	0.140	0.152	0.141	0.134	0.132	0.135	0.131	0.131	0.130	0.130
BkF	低(3.217%)	0.000	0.015	0.024	0.033	0.040	0.043	0.045	0.042	0.041	0.041	0.041	0.041	0.041	0.041	0.041
	高(14.8%)	0.045	0.069	0.098	0.117	0.125	0.135	0.138	0.128	0.125	0.127	0.129	0.128	0.126	0.127	0.127

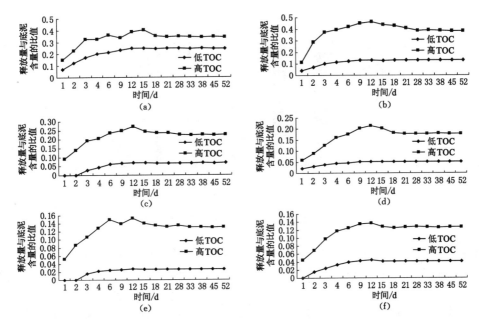

图 5-11　不同有机碳条件下 Flu,Phe,Pyr,BaA,BbF 和 BkF 的释放曲线

(a) Flu;(b) Phe;(c) Pyr;(d) BaA;(e) BbF;(f) BkF

由图 5-11 可知,高 TOC 条件下,前 12 天 Flu 和 Phe 有一个快速释放的过程,40.5％的 Flu 和 46.02％的 Phe 在第 15 天和第 12 天时就释放了出来,随后进入缓慢的平衡过程,分别在在第 28 天、第 21 天基本达到释放平衡时,约 34.3％的 Flu 和 38.3％的 Phe 被释放了出来;低 TOC 条件下,9 天内 24％的 Flu、6 天内 12％的 Phe 被迅速释放出来,随后就维持在这一水平附近,达到平衡时,Flu 与 Phe 的释放率分别为 24.5％和 13％,远低于高 TOC 条件下的释放率。

高 TOC 条件下,前 12 天 Pyr 和 BaA 有一个快速释放的过程,约 27％的 Pyr、21％的 BaA 在第 12 天时就释放了出来,随后进入缓慢的平衡过程,在第 6 天的时候,基本达到了释放平衡,约 22.5％的 Pyr、17.8％的 BaA 被释放了出来;低 TOC 条件下,Pyr 和 BaA 被释放出来,随后就维持在这一水平附近,达到平衡时,Pyr 和 BaA 的释放率分别为 6.8％和 5.1％,远低于高 TOC 条件下的释放率。

高 TOC 条件下,前 9 天 BbF 和 BkF 有一个快速释放的过程,约 14％的 BbF 和 BkF 被释放了出来,随后进入缓慢的平衡过程,在第 52 天的时候基本达到了释放平衡,约 13.1％的 BbF、12.7％的 BkF 被释放了出来;低 TOC 条件下,4 小时内约 2.2％的 BbF、4.8％的 BkF 被迅速释放出来,随后就维持在这一水平附近,达到平衡时,BbF 和 BkF 的释放率分别为 2.6％、4.2％,低于高 TOC 条件下的释放率。

第 52 日释放大致平衡后,水体中各单体 PAH 的浓度见图 5-12。

由图 5-12 可见,高有机质底泥中 Flu、Phe、Pyr、BaA、BbF 和 BkF 的释放量分别是:34.3％、38.3％、22.5％、17.8％、13.1％和 12.7％;低有机质底泥中 Flu、Phe、Pyr、BaA、BbF 和 BkF 的释放量分别是:24.5％、13％、6.78％、5.1％、2.59％和 4.12％,高有机质底泥释放的 PAHs 要高于低有机质底泥所释放的 PAHs。

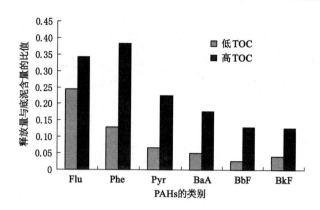

图 5-12　不同有机碳条件下第 52 日 PAHs 的释放

底泥 PAHs 的释放与底泥有机质的含量有关,高 TOC 含量的底泥释放的 PAHs 要远远大于高 TOC 含量的底泥;不同 PAH 单体的释放量与该 PAH 单体的性质也有一定的关系,图 5-13 显示了不同 PAH 单体的分子量与释放量的关系,可知随着 PAHs 单体分子量的增加,释放率在逐渐降低,相关系数 r^2 分别为 0.775 9 和 0.918 9,显著的负相关。

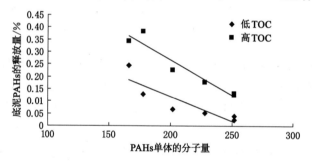

图 5-13　PAHs 单体分子量与底泥释放率的关系

由以上研究结论可知,底泥中 PAHs 最初是快速释放,一定时间以后,随即进入缓慢的释放时期,底泥有机质含量毫无疑问影响着底泥中 PAHs 的分布、释放和固定,底泥中 PAHs 的浓度也影响着 PAHs 的释放。Cornelissen 和 Gustafsson 的研究指出,高浓度的 PAHs 降低了有机质中炭黑对 PAHs 的吸附[31],从而使得高 PAHs 含量的底泥中 PAHs 的释放率要高于低 PAHs 含量的底泥。不同 PAHs 单体的释放量与该 PAHs 单体的分子量存在显著的负相关关系,随着 PAHs 单体分子量的增加,释放率降低,底泥中不同单体 PAHs 的快速释放与单体 PAHs 的分子量并未有明显关系。这些表明底泥中 PAHs 的释放可以划分为三个阶段:快速释放阶段所释放的 PAHs 由非有机质所吸附,当注入去离子水后,这部分的 PAHs 就迅速被释放出来,缓慢释放的 PAHs 由有机质所吸附,在随后的平衡过程中缓慢释放出来,还有一部分是牢固地吸附在底泥上,绝大多数情况下不会释放,不会对环境造成多大影响,而底泥中可释放部分的 PAHs 才是环境中具有危害的部分,缓慢释放与牢固吸附部分的 PAHs 取决于底泥中有机质的性质,这部分的内容将在以后的工作中做进一步的研究。

（六）换水清洗条件下底泥中 PAHs 的释放特征

为了进一步研究污染沉积物对上覆水体的释放潜能,模拟调水后,将长江水引入京杭大运河苏北段后对调水水质的影响,特设计了换水清洗试验。

1. 实验设计

取大型圆柱状玻璃缸(10 L),在实验装置中均匀铺设 5 cm 的新鲜沉积物,密封静置 15 天,使其自然沉淀,达到污染物分布平衡。用虹吸装置,结合吸管,完全去除上层清水,通过虹吸管非常缓慢地向缸内注入加入 NaN_3(0.3 g/L)的去离子水 3 L 至 25 cm 处,尽量不扰动沉积物。

采样时间:每间隔 10 天取一次样,取样时将虹吸管伸入水中距沉积物表面 2 cm 时开始虹吸取水 500 mL。水样采集完毕后,将沉积物上残余的上覆水虹吸干净,然后再虹吸加入去离子水 3 L。试验历时 72 天,共进行了 7 次换水。

2. 结果与讨论

实验结果见表 5-13 和图 5-14。

表 5-13　　　　不同换水次数条件下水体中 Flu,Phe,Pyr,BaA,BbF 和 BkF 的释放量　　　　μg/L

| PAHs | 换水次数 | | | | | | |
	1	2	3	4	5	6	7
Flu	986	983	961	746	384	213	213
Phe	4 220	4 249	4 210	3 738	2 076	911	801
Pyr	343	322	258	204	76	52	51
BaA	715	712	625	192	79	43	40
BbF	373	353	242	154	49	nd	nd
BkF	430	416	263	160	57	nd	nd

注:nd 代表未检测出。

在换水清洗实验中,Flu,Phe,Pyr,BaA,BbF 和 BkF 均可检出。由表 5-13 可看出,随着换水次数的增加,水体中 PAHs 的浓度逐渐降低。其中,在换水 3 次后,水中就已基本检出不出五环的 BbF 和 BkF 的存在,在第 7 次换水后,水中 PAHs 的浓度维持在一个较低的水平。

由沉积物释放引起的上覆水体中多环芳烃的浓度随换水次数的变化如图 5-14 所示。

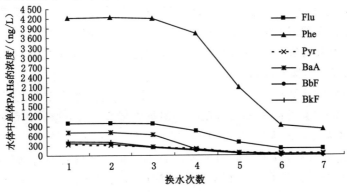

图 5-14　不同换水次数条件下水体中 Flu,Phe,Pyr,BaA,BbF 和 BkF 的释放量

总体来说,换水清洗对沉积物中 PAHs 的去除有影响。三环的 Flu 和 Phe 在第 4 次换水后,水中浓度才有较大幅度的下降,7 次换水后,水体中 Flu 和 Phe 的浓度维持在一个较低的水平;而四环的 Pyr 和 BaA 则呈现出持续的下降,但仍然存在;换水清洗五次后,五环的 BbF 和 BkF 在上覆水体中已检测不出。说明换水清洗可以对水体的 PAHs 内源污染起到一定的控制作用,降低水体中多环芳烃的浓度,但不能根本消除污染沉积物对水质的影响,沉积物中含量较高或水溶性较高的多环芳烃的持续释放仍会使上覆水体中污染物的浓度维持在一定水平上。

二、底泥中 PCBs 释放的影响因素研究

在南水北调东线工程正式调水之后,水体的流速和流向首先会发生改变,这样的水力条件下沉积物中粒径较小的颗粒可能会发生再悬浮现象,从而导致其中的 PCBs 的释放。因此,在实验设计阶段,首先选择了沉积物粒径和水流扰动条件作为释放试验的影响因子。本实验通过调整释放装置上的搅拌装置的转速来控制上覆水的运动,利用转速的变化来实现模拟水流流速对沉积物的不同扰动的状态,从而模拟自然状态下京杭大运河中航行的船舶对于沉积物的扰动。

京杭大运河苏北段两岸人口稠密,工农业发达,这样的特点使得在日常生活和工业生产用经常用到的表面活性剂会随径流进入运河。据相关研究表明,影响京杭大运河(扬州段)水质的主要因素之一即为表面活性剂[32]。京杭大运河(镇江段)的监测断面的水质数据也显示了污染负荷居首位的污染因子是氨氮,第二位即为表面活性剂,其中 2007 年的数据显示表面活性剂超标了 33%[33]。而且大量的国内外文献也表明,表面活性剂具有促进土壤及沉积物中 PCBs 释放的作用[34-43],因此结合京杭大运河的水质状况,本研究的释放实验将表面活性也作为释放影响因子之一。

除了以上三个影响因子之外,对于沉积物中的 PCBs 的释放影响因素还有很多,如沉积物中的 TOC 含量,温度,pH 值,盐度等[43-50]。但在实验室现有的实验条件下以及时间的限制等原因,只能尽量选取具有代表性的影响因子重点研究其对沉积物中 PCBs 释放的影响。经过认真对比分析,本次实验确定了沉积物颗粒粒径、扰动和表面活性剂作为实验的 3 个主要影响因子。

(一)粒径对 PCBs 释放的影响

颗粒粒径是沉积物中 PCBs 污染释放的重要影响因素,本部分主要研究不同粒径范围的沉积物对 PCBs 释放的影响规律。实验所用的沉积物样品经过干燥、研磨及过筛处理过,并设置了两个粒径范围,分别为 0.45～1.25 mm 和＜0.45 mm 的粒径,并设转速为 10 r/min,模拟流速约为 0.25 m/s 的上覆水的运动状态,即上覆水发生相对运动,但是不会扰动沉积物使其出现再悬浮的状态。

根据前期的预实验结果,将实验周期定为一个月,因为在一个月之后水样中的 PCBs 浓度基本无变化。实验周期为 32 天,在第一周每天采集水样,之后的第 9、11、13、16、19、22、27 和 32 天各采集一次水样,采集两组,做平行样,按前文第二章第三节和第四节方法进行前处理、净化和分析,取平均值列于表 5-14 中,并以释放时间为横坐标,绘制各同系物的释放曲线,见图 5-15。释放实验中以在水样中检出率较高的同系物 PCB118、PCB114 和 PCB126 作为研究对象。

表 5-14　　　　　　　　　　　　不同粒径沉积物中 PCBs 的释放　　　　　　　　　　　　ng/L

时间 /d	0.45～1.25 mm			＜0.45 mm		
	PCB118	PCB114	PCB126	PCB118	PCB114	PCB126
0	0	0	0	0	0	0
1	15.26	0	2.36	70.14	14.04	6.32
2	47.12	5.72	4.21	158.83	23.22	12.11
3	73.95	14.55	6.08	239.08	48.05	19.72
4	105.48	20.63	8.44	334.05	62.37	27.43
5	124.17	32.36	13.39	401.61	81.28	34.01
6	166.11	41.15	17.63	513.40	96.13	41.20
7	194.39	43.20	21.78	498.97	121.16	48.83
9	192.28	44.16	22.20	505.15	113.72	48.85
11	185.44	42.31	21.55	526.52	119.55	49.27
13	211.72	43.48	22.71	545.44	116.48	49.29
16	222.06	44.47	23.19	569.26	124.66	52.26
19	236.33	48.24	25.08	601.32	125.24	54.94
22	255.03	49.29	25.41	634.58	134.00	57.33
27	267.80	56.60	26.25	671.73	141.39	59.25
32	273.55	56.11	27.43	697.66	145.11	63.18

3 种同系物在 2 个粒径范围的沉积物样品中的初始含量见表 5-15，各取样时刻水样中 PCB118、PCB114 和 PCB126 的含量列于表 5-15。

表 5-15　　　　两个粒径范围的沉积物之 TOC、PCB118、PCB114 和 PCB126 的含量

	TOC/%	PCB118	PCB114	PCB126
0.45～1.25 mm	2.64	9.73	0.62	0.35
＜0.45 mm	3.77	16.14	1.13	0.61

由于两个粒径范围的沉积物的 PCB118、PCB114 和 PCB126 在初始含量（C_s）上具有一定的差异，因此将水样中实测的 3 种同系物含量除以沉积物中相应的初始含量，对数据进行标准化处理，以便于研究其释放规律。

1. 释放分为快速和慢速两个阶段

两种沉积物粒径条件下，PCBs 污染释放初期为快速释放阶段，初始的快速释放阶段为 6～7 天，释放量占总释放量的 71.06%～83.50%，之后进入长时间的慢速释放过程。

2. 细粒径有利于沉积物中 PCBs 的释放

细粒径（＜0.45 mm）沉积物中同系物 PCB118、PCB114 和 PCB126 的释放量明显高于粗粒径（0.45～1.25 mm）沉积物。实验结束时（第 32 天），细粒径沉积物中同系物 PCB118、PCB114 和 PCB126 的释放量分别是粗粒径沉积物的 1.54 倍、1.42 倍和 1.32 倍。

3. 机理分析

一般认为,沉积物颗粒中 TOC 含量越高,其对疏水性物质的吸附作用越强,疏水性物质越难释放迁移到水相中。结合两种粒径的沉积物的 TOC 含量来分析实验数据发现,本实验中细粒径的沉积物中 PCBs 的释放量要高于粗粒径的沉积物,但细粒径的 TOC 含量要大于粗粒径的 TOC 含量。

这样的实验研究结果说明如下问题:① 沉积物粒径对于 PCBs 释放的影响作用大于沉积物中 TOC 含量对 PCBs 释放的影响作用,也即沉积物颗粒粒径在释放过程中的影响权重要大于 TOC 含量;② 细粒径的沉积物颗粒在水力条件作用下更容易再悬浮,因此具有了较大的沉积物颗粒—水相反应界面,增强了固—液相的传质作用;③ 细粒径沉积物中的 PCBs 解吸后内扩散路径较短,释放受内扩散过程的影响较小。

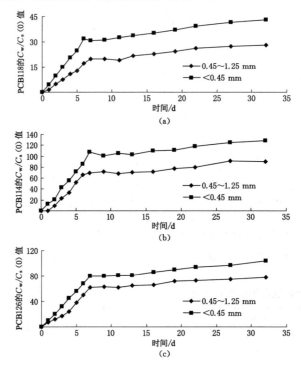

图 5-15　两种沉积物粒径下 PCB118、PCB114 和 PCB126 的释放

(二)流速对 PCBs 释放的影响

实验设计了 3 个转速:0 r/min、10 r/min、30 r/min。其中 0 r/min 是完全静止状态;10 r/min 的转速模拟 0.25 m/s 的水流速度,上覆水发生相对运动,但不会扰动沉积物;30 r/min 的转速模拟 0.80 m/s 的水流速度,使上覆水和沉积物之间发生相对剧烈的运动,水体出现中度浑浊。配合利用释放装置中的继控器来控制搅拌装置的搅拌时间和频率,实验设定搅拌 30 min,静止 10 min,模拟运河上船舶对沉积物的影响。

实验周期为 32 天,在第一周的每天采集水样,之后的第 9 天、第 11 天、第 13 天、第 16 天、第 19 天、第 22 天、第 27 天和第 32 天各采集一次水样,采集两组,做平行样,按前文方法进行前处理、净化和分析,取平均值列于表 5-16 中。在水样中检出率较高的是同系物 PCB118、PCB114 和 PCB126,以此 3 种同系物来作为研究对象。

表 5-16 不同水流流速下 PCBs 的释放 （ng/L）

时间/d	0 m/s			0.25 m/s			0.80 m/s		
	PCB118	PCB114	PCB126	PCB118	PCB114	PCB126	PCB118	PCB114	PCB126
0	0	0	0	0	0	0	0	0	0
1	10.64	0	1.64	22.70	0	2.59	72.02	16.03	12.03
2	32.02	4.32	3.50	66.41	11.75	7.93	160.14	28.59	22.19
3	46.36	8.12	5.50	108.03	28.36	13.54	297.98	37.86	35.00
4	62.46	18.97	9.31	150.27	53.21	17.34	360.10	66.02	41.80
5	78.14	24.96	11.90	229.17	64.05	24.86	519.94	88.47	54.72
6	100.72	28.00	14.05	263.94	80.69	30.00	675.96	107.42	64.94
7	128.06	31.11	16.04	302.12	92.42	38.16	800.01	120.46	68.56
9	131.28	39.62	20.88	322.80	100.40	36.01	752.20	137.70	75.54
11	152.04	38.52	19.51	345.23	94.48	37.23	782.04	139.65	69.02
13	149.76	41.66	19.69	360.08	100.75	37.31	800.08	147.84	73.51
16	169.74	43.79	20.16	359.91	103.78	41.43	846.02	149.70	76.62
19	172.43	46.14	21.13	379.67	106.90	42.73	876.18	158.15	78.10
22	171.02	50.74	21.22	397.23	109.83	45.16	876.10	164.71	76.41
27	185.50	51.62	23.44	426.14	117.86	44.08	948.00	174.15	79.99
32	208.06	54.18	26.83	438.38	125.64	49.18	1016.12	171.58	82.45

1. 释放分为快速和慢速两个阶段

将在 3 个转速条件下测得的 PCBs 同系物在水中的浓度绘制成随时间变化的曲线（图 5-16）。通过图可以明显看出 3 种同系物在 3 个转速条件下的释放过程均出现了两个阶段，即初始快释放阶段和随后的慢速释放阶段。

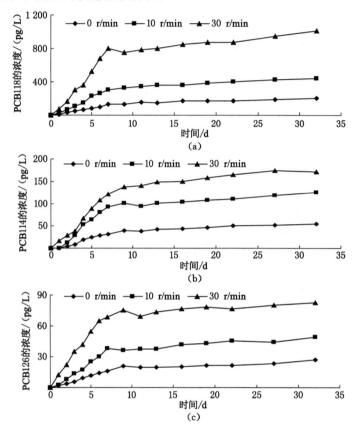

图 5-16 不同水流流速下 PCB118、PCB114 和 PCB126 的释放曲线

以 PCB118 为例，在转速分别为 0 r/min、10 r/min、30 r/min 条件下，实验最开始的一周，水相中的浓度快速发生变化，快速增加，水相中的释放量占到实验结束时总释放量的 61.55%，而 PCB114 和 PCB126 同样存在这一趋势，释放量分别占总释放量的 68.92% 和 78.73%。

2. 水流流速增加了释放强度

在 32 天的实验周期中，3 种 PCBs 同系物的释放量均表现出随转速增加即水流流速增加而增加的规律。即随着上覆水和沉积物之间的相对运动的加强，沉积物中的 PCBs 向水相中释放的量也在随之相应增加。在实验结束时，分别分析水样中的 PCBs 浓度，在 3 种水流流速（0 m/s、0.25 m/s、0.80 m/s）条件下，水相中 PCB118 的浓度分别为 208.06 ng/L、438.38 ng/L 和 1 016.12 ng/L。这一结果充分说明了上覆水的扰动会加强沉积物中的 PCBs 的释放强度。从图 5-17 中还可以发现，在快速释放阶段，PCBs 的释放速率受到扰动强度的影响较为明显，即释放速率随扰动转速增加而增大。但在慢速释放阶段，PCBs 的释放速率与扰动强度大小之间，并未发现显著的正相关性，只是延续着前一阶段的释放，水相中的 PCBs 浓度缓慢增加至平衡。

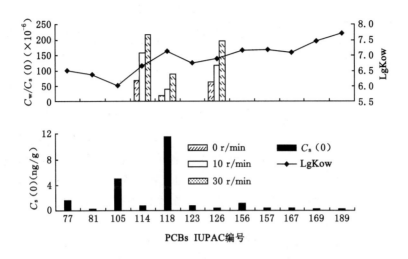

图 5-17　32 天时水相中 PCBs 的释放

3. 机理分析

沉积物吸附 PCBs 一般认为有两种形式：一是与沉积物中的有机组分结合作用较弱的或吸附于沉积物颗粒表面的 PCBs，称之为非稳定结合部分；另一个是处于有机组分的内部或在沉积物颗粒间的孔隙中的部分，称为稳定结合部分[51]。实验中出现的释放现象可以解释为释放初期沉积物中非稳定结合部分的 PCBs 在浓度梯度的作用下迅速解吸进入水相，并达到平衡状态，表现为初始快释放。水力条件的发生，一方面加速了水相中 PCBs 的扩散；另一方面造成了沉积物颗粒的再悬浮，从而增加了固相—水相的传质作用。因此，转速越快的实验组，PCBs 的释放量越大。当非稳定结合部分的 PCBs 解吸达到新的平衡状态后，沉积物中的 PCBs 的释放主要是以稳定结合部分为主。这部分的 PCBs 与沉积物颗粒结合作用较强，并且释放需要经过内扩散和外扩散两个过程，释放过程也更长。在这个过程中，内扩散控制着释放的速率，相对来讲扰动作用的影响就相对减弱。

吸附—解吸理论认为有机物的疏水性越强，其与沉积物颗粒的结合作用越大，也越难以解吸；反之，则容易释出进入水相。Sarah[52] 在研究深海动物对沉积物中 PCBs 的扰动作用时也发现了这一规律。

在本实验过程中，疏水性弱于 PCB118、PCB114 和 PCB126 的同系物 PCB77 和 PCB105 在沉积物中的初始含量较高，但在整个释放过程中都未在水样中检出。这一现象并不能支持吸附—解吸理论，造成这种现象的原因可能是：① 释放实验所研究的目标污染物 PCBs 的 12 种同系物疏水性差异较小（表 5-4），尤其是四氯联苯和五氯联苯；② 沉积物中的 PCBs 的释放是一个复杂的过程，可能还受控于其分子大小、沉积物颗粒孔隙大小、吸附位点等因素的影响。

（三）不同表面活性剂对 PCBs 释放的影响

本部分实验研究阴离子型表面活性剂 SDS 和非离子型表面活性剂 OP-10 对沉积物中 PCBs 释放的影响规律，两种表面活性剂的部分理化参数列于表 5-17。

表 5-17 两种表面活性剂的理化性质

表面活性剂	分子名称	化学式	分子量	CMC/(mg/L)	HLB	类型
SDS	十二烷基硫酸钠	$CH_3(CH_2)_{11}OSO_3Na$	288.4	2100	51.4	阴离子
OP-10	辛烷基酚聚氧乙烯(10)醚	$C_8H_{17}C_6H_4O(CH_2CH_2O)_{10}H$	646	400	14.5	非离子

共设 3 个实验组,分别为 SDS 组、OP-10 组和空白组,其中 SDS 与 OP-10 的投加浓度均为 500 mg/L,转速为 10 r/min。在第一周的每天采集水样,之后的第 9 天、第 11 天、第 13 天、第 16 天、第 19 天、第 22 天、第 27 天和第 32 天各采集一次水样,采集两组,做平行样,按前文 2.3、2.4 方法进行前处理、净化和分析,取平均值列于表 5-18 中,并以释放时间为横坐标,绘制各同系物的释放曲线,见图 5-18。依然以在水样中检出率较高的同系物 PCB118、PCB114 和 PCB126 作为研究对象。

1. 两种表面活性剂都促进了沉积物中 PCBs 的释放,但具有差异性

在向水体中投加两种表面活性剂 SDS 和 OP-10 的 2 个实验组,沉积物中 PCBs 的释放过程在最初的 5~7 天为快速释放阶段,然后进入慢速释放阶段。在投加表面活性剂 SDS、OP-10 的实验组样品中,PCBs 在初始快速释放阶段释放的量分别占总释放量的 72.30%~77.41%、60.88%~85.43%。

表面活性剂 SDS 与 OP-10 的存在相比于空白组而言,明显促进了沉积物中 PCBs 的释放,增加了快速释放阶段的释放速率及总释放量,其中 OP-10 组的影响更为明显。

以 PCB118 为例,SDS 与 OP-10 两组样品快速释放阶段的释放量分别为 427.92 ng/L 和 753.53 ng/L,是空白样的 1.42 倍和 2.49 倍。实验第 32 天的总释放量分别为 552.81 ng/L、1 009.49 ng/L,是空白组释放量的 1.26 倍和 2.30 倍。另外,在 OP-10 组还检出了 PCB81、PCB105、PCB157 和 PCB189,而在 SDS 组与空白组中未检出。

2. 机理分析

本部分实验对沉积物中 PCBs 释放有较好促进作用的 OP-10 的成分是烷基酚聚乙烯醚,分子结构见图 5-18 所示。

OP-10 外观呈现为白色及乳白色糊状物,易溶于水,pH 值(1%水液)为 6~7,亲水亲油平衡值(HLB 值)为 14.5,临界胶束浓度为 400 mg/L,浊点为 61~67 ℃。

从 OP-10 的分子结构中可以看出,其非极性基团很长,所以其疏水能力强,而亲水基团因为在碳氢链中,醚基亲水能力弱,所以亲水能力较弱。但当在 OP-10 中加入水时,OP-10 的亲水基团和疏水基团形成曲折结构,亲水基团把疏水基团包在里面,使整个亲水基团处于外面,并在 OP-10 分子周围联结很多水分子,形成一个较大的亲水基团,使其亲水能力大大提高,从而提高了 HLB 值。而加水量的多少,又关系到它形成曲折结构的充分性,即影响到表面活性剂 OP-10 的 HLB 值,因此,OP-10 的浓度与 HLB 值具有紧密的关系。

通过实验中的 SDS 组和 OP-10 组的对比可以发现,无论是释放量还是释放速率,OP-10组都远高于 SDS 组。这是因为实验所用的表面活性剂 SDS、OP-10 的临界胶束浓度分别为 2 100 mg/L 和 400 mg/L,而实验所选择的两组投加浓度均为 500 mg/L。表面活性剂 SDS 的投加浓度远远小于其临界胶束浓度,因而在溶液中主要式以不稳定的单体形式存在,对沉积物中 PCBs 的释放只具有一定的促进作用,而不能通过胶束的作用实现。而表面活性剂 OP-10 的投加浓度则大于其临界胶束浓度,在水溶液中以稳定的胶束形式存在,疏

表 5-18　表面活性剂存在下 PCBs 的释放

ng/L

时间/d	空白样			SDS			OP-10						
	PCB118	PCB114	PCB126	PCB118	PCB114	PCB126	PCB118	PCB114	PCB126	PCB81	PCB105	PCB157	PCB189
0	0	0	0	0	0	0	0	0	0	0	0	0	0
1	22.70	0	2.59	68.49	12.86	8.85	168.73	50.15	10.76	0	8.69	4.06	1.73
2	66.41	11.75	7.93	122.24	33.62	20.23	239.49	82.26	37.45	4.21	23.35	14.12	4.50
3	108.03	28.36	13.54	244.10	69.10	29.96	387.16	130.83	65.32	8.95	40.64	19.59	7.89
4	150.27	53.21	17.34	306.59	99.95	32.02	511.70	173.07	83.61	13.87	56.20	29.20	11.52
5	229.17	64.05	24.86	373.20	136.81	42.69	672.39	241.49	97.14	18.69	68.33	37.41	13.45
6	263.94	80.69	30.00	427.92	133.01	52.75	753.53	247.68	93.17	18.73	67.22	34.74	13.14
7	302.12	92.42	38.16	421.05	132.71	56.17	812.59	262.39	95.55	17.58	65.30	33.18	12.19
9	322.80	100.40	36.01	438.74	133.70	57.70	801.92	267.42	100.03	19.34	67.26	32.83	11.96
11	345.23	94.48	37.23	448.25	146.82	60.07	812.29	277.57	104.06	20.82	69.13	30.71	12.57
13	360.08	100.75	37.31	465.65	150.37	60.10	860.98	282.73	109.11	23.76	71.07	35.67	12.86
16	359.91	103.78	41.43	497.79	152.62	64.57	893.88	282.20	116.03	23.78	73.03	31.63	13.35
19	379.67	106.90	42.73	503.91	169.88	68.52	876.67	297.91	118.62	24.53	79.41	37.18	13.21
22	397.23	109.83	45.16	516.72	177.23	68.51	936.97	297.82	127.48	26.76	84.08	36.67	13.68
27	426.14	117.86	44.08	533.87	187.19	69.61	962.65	307.24	131.39	28.91	82.02	39.73	14.92
32	438.38	125.64	49.18	552.81	189.23	72.46	1009.49	331.66	136.45	30.70	88.54	43.79	16.51

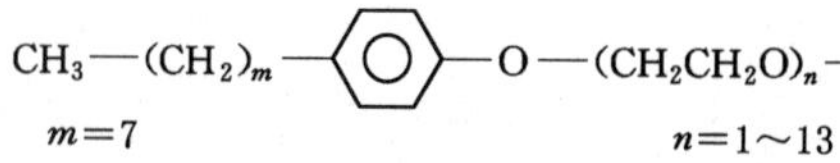

$$CH_3 - (CH_2)_m - \bigcirc\!\!\!\bigcirc - O - (CH_2CH_2O)_n -$$
$$m=7 \qquad\qquad\qquad\qquad n=1\sim13$$

图 5-19　表面活性剂条件下 PCBs 各同系物的释放曲线

水基团与 PCBs 结合,而亲水基团则增加了其在水相中的溶解度,从而促进了沉积物中 PCBs 的释放,所以对 PCBs 释放性能明显要优于 SDS 组样品及空白组。

（三）表面活性剂浓度对 PCBs 释放的影响

以前述实验中对 PCBs 释放具有明显促进作用的 OP-10 作为对象,进一步研究其在不同投加浓度条件下对沉积物中 PCBs 的增释作用。实验共设置了四个投加浓度,分别为 100 mg/L、200 mg/L、500 mg/L、700 mg/L,其中两组低于临界胶束浓度,两组高于临界胶束浓度,转速设为 10 r/min,外加一组空白实验。

实验周期为 32 天,在第一周的每天采集水样,之后的第 9 天、第 11 天、第 13 天、第 16 天、第 19 天、第 22 天、第 27 天和第 32 天各采集一次水样,采集两组,做平行样,按前文方法进行前处理、净化和分析,取平均值列于表 5-19 中,并以释放时间为横坐标,绘制各同系物的释放曲线,见图 5-19。依然以在水样中检出率较高的是同系物 PCB118、PCB114 和 PCB126 作为研究对象。

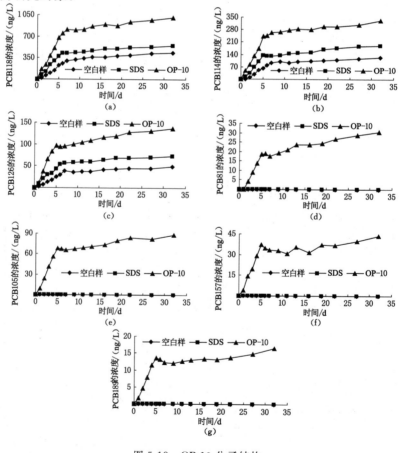

图 5-18　OP-10 分子结构

表 5-19　表面活性剂 OP-10 不同投加量下 PCBs 的释放　ng/L

时间 /d	空白样			100 mg/L			200 mg/L		
	PCB118	PCB114	PCB126	PCB118	PCB114	PCB126	PCB118	PCB114	PCB126
0	0	0	0	0	0	0	0	0	0
1	21.57	4.65	2.37	39.78	1.76	2.86	63.86	8.89	5.03
2	64.71	15.92	7.51	57.80	4.66	3.15	102.44	28.19	14.94
3	106.23	30.39	13.79	85.36	10.48	6.19	155.27	45.71	20.42
4	152.31	52.01	16.84	117.98	15.45	9.49	219.47	66.30	27.30
5	232.68	64.55	25.43	148.17	27.04	13.54	278.22	93.17	34.34
6	265.85	78.43	30.02	167.07	26.78	17.35	333.01	107.36	44.09
7	309.02	92.38	36.16	195.12	31.44	19.13	355.28	115.59	44.01
9	322.69	100.84	36.35	209.30	27.27	19.07	401.25	123.44	44.29
11	341.26	93.78	38.21	203.64	30.26	19.42	401.18	124.88	44.57
13	362.78	101.05	37.08	200.07	29.62	18.03	424.12	126.25	46.68
16	356.71	103.58	40.83	209.27	31.53	19.73	429.65	132.79	50.47
19	381.37	106.97	42.94	234.48	33.62	20.58	454.54	131.00	51.50
22	400.23	111.63	44.92	250.28	36.30	19.70	463.78	137.09	53.83
27	425.33	117.80	43.78	261.19	39.05	22.26	479.87	138.56	57.42
32	436.12	123.35	47.53	267.04	42.02	23.39	518.05	151.96	58.38

续表 5-19

时间/d	500 mg/L							700 mg/L						
	PCB118	PCB114	PCB126	PCB81	PCB105	PCB157	PCB189	PCB118	PCB114	PCB126	PCB81	PCB105	PCB157	PCB189
0	0	0	0	0	0	0	0	0	0	0	0	0	0	0
1	159.59	55.63	13.36	0	10.65	5.56	2.55	265.19	80.14	23.08	4.72	13.67	12.27	3.14
2	230.33	83.84	37.91	4.21	23.81	14.47	4.07	458.43	128.51	51.94	11.85	29.45	20.95	6.89
3	385.06	130.08	63.88	8.95	41.34	20.21	7.71	626.15	218.96	83.28	17.10	48.65	30.15	10.14
4	507.74	177.29	85.70	13.87	55.27	29.09	11.40	774.78	304.45	120.75	21.15	63.11	37.51	11.71
5	665.30	241.49	97.33	18.69	69.71	38.15	13.82	1031.56	304.80	132.16	27.90	75.23	47.47	17.62
6	733.53	243.57	93.55	18.73	67.88	34.74	13.03	1059.36	326.10	130.69	27.20	76.82	44.20	16.23
7	815.55	264.33	95.74	17.58	65.39	33.37	12.75	1123.61	352.77	137.56	28.21	82.75	46.05	17.15
9	790.81	268.11	102.17	19.34	66.77	32.62	12.31	1160.13	366.43	140.63	28.83	87.81	47.07	18.34
11	810.11	275.28	105.39	20.82	69.62	31.16	12.78	1202.68	366.20	140.78	30.41	88.81	48.80	18.35
13	857.25	280.51	112.24	23.76	71.32	35.75	12.69	1186.00	395.36	146.81	31.69	90.28	51.94	20.04
16	895.79	281.25	116.63	23.78	73.54	34.13	13.77	1242.45	388.28	147.39	32.48	101.34	51.94	20.30
19	873.21	300.73	120.72	24.53	79.05	37.05	13.12	1234.36	408.81	156.61	33.75	101.49	53.11	21.47
22	930.43	295.44	127.99	26.76	85.57	38.92	13.94	1250.23	417.29	166.1	36.49	105.78	54.61	21.28
27	967.05	310.71	130.75	28.91	82.93	39.61	15.46	1306.76	441.99	173.19	38.56	107.81	56.99	23.06
32	1002.55	329.59	136.30	30.70	88.35	42.05	16.82	1338.87	480.98	179.52	40.39	114.30	58.36	24.05

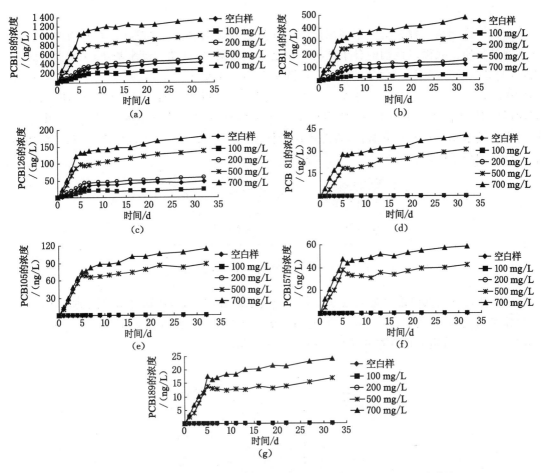

图 5-20 表面活性剂 OP-10 不同投加浓度下 PCBs 各同系物的释放曲线

1. 第一阶段为快速释放，第二阶段为慢速释放

在五个实验组中，PCBs 在释放初期均快速释放阶段，释放周期为第 5~9 天，期间 PCBs 各同系物初始释放量占到总释放量的 60.88%~90.73% 之间，然后进入慢速释放阶段。在表面活性剂 OP-10 投加浓度为 500 mg/L 与 700 mg/L 的样品中，还检出了其他实验组中未能检出的同系物 PCB81、PCB105、PCB157 和 PCB189。

2. 不同 OP-10 投加浓度对沉积物中 PCBs 的释放影响差异性明显

在 OP-10 投加浓度为 100 mg/L 的实验组，PCB118、PCB114 和 PCB126 的释放量要小于空白组，分别是空白组释放量的 61.23%、34.07% 和 49.21%。当投加浓度为 200 mg/L 时，OP-10 对沉积物中 PCBs 的促溶增释效果也不是非常明显，相比空白组，PCB118、PCB114 和 PCB126 的增释比仅为 18.79%、23.19%、22.83%。但当投加浓度增加到 500 mg/L 以上时，OP-10 对 PCBs 的增溶促释效果明显提高，PCB118、PCB114 和 PCB126 释放量分别是空白样的 2.30 倍、2.67 倍和 2.87 倍。当投加浓度增加到 700 mg/L 时，PCB118、PCB114 和 PCB126 的释放量分别是空白样的 3.07 倍、3.90 倍和 3.78 倍。如图 5-20 所示。

3. 机理分析

表面活性剂是一种在溶液中能定向排列并具有固定的亲水亲油基团,能使表面张力显著下降的物质。表面活性剂的分子结构一端是亲水基团,另一端为疏水基团;亲水基团常为极性的基团,疏水基团常为非极性烃链,这两个基团分别位于表面活性剂分子的两端,形成不对称结构(图 5-21)。根据亲水基团的类型不同一般可以将表面活性剂分为四种:阳离子表面活性剂、阴离子表面活性剂、两性离子表面活性剂和非离子表面活性剂[53,54]。由于其同时具有疏水和亲水的双重特性,因此表面活性剂的这种特有结构通常称之为"双亲结构",表面活性剂分子因而也常被称作"双亲分子"。

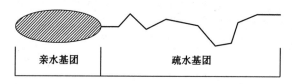

图 5-21　表面活性剂分子结构示意图

表面活性剂在低浓度时总是处于单分子或离子的分散状态,从而降低溶液的表面张力。但当其在水溶液中达到某一特定浓度时,表面活性剂的单体开始聚集,并形成胶束(图 5-22),这一特定浓度就被称为临界胶束浓度(CMC)。

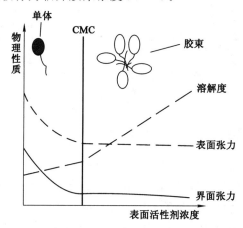

图 5-22　胶束形成前后溶液物理性质的变化

在形成胶束的过程中,表面活性剂的疏水基团彼此相连,形成有序的对称的动态化学结构。胶束中每个分子的疏水部分朝向内部的集合中心,与其他疏水基团形成一个液态核心。胶束的形成是表面活性剂对有机污染物产生增溶作用的主要原因表面活性剂对沉积物中PCBs 释放的影响首先是通过表面活性剂降低了沉积物和 PCBs 之间的表面张力,从而降低PCBs 同沉积物颗粒之间的吸附程度,使 PCBs 解吸出来,进入水相。然后利用表面活性剂所形成的胶束上的亲水基团,根据"相似相溶"原理,表面活性剂的胶束使 PCBs 溶解于或者说被包裹在胶束中,从而增加 PCBs 在水相中的溶解度[55]。表面活性剂的增溶作用与真正的溶解并不相同,因为增溶后溶剂的属性基本不会发生改变,而真正的溶解作用会改变溶剂的属性。这说明增溶时溶质并未被拆散成单个分子或离子,而是"整团"溶解在表面活性剂的胶束中[56]。

当表面活性剂 OP-10 的质量浓度较低时,在水溶液中他是以不稳定的单体形成存在,且其为非离子型,部分吸附在沉积物颗粒表面,增加了沉积物颗粒中有机组分的比率,从而抑制了沉积物中 PCBs 的释放。因此,当表面活性剂 OP-10 在投加浓度为 100 mg/L 时,对 PCBs 的释放反倒有一定的抑制作用;当在投加浓为 200 mg/L 时,对 PCBs 的释放促进效果依然较小。而当投加浓度为 500 mg/L 和 700 mg/L 时,这两个浓度均大于其临界胶束浓度,OP-10 在水溶液中就以胶束形式存在,从而是现实了对 PCBs 的显著的促溶增释作用。通过这一部分实验可以发现,表面活性剂的临界胶束浓度成为是否对沉积物中 PCBs 释放具有促释增溶作用的分水岭。

第四节 释放动力学模型的构建

一、PAHs 释放动力学模型的构建

(一)PAHs 释放动力学模型

由第三节的研究结论可知,底泥中 PAHs 的释放包括两个释放阶段:最初短暂的快速释放阶段和稍后漫长的缓慢释放阶段。底泥中 PAHs 的释放率可用下式来描述:

$$R = 1 - S_t/S_0 ; S_t = S_0 [Fe^{-K_1 t} + (1-F)e^{-K_2 t}] \tag{5-1}$$

$$R = 1 - Fe^{-K_1 t} - (1-F)e^{-K_2 t} \tag{5-2}$$

式中　R——时间 t 时底泥中 PAHs 的释放率;

　　　S_t——时间 t 时底泥中吸附的 PAHs 的总量,ng;

　　　S_0——时间 $t=0$ 时底泥中吸附的 PAHs 的总量,ng,即底泥中 PAHs 的总量;

　　　F——底泥中快速释放的 PAHs 部分;

　　　K_1——底泥中快速释放阶段的一级释放常数;

　　　$1-F$——底泥中慢速释放的 PAHs 部分;

　　　K_2——底泥中慢速释放阶段的一级释放常数;

　　　t——时间,d。

因为加入的水为去离子水,本身不含有 PAHs,根据质量守恒定律,水体中 PAHs 的总量应该等于底泥中释放的 PAHs 的总量,则有下式存在:

$$[1 - Fe^{-K_1 t} - (1-F)e^{-K_2 t}] \times Q_s = C_w \times V_w \tag{5-3}$$

由式(5-3)可得:

$$C_w = [1 - Fe^{-K_1 t} - (1-F)e^{-K_2 t}] \times Q_s/V_w \tag{5-4}$$

式中　C_w——时间 t 时水体中 PAHs 的浓度,ng/L;

　　　Q_s——底泥中 PAHs 的总量,ng;

　　　V_w——水相的体积,L。

研究表明,在沉积物表层存在一层厚度在 10 cm 以内的"表层混合沉积物层",水体和沉积物界面的交换多发生在这一层中[57],则:

$$Q_s = 0.1 PA \times C_s \tag{5-5}$$

式中　P——沉积物的干密度,g/m³;

　　　A——沉积物的表面积,m²;

C_s——沉积物中 PAHs 的初始含量，ng/g。

则式(5-4)转变为：

$$C_w = [1 - Fe^{-K_1 t} - (1-F)e^{-K_2 t}] \times 0.1 PA \times C_s / V_w \qquad (5\text{-}6)$$

相对于一个体系中的一种单体 PAHs，$0.1PA \times C_s/V_w$ 的比值是一个常数 B，式(5-6)即简化为：

$$C_w = [1 - Fe^{-K_1 t} - (1-F)e^{-K_2 t}] \times B \qquad (5\text{-}7)$$

式(5-7)即是底泥中某种单体 PAHs 的释放所造成的水体中该 PAHs 浓度随时间的变化式，其中 B 是与底泥中该种 PAHs 的初始含量、两界表面积和水相的体积有关的一个常数。

使用 MATLAB 统计软件对静止及扰动状态下的实验数据进行非线性回归拟合，得到底泥中单体 PAHs 在泥水界面的释放速率 K_1 和 K_2 的值，详见表 5-20。

表 5-20 底泥多环芳烃界面扩散速率常数 K 值表

PAHs		Flu	Phe	Pyr	BaA	BbF	BkF
静止	K_1	24.817 6	24.646 7	24.484 8	36.602 4	36.049 2	36.120 5
	K_2	−0.006 0	−0.006 8	−0.006 5	−0.009 1	0.014 3	−0.005 0
扰动	K_1	1.648 4	29.102 7	24.781 4	36.560 2	24.796 6	44.738 1
	K_2	−0.011 8	−0.001 7	−0.006 1	−0.008 3	−0.003 4	−0.004 5

（二）模型的验证

1. 静止状态下的模拟

运用软件将用动力学方程模拟的曲线与不同 pH 实验中交替时间采样所获得的另一组实验数据（表 5-21）做比较（图 5-23），可以发现实测数据与模拟曲线吻合得很好，说明本书建立的释放动力学模型能够用来描述静止状态下沉积物中多环芳烃向水体释放的动力学过程。

2. 悬浮状态下的模拟

运用软件将用动力学方程模拟的曲线与扰动实验中交替时间采样所获得的另一组实验数据（表 5-22）做比较（图 5-24），可以发现实测数据与模拟曲线吻合得很好，说明本书建立的释放动力学模型能够用来描述扰动状态下沉积物中多环芳烃向水体释放的动力学过程。

由上述可知，无论是水体静止状态下还是水体扰动状态下底泥中 PAHs 的释放，其实测数据与通过本书建立的模型所推导出来的模拟曲线吻合得都很好，这说明本书建立的释放动力学模型能够用来描述水体底泥中多环芳烃向上覆水释放的动力学过程。

二、PCBs 释放动力学模型的构建

（一）PCBs 释放动力学模型

本部分采用摇瓶批实验进行 PCBs 释放动力学研究。准确称取 20.00 g 干燥过筛后的沉积物样品，置于聚塞的锥形瓶内，加入 200 mg/L 的 $HgCl_2$ 溶液 250 mL。进行恒温振荡，保持温度 25 ℃，转速 120 r/min。

实验周期为 32 天,在第一周的每天采集水样,之后的第 9 天、第 11 天、第 13 天、第 16 天、第 19 天、第 22 天、第 27 天和第 32 天各采集一次水样和沉积物样品,分别采集两组,做平行样,按前文方法进行前处理、净化和分析,取平均值列于表 5-23 中。

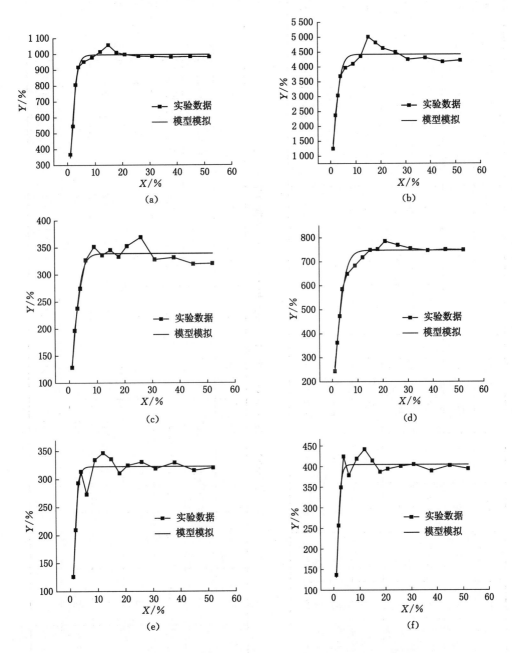

图 5-23 Flu,Phe,Pyr,BaA,BbF 和 BkF 的静态释放过程模拟曲线
(a) Flu;(b) Phe;(c) Pyr;(d) BaA;(e) BbF;(f) BkF

表 5-21　静止条件下底泥中 Flu, Phe, Pyr, BaA, BbF and BkF 的释放量

ng/L

PAHs	1.5 d	2.5 d	3.5 d	5 d	7 d	10 d	13 d	16 d	19 d	23 d	28 d	33 d	40 d	47 d	54 d
Flu	377	555	825	919	965	994	1 027	1 056	1 010	994	987	983	984	983	982
Phe	1 258	2 408	3 052	3 844	3 970	4 184	4 637	4 980	4 736	4 625	4 375	4 298	4 226	4 219	4 219
Pyr	131	201	248	295	330	360	344	337	341	338	341	324	328	319	322
BaA	284	399	503	615	661	694	730	751	758	780	761	749	752	750	750
BbF	148	231	305	350	375	364	341	327	320	321	325	317	322	320	320
BkF	168	279	369	438	432	449	436	407	387	400	397	398	401	395	395

表 5-22　扰动条件下底泥中 Flu, Phe, Pyr, BaA, BbF and BkF 的释放量

ng/L

PAHs	1.5 d	2.5 d	3.5 d	5 d	7 d	10 d	13 d	16 d	19 d	23 d	28 d	33 d	40 d
Flu	757	1 387	1 466	1 549	1 673	1 659	1 612	1 547	1 499	1 454	1 449	1 451	1 448
Phe	2 301	5 198	6 420	7 280	6 898	6 502	6 312	6 125	5 798	5 704	5 739	5 729	5 731
Pyr	206	270	317	371	430	404	386	394	382	375	371	372	370
BaA	286	432	651	783	938	996	938	891	852	826	819	822	818
BbF	215	297	357	386	417	447	412	396	382	369	360	349	350
BkF	211	299	385	435	488	491	471	440	428	420	415	412	412

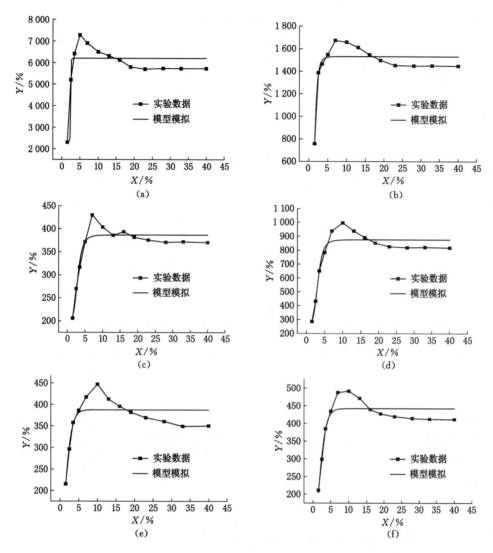

图 5-24 Flu，Phe，Pyr，BaA，BbF 和 BkF 的扰动释放过程模拟曲线

(a) Flu；(b) Phe；(c) Pyr；(d) BaA；(e) BbF；(f) BkF

表 5-23 释放动力学实验各取样时刻沉积物和水样中 PCB118、PCB114 和 PCB126 的含量

时间 /d	沉积物/(ng/g)			水样/(ng/L)		
	PCB118	PCB114	PCB126	PCB118	PCB114	PCB126
0	11.51	0.79	0.42	0	0	0
1	10.46	0.67	0.39	100.92	12.35	5.66
2	9.55	0.65	0.33	186.44	13.60	7.03
3	9.53	0.53	0.32	200.73	20.52	12.35
4	8.81	0.47	0.30	255.98	28.03	12.05
5	7.62	0.42	0.26	337.04	37.32	16.39
6	7.04	0.44	0.23	449.85	41.47	19.41

时间	沉积物/(ng/g)			水样/(ng/L)		
/d	PCB118	PCB114	PCB126	PCB118	PCB114	PCB126
7	7.37	0.39	0.21	492.44	38.21	22.85
9	6.44	0.30	0.19	546.90	48.86	24.26
11	5.90	0.30	0.18	604.86	46.42	23.76
13	4.71	0.23	0.17	680.04	55.31	25.53
16	4.79	0.25	0.13	640.86	52.90	29.75
19	4.66	0.23	0.14	680.68	55.21	28.09
22	3.58	0.18	0.10	676.85	61.58	32.40
27	3.13	0.22	0.10	685.11	64.74	33.80
32	3.54	0.18	0.11	700.26	67.26	35.65

根据前期释放实验的结果,PCBs 的释放主要以 PCB118、PCB114 和 PCB126 为主。因此,本部分依然以 PCB118、PCB114 和 PCB126 为研究对象,采用一级模型对沉积物中 PCBs 的释放动力学模型中的参数进行求解。

目前,关于沉积物中有机污染物释放的动力学模型应用较为广泛的是一级动力学。前期的释放实验的结果表明,沉积物中 PCBs 的释放过程具有快速释放和慢速释放两个阶段。而该模型包括初始快速释放和慢速释放两个阶段,模型中沉积物颗粒吸附的疏水性物质的衰减方程为:

$$\frac{S_t}{S_0} = F_{\mathrm{rap}} \cdot \mathrm{e}^{-k_{\mathrm{rap}}t} + (1 - F_{\mathrm{rap}}) \cdot \mathrm{e}^{-k_{\mathrm{slow}}t} \tag{5-8}$$

式中　S_t, S_0——时间 t 与 0 时刻颗粒吸附相 PCBs 的残留量;

$\quad\quad F_{\mathrm{rap}}$——快速释放部分所占的比例;

$\quad\quad k_{\mathrm{rap}}$, k_{slow}——快速释放和慢速释放阶段的一级释放速率常数,单位 d^{-1};

$\quad\quad t$——释放时间,单位 d。

图 5-25 为水环境中 PCBs 的主要迁移转化行为示意图,对于封闭、无菌的系统,PCBs 的挥发和降解行为可以忽略不计。因此,本研究简化的认为系统中的 PCBs 在水相与颗粒吸之间会保持质量守恒,即:

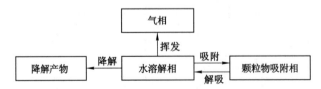

图 5-25　水环境污染物迁移、转化行为

$$\frac{\mathrm{d}W}{\mathrm{d}t} = -\frac{\mathrm{d}S}{\mathrm{d}t} \tag{5-9}$$

式中　W,S——水溶解相与颗粒吸附相 PCBs 的质量。

联立方程式(5-1)和式(5-2)可解得 PCBs 由颗粒吸附相释出转化为水溶解相的质量方程为：

$$W_t = S_0 - S_0 \cdot F_{\mathrm{rap}} \cdot \mathrm{e}^{-k_{\mathrm{rap}}t} - S_0 \cdot (1 - F_{\mathrm{rap}}) \cdot \mathrm{e}^{-k_{\mathrm{slow}}t} \tag{5-10}$$

为了研究方便，现将颗粒吸附相与水溶解相 PCBs 质量方程转化为浓度方程：

$$Cs_{(t)} = Cs_{(0)} \cdot F_{\mathrm{rap}} \cdot \mathrm{e}^{-k_{\mathrm{rap}}t} + Cs_{(0)} \cdot (1 - F_{\mathrm{rap}}) \cdot \mathrm{e}^{-k_{\mathrm{slow}}t} \tag{5-11}$$

$$Cw_{(t)} = \frac{Cs_{(0)} \cdot M_s}{V} - \frac{Cs_{(0)} \cdot M_s}{V} \cdot F_{\mathrm{rap}} \cdot \mathrm{e}^{-k_{\mathrm{rap}}t} - \frac{Cs_{(0)} \cdot M_s}{V} \cdot (1 - F_{\mathrm{rap}}) \cdot \mathrm{e}^{-k_{\mathrm{slow}}t}$$

$$\tag{5-12}$$

式中　$Cs(t), Cw(t)$——t 时刻颗粒吸附相与水溶解相 PCBs 的浓度；

$Cs(0)$——初始时刻颗粒吸附相 PCBs 的浓度；

M_s——沉积物颗粒的质量；

V——水溶液体积。

其他参数同方程式(5-8)。

利用 MATLAB 软件[①]对沉积物中的 3 种同系物 PCB118、PCB114 和 PCB126 的释放规律进行回归拟合，求解出释放模型中的有关参数，各同系物的释放动力学参数列于表 5-24。

表 5-24　　　　　　　　沉积物中 PCB118、PCB114 和 PCB126 的释放参数

同系物	k_{rap}	k_{slow}	F_{rap}
PCB118	0.115 4	0.005 7	67.81%
PCB114	0.185 0	0.005 7	71.59%
PCB126	0.140 3	0.003 1	73.97%

其中 PCB118、PCB114 和 PCB126 的快速释放速率常数(k_{rap})为 0.115 4 d^{-1}、0.185 0 d^{-1}、0.140 3 d^{-1}；慢速释放速率常数(k_{slow})分别为 0.005 7 d^{-1}、0.005 7 d^{-1}、0.003 1 d^{-1}；快速释放部分所占份额(F_{rap})分别为 67.81%、71.59% 和 73.97%。

以 PCB118 为例，建立其释放动力学模型为：

$$Cw_{(t)} = \frac{Cs_{(0)} \cdot M_s}{V} - \frac{Cs_{(0)} \cdot M_s}{V} \cdot 67.81\% \cdot \mathrm{e}^{-0.115\,4\,t} - \frac{Cs_{(0)} \cdot M_s}{V} \cdot 32.19\% \cdot \mathrm{e}^{-0.005\,7\,t}$$

同理，沉积物中的 PCBs 的释放动力学模型均可依据动力学参数如此表示。

（二）PCBs 释放动力学模型验证

再次利用 MATLAB 对释放动力学模型计算的 PCBs 含量与水样中实测的 PCBs 含量

---

① MATLAB 是由美国 mathworks 公司发布的主要面对科学计算、可视化以及交互式程序设计的高科技计算软件。将数值分析、矩阵计算、科学数据可视化以及非线性动态系统的建模和仿真等诸多强大功能集成在一个易于使用的视窗环境中，为科学研究、工程设计以及必须进行有效数值计算的众多科学领域提供了一种全面的解决方案。

进行拟合。3 种 PCBs 同系物的释放规律拟合模拟曲线如图 5-26 所示，可以看出沉积物与水样中 3 种同系物浓度的实测数据与模拟曲线的吻合程度较好。这一现象说明沉积物中 PCBs 的释放过程符合该一级释放动力学模型。

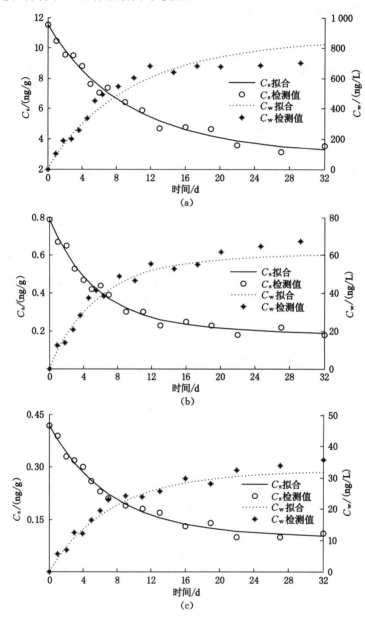

图 5-26　PCB118、PCB114 和 PCB126 释放过程的模拟曲线

（a）PCB118 释放过程的模拟曲线；（b）PCB114 释放过程的模拟曲线；（c）PCB126 释放过程的模拟曲线

第五节　本 章 小 结

不同粒径沉积物中的 PAHs 的含量与粒径的大小成正比，而粒径中 TOC 的含量是影

响 PAHs 在不同粒径沉积物中分布的主要因素,TOC 和粒径大小呈显著的正相关,相关系数 r^2 为 0.874 9($p<0.01$),沉积物中有机质类型、结构也对 PAHs 分布具有影响。底泥中 PAHs 的释放有一个快速释放的阶段,随着实验时间的延长,进入缓慢释放阶段。pH 值、温度与扰动对三环的 PAHs 的释放有影响,随着 pH 值与温度的升高和扰动的进行,其释放量也随着增加,但 pH 值、温度与扰动对四环和五环 PAHs 的释放影响较小;高有机碳底泥释放的 PAHs 要高于低有机碳底泥所释放的 PAHs;而不同 PAHs 单体的释放量与该 PAHs 单体的性质也有一定的关系,随着 PAHs 单体分子量的增加,释放率在逐渐降低,低分子量的 PAHs(如 Flu 和 Phe)有较高的释放速率,而高分子量的 PAHs(如 BbF 和 BkF)的释放速率则较低底泥有机质的含量与底泥 PAHs 的释放有关,高 TOC 含量的底泥释放的 PAHs 要远远大于高 TOC 含量的底泥对水体底泥中的 PAHs 的释放,底泥中 TOC 的含量是影响其释放的主要因子;5 次换水清洗后可有效降低水体中 PAHs 的浓度,但仍会使上覆水体中污染物的浓度维持在一定水平上。

以所得的数据为基础,得出底泥中某种单体 PAHs 释放的基本方程:

$$C_w = \left[1 - Fe^{-K_1 t} - (1-F)e^{-K_2 t}\right] \times B$$

其中 B 是与底泥中该 PAHs 的初始含量、两界表面积和水相的体积有关的一个常数。计算出静止与扰动状态下,不同单体 PAHs 的 F、K_1 和 K_2 的值。该方程经过验证,较好地模拟了 PAHs 释放状况,可以用来描述京杭大运河(苏北段)底泥中 PAHs 的释放。

在 32 天的试验周期中,PCBs 的释放过程可分为两个阶段:初始的快速释放阶段和之后的慢速释放阶段。初始的快速释放期为前 5~9 天,期间各同系物的释放量在总释放量中占相当大的比重;细粒径(<0.45 mm)沉积物中 PCBs 的释放量明显高于粗粒径(0.45~1.25 mm);沉积物三种同系物(PCB118、PCB114 和 PCB126)的初始快速阶段的释放速率和总释放量与水流流速大小呈正相关关系,而慢速释放过程受水流流速的影响较小;表面活性剂 SDS 和 OP-10 对沉积物中 PCBs 的释放具有明显的增溶促释作用,其中 OP-10 的效果尤为明显;当表面活性剂 OP-10 的投加浓度低于临界胶束浓度时(200 mg/L)时,OP-10 对 PCBs 的增溶促释作用很微弱,甚至会对 PCBs 的释放有一定的抑制作用。而当投加浓度高于临界胶束浓度时,增溶促释作用明显。

通过 PCBs 释放动力学实验,发现沉积物中的 PCBs 向水相的释放过程符合一级动力学模型,并建立了释放动力学模型:

$$C_{w(t)} = \frac{Cs_{(0)} \cdot M_s}{V} - \frac{Cs_{(0)} \cdot M_s}{V} \cdot F_{rap} \cdot e^{-k_{rap}t} - \frac{Cs_{(0)} \cdot M_s}{V} \cdot (1 - F_{rap}) \cdot e^{-k_{slow}t}$$

其中 PCB118、PCB114 和 PCB126 的快速释放速率常数(k_{rap})为 0.115 4 d^{-1}、0.185 0 d^{-1}、0.140 3 d^{-1};慢速释放速率常数(k_{slow})分别为 0.005 7 d^{-1}、0.005 7 d^{-1}、0.003 1 d^{-1};快速释放部分所占份额(F_{rap})分别为 67.81%、71.59% 和 73.97%。

参 考 文 献

[1]　汪斌,程绪水.治污先行建设南水北调东线清水廊道[J].水资源保护,2002,1:15-17.

[2]　徐德星,海热提,郑丙辉,等.三峡入库河流大宁河回水区消落带土壤氨氮释放动力学研究[J].环境科学与技术,2010,33(10):49-52.

[3]　HE WEN-SHE,CAO SHU-YOU. Transportation characteristic of bed load for non-uniform sediment with equivalent grain[J]. Journal of Hydrodynamics,Ser. B,2002 (3):117-121.

[4]　敖静.污染底泥释放控制技术的研究进展[J].环境保护科学,2004,30(126):29-35.

[5]　PER G,TOMMY H,H ANDERS,et al. 治理 Järnsjön 湖多氯联苯污染的底泥:调查、思考及治理行动[J].Ambio,1998,5(27):374-383.

[6]　G RW. The Chemical,Physical And Biological Fate Of Polychlorinated Biphenyls In The Tidal Christina Basin[D]. Newark:University Of Delaware,2009.

[7]　邢友华,董洁,李晓晨,等.东平湖表层沉积物中磷的吸附容量及潜在释放风险分析[J].农业环境科学学报 2010,29(4):746-751.

[8]　HONG W,ADHITYAN A ,JOHN S G. Modeling of phosphorus dy2namics in aquatic sediments:I-model development[J]. Water Research,2003,37:3928-3938.

[9]　李文红,陈英旭,孙建平.不同溶解氧水平对控制底泥向上覆水体释放污染物的影响研究[J].农业环境科学学报,2003,22(2):170-173.

[10]　汪家权,孙亚敏.巢湖底泥磷的释放模拟实验研究[J].环境科学学报,2002(11):738-742.

[11]　李勇,王超.城市浅水型湖泊底泥磷释放特性实验研究[J].环境科学与技术,2003 (1):28-29.

[12]　解岳,黄廷林,薛爽.水体沉积物中石油类污染物释放的动力学过程实验研究[J].西安建筑科技大学学报,2005,37(4):459-462.

[13]　姜永生,李晓晨,邢友华,等.扰动对东平湖表层沉积物中氮磷释放的影响[J].环境科学与技术,2010,33(8):41-44.

[14]　解岳,黄廷林,王志盈,等.河流沉积物中石油类污染物吸附与释放规律的实验研究[J].环境工程,2000,18(3):59-61.

[15]　时应理,熊健,廖先贵.宁波及其邻近海域沉积物释放耗氧有机物(COD)的初步研究[J].东海海洋,1996,14(2):59-63.

[16]　李彬,张坤,钟宝昌,等.底泥污染物释放水动力特性实验研究[J].水动力学研究与进展(A辑),2008,23(2):126-132.

[17]　郭建宁,卢少勇,金相灿,等.低溶解氧状态下河网区不同类型沉积物的氮释放规律[J].环境科学学报,2010,30(3):614-620.

[18]　张坤,李彬,王道增.动态水流条件下河流底泥污染物(CODCr)释放研究[J].环境科学学报,2010,30(5):985-989.

[19]　梁涛,陶澍,刘广君,等.伊春河河水水溶性腐殖酸内源释放模型[J].环境科学学报,1997,17(2):136-140.

[20]　文湘华.水体沉积物重金属质最基准研究[J].环境化学,1993,12(5):334-341.

[21]　VAN RYSSEN R,M ALAM,L GOEYENS,et al. The use of flux-corer experiments in the determination of heavy metal re-distribution in and of potential leaching from the sediments[J]. Water Science&Technology,1998,37(6-7):283-290.

[22]　范成新,杨龙元,张路.太湖底泥及其间隙水中氮磷垂分布及相互关系分析[J].湖泊

科学,2000,12(4):359-366.

[23] 袁旭音,等.太湖北部底泥中氮磷的空间变化和环境意义[J].地球化学,2002,7(4):321-328.

[24] TARA R A,STEPHEN R C,RICHARD C L. Phosphorus in a watershed-lake ecosystem[J]. Ecosystems,2000(3):114-119.

[25] PRAHL F G,CARPENTER R. Polycyclic aromatic hydrocarbon（PAH）-phase associations in Washington Coastal sediments[J]. Geochimica et Cosmochimica Acta 1983(47):1013-1023.

[26] SIMPSON C D,HARRINGTON C F,CULLEN W R. Polycyclic aromatic hydrocarbon contamination in marine sediments near Kitimat,British Columbia[J]. Environmental Science and Technology,1998,32:3266-3272.

[27] MCGRODDY S E,FARRINGTON J W. Sediment porewater partitioning of polycyclic aromatic hydrocarbons in three cores from Boston Harbor,Massachusetts [J]. Environmental Science & Technology,1995,29(6):1542-1550.

[28] GUSTAFSSON O,GSCHWEND P M. Soot as a strong partition medium for polycyclic aromatic hydrocarbons in aquatic systems [C]. In: Eganhouse,R. P. (Ed.),Molecular Markers in Environmental Geochemistry. Washington,D C: American Chemical Society,1997:65-381.

[29] 吴启航,麦碧娴,杨清书,等.沉积物中多环芳烃和有机氯农药赋存状态[J].中国环境科学,2004,24(1): 89-93.

[30] SHI Z,TAO S,PAN B,et al. Contamination of rivers in Tianjin,China by polycyclic aromatic hydrocarbons[J]. Environmental Pollution,2005,134(1):97-111.

[31] CORNELISSEN G,GUSTAFSSON Ö. Sorption of phenanthrene to environmental black carbon in sediment with and without organic matter and native sorbates[J]. Environ Sci Technol,2004,38:148-155.

[32] 华常春,高桂枝,陈晨.1997-2008 年京杭大运河扬州段水质状况研究[J].环境科学与技术,2010,33(12):196-199.

[33] 吴淳,周锋.镇江丹徒区太湖流域水环境现状分析及防治对策[J].污染防治技术,2008,21(1):94-96.

[34] SAKAI S,URANO S,TAKATSUKI H. Leaching Behavior Of Pcbs And Pcdds/Dfs From Some Waste Materials[J]. Waste Management,2000,20(2-3):241-247.

[35] RICHARD G SHEETS,BERIT A BERGQUIST. Laboratory Treatability Testing Of Soils Contaminated With Lead And Pcbs Using Particle-Size Separation And Soil Washing[J]. Journal Of Hazardous Materials,1999,66(1-2):137-150.

[36] FRANTIŠEK KAŠTÁNEK, PETR KAŠTÁNEK. Combined Decontamination Processes For Wastes Containing Pcbs[J]. Journal Of Hazardous Materials,2005,117(2-3):185-205.

[37] GRACIELA M L. RUIZ-AGUILAR, JOSÉ M. FERNÁNDEZ-SÁNCHEZ, et al. Degradation By White-Rot Fungi Of High Concentrations Of PCB Extracted From

A Contaminated Soil [J]. Advances In Environmental Research，2002，6（4）：559-568.

[38] HAO WANG，JIAJUN CHEN. Enhanced Flushing Of Polychlorinated Biphenyls Contaminated Sands Using Surfactant Foam：Effect Of Partition Coefficient And Sweep Efficiency[J]. Journal Of Environmental Sciences，2012，24（7）：1270-1277.

[39] CHAD T. JAFVERT，PATRICIA L. VAN HOOF，WEI CHU. The Phase Distribution Of Polychlorobiphenyl Congeners In Surfactant-Amended Sediment Slurries [J]. Water Research，1995，29（10）：2387-2397.

[40] W CHU，CY KWAN. Remediation Of Contaminated Soil By A Solvent/ Surfactant System [J]. Chemosphere，2003，53（1）：9-15.

[41] 施周，GHOSHMM. 表面活性剂溶液中多氯联苯溶解的特性[J]. 中国环境科学，2001，21（5）：456-459.

[42] J C LIU，PS CHANG. Solubility And Adsorption Behaviors Of Chlorophenols In The Presence Of Surfactant[J]. Water Science And Technology，1997，35（7）：123-130.

[43] ANDRES MARTINEZ，KERI C. Hornbuckle . Record Of PCB Congeners，Sorbents And Potential Toxicity In Core Samples In Indiana Harbor And Ship Canal[J]. Chemosphere，2011，85（3）：542-547.

[44] MAGNUS BERGKNUT，HJALMAR LAUDON，STINA JANSSON，et al. Atmospheric Deposition，Retention，And Stream Export Of Dioxins And Pcbs In A Pristine Boreal Catchment [J]. Environmental Pollution，2011，159（6）：1592-1598.

[45] LONG ZHAO，HONG HOU，KIMIAKI SHIMODA，et al. Formation Pathways Of Polychlorinated Dibenzofurans （Pcdfs） In Sediments Contaminated With Pcbs During The Thermal Desorption Process [J]. Chemosphere，2012，88（11）：1368-1374.

[46] CORNELISSEN G，HASSELL K A，PCM VAN NOORT，et al. Slow Desorption Of Pcbs And Chlorobenzenes From Soils And Sediments：Relations With Sorbent And Sorbate Characteristics[J]. Environmental Pollution，2000，108（1）：69-80.

[47] SCOTT W PICKARD，STEPHEN M. YAKSICH，KIM N. IRVINE，et al. Bioaccumulation Potential Of Sediment-Associated Polychlorinated Biphenyls （Pcbs） In Ashtabula Harbor，Ohio[J]. Journal Of Great Lakes Research，2001，27（1）：44-59.

[48] DUNNIVANT F M，COATES J T，ELZERMAN A W. Labile And Non-Labile Desorption Rate Constants For 33 PCB Congeners From Lake Sediment Suspensions[J]. Chemosphere，2005，61（3）：332-340.

[49] 丁辉，李鑫钢，徐世民，等. 大沽排污河底泥中六氯苯的解吸[J]. 天津：天津大学学报，2007，40（11）：1309-1312.

[50] AN LI，KARL J. ROCKNE，NEIL STURCHIO，et al. Pcbs In Sediments Of The Great Lakes - Distribution And Trends，Homolog And Chlorine Patterns，And In

Situ Degradation [J]. Environmental Pollution,2009,157(1):141-147.

[51] 丁辉,李鑫钢,徐世民,等. 大沽排污河底泥中六氯苯的解吸[J]. 天津大学学报,2007,40(11):1309-1312.

[52] JOSEFSSON S,LEONARDSSON K,JONAS SG,et al. Bioturbation-Driven Release Of Buried Pcbs And Pbdes From Different Depths In Contaminated Sediments[J]. Environmental Science And Technology,2010,44(19):7456-7464.

[53] 王少岩,赵先军,邱黎敏,等. 多氯联苯在土壤/沉积物中的吸附方程[J]. 北京教育学院学报(自然科学版),2006,3(1):8-11.

[54] 沈钟,王果庭. 胶体与表面化学[M]. 第二版. 北京:化学工业出版社,1997:124-135.

[55] WERSHAW R L. New Model For Humic Aterials And Their Interaetions With Hydrophobic Organic Chemicals In Soil-Water Sediment-Water Systems [J]. Contamination Hydrollic,1986,1(1):29-45.

[56] 何小路,施周. 表面活性剂对多氯联苯污染土壤的修复研究[D]. 长沙:湖南大学,2005.

[57] SCHWARZENBACH R P,et al. 环境有机化学[M]. 王连生,等,译. 北京:化学工业出版社,2004:707-716.

第六章 结论与展望

第一节 结 论

为缓解我国北方水资源严重短缺问题,促进南北方经济、社会与人口、资源、环境的协调发展,南水北调东线工程从长江下游江苏省扬州江都抽引长江水,利用京杭大运河及与其平行的河道逐级提水北上,并连接起调蓄作用的洪泽湖、骆马湖、南四湖、东平湖,一路向北至天津,另一路经济南向东到烟台、威海。

作为南水北调东线工程的调水通道,京杭大运河苏北段的水质对东线整体调水水质的影响是十分巨大的。目前对京杭大运河苏北段的研究主要集中在常规氨氮、重金属含量等水质评价和污染现状调查、水环境容量计算等方面,而对持久性有毒有机污染物 PAHs 和 PCBs 的研究较少。

京杭大运河苏北段全长 404 km,连同微山湖西线航道,计 461 km。调水期间,从长江调出的洁净江水,进入调水通道后,将改变水体的自流方向,由自北而南的自然水流变为在逐级提水条件下的自南而北的流向,同时,大量洁净水体调入,将打破京杭大运河苏北段水体中 PAHs 和 PCBs 原本的平衡状态,促使长久积存于底泥中的 PAHs 和 PCBs 向水体中释放,从而达到新的动态平衡,在这种状况下,河流底泥扮演着"源"的角色,源源不断地向水中释放 PAHs 和 PCBs,改变 PAHs 和 PCBs 在原有水体和底泥中的分布,使河水中的 PAHs 和 PCBs 逐渐增高以达到新的动态平衡,恶化南水北调的水质,为此研究京杭大运河苏北段水体中 PAHs 和 PCBs 污染的分布、释放、迁移等规律有十分重要的意义。

在江苏省自然科学基金、江苏省研究生科研创新计划和中央高校基本科研业务费专项资助项目的联合资助下,根据京杭大运河苏北段流域的污染源分布和河道的自然状态,本研究于 2009 年 7 月至 2010 年 2 月采集京杭大运河苏北段从扬州江都翻水站到山东微山二级坝之间的表层沉积物共 37 个样品,过水湖泊表层沉积物共 29 个样品。分别通过高效液相色谱法和气相色谱法测定对京杭大运河苏北段表层沉积物中多环芳烃和多氯联苯的分布特征、来源、风险程度进行研究,并系统研究了表层沉积物中多环芳烃(PAHs)和多氯联苯(PCBs)的释放规律,建立了释放动力学模型。本研究结果将为京杭大运河苏北段多环芳烃与多氯联苯污染的判别、治理和正确选择治理京杭大运河苏北段沉积物中 PAHs 和 PCBs 内源释放的措施提供科学依据,为我国自然环境中持久性有毒污染物的研究积累基础数据。本书取得了以下有价值的研究成果:

① 京杭大运河苏北段河道表层沉积物中 PAHs 的含量范围是 779~20 096 ng/L,平均含量分别为 5 984 ng/L,均处于中等污染水平,交通繁忙处与市区的污染重于其他地区,总有机碳是影响 PAHs 在不同地段沉积物中分布的主要因素,PAHs 的含量与底泥中 TOC 的含量有显著的相关关系,相关系数 r^2 为 0.727 4;不同地段水体表层沉积物中 PAHs 的含

量由高到低排列:徐州段＞淮安宿迁段＞扬州段,徐州段的PAHs的污染较为严重。

丰水季节徐州段河水中PAHs的平均含量(11 205 ng/L)高于枯水季节PAHs的平均含量(8 854 ng/L),增加了26.5％;沉积物孔隙水中PAHs的平均含量(74 823 ng/L)远高于水体中PAHs的平均含量,是河水中PAHs的平均含量的6.67倍(丰水期)和8.45倍(枯水期);水体悬浮颗粒物中PAHs的平均含量(39 088 ng/g)是沉积物中PAHs的平均含量的4.12倍(丰水期)和4.53倍(枯水期)。孔隙水中2～3环的PAHs含量约占总含量的78.45％,远高于河水中PAHs的56.06％(丰水期)、54.24％(枯水期)和颗粒相中PAHs的42.6％,表明2～3环的PAHs是从孔隙水进入上覆水,进而挥发到大气中;而孔隙水中5～6环的PAHs含量约占总含量的7.23％,远低于河水中PAHs的17.18％(丰水期)、16.44％(枯水期)和颗粒相中PAHs的32.9％。

孔隙水与水体悬浮颗粒物作为水体环境中PAHs的重要中介和载体,在水环境PAHs的分布和迁移过程中发挥重要的作用。通过大气或沉积物的释放而进入水体中的部分低、中、高环的PAHs被悬浮颗粒物吸附,部分低环的PAHs则是通过水—气界面挥发到空气中,其余部分将存在于水体中。

京杭大运河苏北段主航道表层沉积物中PCBs含量在nd～26.819 ng/g(干重,下同)之间,平均值为9.316 ng/g,检出率为94.6％,在37个监测点中出现PCBs含量峰值的两个监测点均为位于徐州段。在空间分布上,呈现出了明显的由南至北,由下游至上游浓度逐渐升高的趋势,并且徐州段的平均含量高于扬州段和宿迁—淮安段的含量,且是以低氯代PCBs的污染为主。

从PCBs的组成成分来分析,京杭大运河的扬州段PCBs主要以五氯联苯为主,其贡献率达到37.45％;淮安—宿迁段的PCBs主要是以四氯联苯为主,贡献率为42.27％;徐州段的PCBs中五氯联苯占绝对优势,贡献率为64.70％。

② 京杭大运河苏北段有3个重要的过水湖泊,分别是洪泽湖、骆马湖和微山湖,3个湖泊中的沉积物样品中均检出PAHs和PCBs。

京杭大运河(苏北段)过水湖泊表层沉积物中PAHs的含量由高到低排列:微山湖＞洪泽湖＞骆马湖,底泥中PAHs的含量分别是813 ng/g,611 ng/g和443 ng/g,处于低—中等污染。京杭大运河(苏北段)过水湖泊水体中PAHs的污染虽然存在,但不会加重京杭大运河(苏北段)水体中PAHs的污染程度,相反过水湖泊的存在,可有效的降低京杭大运河(苏北段)中PAHs的含量,经过过水湖泊的层层稀释,京杭大运河(苏北段)中PAHs的含量由北向南逐渐降低。湖泊中的PAHs不会对南水北调水质造成较大的危害,而河道中历年多环芳烃的累积将会对调水的水质产生较大的影响。

洪泽湖沉积物中的PCBs平均浓度最高,为9.451 ng/g,微山湖次之,平均含量为4.240 ng/g,骆马湖的PCBs浓度最低,平均浓度为3.542 ng/g。在空间分布上显示出靠近入湖河口、航道、人口稠密的地区的表层沉积物中PCBs浓度较高的特征。3个湖泊中,只有洪泽湖表层沉积物中PCBs的平均浓度接近于主航道中的平均值,而骆马湖和微山湖的平均浓度远低于主航道的平均值。3个湖泊中的PCBs主要是以低氯代联苯为主,高氯代联苯的贡献率较低。洪泽湖、骆马湖和微山湖均是以五氯联苯为主,贡献率分别为46.62％,2.52％和46.52％。湖泊中的PCBs组成成分与主航道中的组成成分非常接近,均以五氯联苯为主。

③ 通过比值法与主成分因子分析法得知,京杭大运河(苏北段)表层沉积物中PAHs的

主要来源有煤炭燃烧、周边城市的炼焦等工业活动、机动船的燃油排放,煤炭燃烧与炼焦生产的排放对京杭大运河苏北段 PAHs 的影响最大,贡献率达到 93%;虽然洪泽湖、骆马湖与微山湖中 PAHs 的源解析并不完全相同,柴油燃烧和煤炭对洪泽湖沉积物中多环芳烃的贡献率分别为 69.26%,秸秆燃烧和交通排放对洪泽湖水体中多环芳烃的贡献率为 87.09%;煤炭秸秆燃烧和交通排放对骆马湖沉积物中多环芳烃的贡献率为 99.7%,煤炭燃烧和交通排放对骆马湖水体中多环芳烃的贡献率为 98.13%;焦炉源和木材煤炭燃烧对微山湖沉积物中多环芳烃的贡献率为 85.14%,焦炉源和燃煤燃烧对微山湖水体中多环芳烃的贡献率为 80%。煤炭、木材的燃烧,机动船的燃油排放以及周边农田作物焚烧等人类活动的影响是苏北大运河苏北段表层沉积物中多环芳烃的主要来源。

经过特征化合物比值法和主成分分析法对京杭大运河苏北段的主航道和过水湖泊中的 PCBs 进行源解析后发现,主航道中的 PCBs 主要来自于五氯联苯和六氯联苯的商业产品,其次是燃煤、市政垃圾焚烧等高温过程产生的废气。洪泽湖中的 PCBs 主要来自于 PCB_6 等商业产品,其次是高温过程;而骆马湖的 PCBs 则主要是来自于冶炼、市政垃圾焚烧等高温过程,其次是低氯代的 PCBs 商业产品;微山湖中的 PCBs 主要来自于 Aroclor1242 等五氯联苯的商业产品,高温过程的副产物对于微山湖的影响较小。

④ 分别利用沉积物质量基准法(SQGs)和商值法(HQ)对京杭大运河苏北段与过水湖泊水体中的 PAHs 进行了风险评价,结果表明在京杭大运河苏北段底泥中 PAHs 含量较低,均未超过 ERM 值,严重的多环芳烃生态风险在京杭大运河苏北段沉积物中不存在,但淮安宿迁段底泥中 DahA、徐州段底泥中 Ace、Phe、Ant 和 DahA 的含量较高(分别是 275 ng/g、1 187 ng/g、1 639 ng/g、1 228 ng/g 和 340 ng/g),均超过 ERM 值,发生生物毒性效应的概率较高;过水湖泊沉积物中负面生物毒性效应会偶尔发生,风险主要来源于低环的多环芳烃,以芴(Flu)和苊(Ace)为主;在京杭大运河(苏北段)与过水湖泊水中 BaP 的含量远高于其生态基准值,是生态基准值的数倍,存在潜在的生态风险且潜在风险很大。

利用潜在生态危害指数法和毒性效应评价法对运河主航道和过水湖泊中的 PCBs 进行生态风险评价,结果表明运河的扬州段潜在生态危害虽然较为轻微,但由于 PCBs 同系物中毒性较大的 PCB126 和 PCB169 的含量相对较高,反而使得该河段相比淮安—宿迁段和徐州段具有较严重的生态风险。从空间分布来看,扬州段监测点高于可能效应水平值(PEL)的监测点的比例为 66.7%,淮安—宿迁段为 62.5%,徐州段为 27.3%。3 个湖泊的 PCBs 潜在的生态毒性总体来说均较轻微,即对生态不会构成严重的威胁,远低于主航道的生态风险。骆马湖和微山湖表层沉积物中 PCBs 的潜在生态风险较小,对生物的影响较小,而洪泽湖表层沉积物中的 PCBs 的生态毒性在 3 个湖泊中是最高的。京杭大运河主航道和 3 个过水湖泊的生态风险呈现出在上游较小,逐渐到下游生态风险有增大的趋势。

⑤ 利用自制装置模拟了不同情况下(pH 值、温度、扰动、底泥有机碳含量、换水清洗)河道底泥中多环芳烃的释放特征,结果表明不同粒径沉积物中的 PAHs 的含量与粒径的大小成正比,而粒径中 TOC 的含量是影响 PAHs 在不同粒径沉积物中分布的主要因素,TOC 和粒径大小呈显著的正相关,相关系数 r^2 为 0.874 9($p < 0.01$),沉积物中有机质类型、结构也对 PAHs 分布具有影响。表层沉积物中 PAHs 释放有一个快速释放的阶段,随着实验时间的延长,进入缓慢释放阶段;控制底泥 PAHs 释放的影响因素按其影响程度大小分别是底泥有机碳含量、扰动、温度、pH 值。pH 值、温度与扰动对三环的 PAHs 的释放有影响,随

着 pH 值与温度的升高和扰动的进行,其释放量也随着增加,但 pH 值、温度与扰动对四环和五环 PAHs 的释放影响较小;高有机碳底泥中 Flu、Phe、Pyr、BaA、BbF 和 BkF 的释放量分别是:34.3%、38.3%、22.5%、17.8%、13.1%和 12.7%;低有机碳底泥中 Flu、Phe、Pyr、BaA、BbF 和 BkF 的释放量分别是:24.5%、13%、6.78%、5.1%、2.59%和 4.12%,高有机碳底泥释放的 PAHs 要高于低有机碳底泥所释放的 PAHs;而不同 PAHs 单体的释放量与该 PAHs 单体的性质也有一定的关系,随着 PAHs 单体分子量的增加,释放率在逐渐降低,低分子量的 PAHs(如 Flu 和 Phe)有较高的释放速率,而高分子量的 PAHs(如 BbF 和 BkF)的释放速率则较低;多次换水清洗可以对水体的 PAHs 内源污染起到一定的控制作用,降低水体中多环芳烃的浓度,但不能根本消除污染沉积物对水质的影响,沉积物中含量较高或水溶性较高的多环芳烃的持续释放仍会使上覆水体中污染物的浓度维持在一定水平上。

依据实验结果,建立了底泥中某些单体 PAHs 向上覆水释放的动力学模型:

$$C_w = [1 - Fe^{-K_1 t} - (1 - F)e^{-K_2 t}] \times B$$

式中,B 是与底泥中该 PAHs 的初始含量、两界表面积和水相的体积有关的一个常数。

并得出静止与扰动状态下,不同单体 PAHs 的 K_1 和 K_2 的值。该方程经过验证,较好地模拟了 PAHs 释放状况,可以用来描述京杭大运河(苏北段)底泥中 PAHs 的释放特征。

⑥ 表层沉积物中 PCBs 的模拟释放实验结果表明,PCBs 在释放初期的前 5～9 天是一个快速释放阶段,在这一阶段 PCBs 释放量在总释放量中占相当大的比例;之后进入慢速释放阶段。细粒径(<0.45 mm)的沉积物中 PCBs 的释放量明显高于粗粒径(0.45～1.25 mm)的沉积物。在转速设置为 0、10 r/min 和 30 r/min 模拟水流流速为静止、0.25 m/s 和 0.8 m/s 的水力条件下,各同系物的初始快释放速率和总释放量与转速大小之间呈正相关关系,而慢释放过程受转速的影响较小。PCBs 的释放与其疏水性之间无明显的相关关系。在投加浓度同样为 500 mg/L 时,表面活性剂 SDS 和 OP-10 对 PCBs 释放具有明显的增溶促释作用,其中 OP-10 的效果尤为明显。加入 OP-10 的实验组的水样中还检出了同系物 PCB81、PCB105、PCB157 和 PCB189。当表面活性剂的投加浓度较低(100 mg/L 和 200 mg/L)时,OP-10 对 PCBs 的增溶促释作用并不明显,甚至会对 PCBs 的释放有一定的抑制作用。

通过释放动力学实验,发现表层沉积物中的 PCBs 向水相的释放过程符合一级动力学模型,并建立释放动力学模型:

$$Cw_{(t)} = \frac{Cs_{(0)} \cdot M_s}{V} - \frac{Cs_{(0)} \cdot M_s}{V} \cdot F_{\text{rap}} \cdot e^{-k_{\text{rap}} t} - \frac{Cs_{(0)} \cdot M_s}{V} \cdot (1 - F_{\text{rap}}) \cdot e^{-k_{\text{slow}} t}$$

其中 PCB118、PCB114 和 PCB126 的快速释放速率常数(k_{rap})为 0.115 4 d^{-1}、0.185 0 d^{-1}、0.140 3 d^{-1};慢速释放速率常数(k_{slow})分别为 0.005 7 d^{-1}、0.005 7 d^{-1}、0.003 1 d^{-1};快速释放部分所占份额(F_{rap})分别为 67.81%、71.59% 和 73.97%。

第二节　京杭大运河苏北段内源污染防治建议

前期的实验研究结果显示,京杭大运河苏北段部分河段的表层沉积物中的 PAHs 和 PCBs 含量较高,且对生态系统已经构成了潜在的生态威胁。南水北调东线工程的系列治污,导流工程会使得运河的水质好于调水前的水质,那这部分蓄积在沉积物中的 PAHs 和 PCBs 就成为了威胁运河水质安全的内源性污染。频繁的过往船只在航行中搅动水流,引起表层沉积物小颗粒的悬浮,使得积聚在表层沉积物中的 PAHs 和 PCBs 再次释放出来。从以上所做的模型方程及释放模拟曲线可知,在没有任何外源污染的条件下,水温的变化、船只的扰动、水力条件的改变、沉积物粒径的分布以及水体中表面活性剂的存在都将会促进沉积物中的水力条件的改变,沉积物粒径的分布以及水体中表面活性剂的存在都将会促进沉积物中的 PAHs 和 PCBs 的释放,京杭大运河(苏北段)底泥中 PAHs 和 PCBs 的释放经过快速释放后将维持在一定的污染水平上,即使是彻底的换水清洗也并不能完全消除底泥中 PAHs 和 PCBs 的影响。而现实情况远不及此,在南水北调东线工程正式开始调水之后,京杭大运河苏北段作为主要的输水通道,河道中的水流水质将较目前有所提高,水流流向将由现在的自北向南改变为自南向北,水流流速流量也都会相应的发生巨大的改变,同时实际调水的水质也远不及实验用水的零 PAHs 污染,实际调水情况下,受到河流流速变化、水文、地质、通航、城市生产活动等条件的影响,底泥中 PAHs 和 PCBs 的释放要比本研究的模拟复杂得多,同时强度也会大很多,单纯控制外源污染并不能很好的解决京杭大运河苏北段水体中 PAHs 和 PCBs 的污染问题,还应全面考虑京杭大运河苏北段 PAHs 的治理问题。

目前环境中 PAHs 和 PCBs 的治理方法主要包括自然降解法、生物修复法、UV 光解法、吸附法、热分解,高级氧化法以及超声分解法等[1-3]。其中生物修复法中的微生物降解是去除环境中 PAHs 和 PCBs 的最佳途径[4,5]。尽管生物原位修复技术被认为是去除底泥中 PAHs 和 PCBs 污染物的重要手段,但目前研究应用大多数局限于实验室阶段研究,缺乏实际场地修复的工程实践经验,同时还存对 PAHs 和 PCBs 的微生物降解机制认识不足、过程控制困难、处理效率相对较低等缺点。在可以想象的未来,一旦上述缺点得到妥善解决,该技术可望成为受污染底泥综合整治的首选技术,而目前我们所能做的就是尽量减少环境中 PAHs 和 PCBs 的排放与积累。因此针对释放实验结果和前期的污染特征研究,对南水北调前提下的京杭大运河苏北段 PAHs 和 PCBs 的内源性污染防治提出如下建议:

(1)清洁能源,加强运河沿岸生态屏障的构建

从源解析可以看出,煤炭燃烧与炼焦生产的排放对京杭大运河(苏北段)PAHs 的影响最大,贡献率达到 93%,依次便是交通排放和木材的燃烧,后两者贡献率较小,可以忽略不计。煤炭燃烧包括家用生活燃煤及工业用煤,炼焦生产也是以煤炭作为原料,经过高温干馏转化为焦炭、焦炉煤气和化学产品的工艺过程。京杭大运河(苏北段)沿岸城市的能源基本以煤炭为主,在目前无法根本改变能源结构的条件下,妥善处理燃煤排放,控制城市大气颗粒物的浓度,改变航运拖船的垃圾排放习惯,可以有效地控制京杭大运河(苏北段)PAHs 的外源污染。如在城市生活中尽量采用集中供热,取消小煤炉取暖,逐步实现家庭用气代替燃煤;在工业生产上尽量使用燃油代替燃煤,或使用煤用型煤推行煤炭洗涤加工,用静电除尘或袋式除尘器取代旋风除尘器;注重研发新工艺降低有机污染水平;采取有力措施防止交通运输过程中石油的泄漏

对京杭大运河苏北段中 PCBs 的源解析表明,大部分的 PCBs 主要来自于 PCBs 的商业产品的使用,而土壤被认为是 PCBs 的最大的汇,因而要切断 PCBs 以径流方式进入运河的途径,以此避免外源性的 PCBs 进入运河。可以通过在沿岸植树造林等绿化方法构建生态屏障,避免沿岸土壤直接裸露,一来减缓地表径流的流速以减轻对土壤的侵蚀剥离,二来可

以截留部分径流减少进入运河的流量,以此避免地面径流携带土壤进入河道当中,并应建立健全京杭大运河苏北段 PCBs 的监测预警管理机制,开展长期的监测活动。

(2) 清洁生产,注重研发环保新工艺

京杭大运河(苏北段)淮安宿迁段交通汽油的污染较为严重(表现为 DahA 含量高),徐州段表现出更复杂的情况,Ace、Phe、Ant 和 DahA 的含量均超过 ERM 值,受到炼焦、薪柴和交通汽油的影响较大,应注重研发新工艺以降低污染水平,易产生有机污染物的炼焦厂、炼油厂、有机化工厂、发电厂等应加大这方面的环保工作力度,减少有机污染,边生产,边治理;发展清洁能源,改变发动机的燃料组成,如用天然气来代替汽、柴油等,另外给发动机车辆安装催化净化系统也是控制污染的有效措施之一。京杭大运河(苏北段)水体中 BaP 含量过高,作为污染最广、致癌性最强的 PAHs,BaP 广泛存在于煤焦油、各类碳黑和煤、石油等燃烧产生的烟气、香烟烟雾、汽车尾气中,以及焦化、炼油、沥青、塑料等工业污水中,地面水中的 BaP 除了工业排污外,主要来自洗刷大气的雨水、储水槽及管道涂层淋溶,BaP 的污染治理需要进一步的研究处理。

(3) 开展重点河段内源性 PAHs 和 PCBs 的治理以疏浚底泥

对河流进行清淤、疏浚是一种去除沉积物中污染物的最为彻底的治理措施,但环境疏浚不同于一般的水利疏浚,以防止在疏浚过程中对沉积物的扰动反而加重沉积物中 PAHs 和 PCBs 的释放,因而技术要求非常严格。且京杭大运河苏北段全长 404.5 km,全河段进行疏浚难度过大。因此局部选择沉积物中 PAHs 和 PCBs 含量较高,并且潜在生态风险较大,沿岸生态环境较为敏感的河段可以通过清淤、疏浚来降低沉积物中 PAHs 和 PCBs 对水质的影响。

根据本项目对京杭大运河苏北段沉积物中的 PAHs 和 PCBs 的污染空间分布特征及生态风险评价结果,建议在扬州段的马棚渡口至宝应范水的瓦甸渡口河段,淮安—宿迁段的泗阳港口至中石化码头 3 号桥河段和徐州段的荆山桥到八一桥的市区河段进行清淤、疏浚,这三个河段基本都流经市区,沿岸人口稠密,工业企业较多,且生态风险评价显示对生态环境可能具有较大的毒性。

(4) 强化船舶航行的管理

本研究的释放实验的结论显示,水流流速加大之后导致的沉积物颗粒再悬浮会为沉积物中的 PAHs 和 PCBs 向水相的释放创造有利条件。京杭大运河苏北段被称为黄金水道,是北煤南运的重要通道,因此船舶航行较为密集。航道中由船舶航行所导致的对沉积物的扰动可能导致沉积物中 PAHs 和 PCBs 的再次释放。基于这一现状,有必要在沉积物中 PAHs 和 PCBs 的生态风险较高的河段对通行的船舶进行限制航速等管理措施,以此避免沉积物中 PAHs 和 PCBs 的释放。

(5) 严格控制污染物的排放

作为京杭大运河(苏北段)PAHs 的重要来源,应严格控制入河径流的水质问题,沿岸城市的污水要经过妥善处理才可排入自然水体中。严格控制进入大运河来水中的表面活性剂,加强水质监测,避免其发生对沉积物中蓄积的 PCBs 起到增溶促释作用。

第三节　工作的不足与展望

POPs 在多环境介质中的迁移转化受到温度、有机质、水流速度等诸多因素的影响,其情况相当复杂,一直是国内外环境科学领域研究的热点和难点。本研究通过室内模拟实验初步研究了 PAHs 和 PCBs 在沉积相和水相间的迁移,但限于时间和实验条件,研究还有待进一步的深入开展:

① 对底泥与水体采取垂直采样,测试不同深度底泥和水体中 PAHs 和 PCBs 的含量,了解 PAHs 和 PCBs 在不同深度底泥与水体中的分布特征,加深对沉积物、水体和颗粒物三相上的 PAHs 和 PCBs 的迁移转换的理解。

② 研究更多影响因子如盐度、沉积物组成、有机碳的组成结构等对于沉积物中的 PAHs 和 PCBs 的释放影响,并建立多因素响应的释放动力学模型,更全面的对于调水后的京杭大运河水质进行预测。PAHs 的含量与有机碳的含量密切相关,需要进一步了解,以便明确有机碳对 PAHs 吸附与解析的机理。

参 考 文 献

[1]　刘金泉,黄君礼,季颖,等. 环境中多环芳烃(PAHs)去除方法的研究[J]. 哈尔滨商业大学学报(自然科学版),2007,23(2):162-167.

[2]　周霞,李拥军,熊文明,等. 多氯联苯污染土壤修复技术研究进展[J]. 广东农业科学,2011(2):158-160.

[3]　魏树和,周启星,张凯松,等. 根际圈在污染土壤修复中的作用与机理分析[J]. 应用生态学报,2003,14(1):143-147.

[4]　郑政伟,李开明,朱芳,等. 底泥中多环芳烃的微生物降解与原位修复技术[J]. 环境科学与技术,2010,33(6):49-53.

[5]　滕应,骆永明,李振高,等. 多氯联苯复合污染土壤的土著微生物修复强化措施研究[J]. 土壤,2006,38(5):645-651.